光纤传感器件
技术与应用

刘颖刚　冯德全　著

中国石化出版社

内 容 提 要

　　本书在介绍光纤传感理论与技术的基础上，研究分析了光纤光栅传感系统构成器件的相关理论和应用技术，特别是对光纤光栅传感器及应用技术、光纤光源制作与传感系统应用技术以及微纳光纤光栅传感器及应用技术进行了详细介绍。本书理论分析部分简明扼要，注重实际应用问题，将光纤传感器件与应用技术与工程应用紧密结合，为光纤光栅传感系统实用化提供了技术支撑。

　　本书相关研究是作者及其研究团队多年的成果总结，可作为光电信息类专业和光学工程专业本科生、研究生以及从事光纤传感领域工作的科研技术人员的参考用书。

图书在版编目(CIP)数据

　　光纤传感器件技术与应用 / 刘颖刚,冯德全著. — 北京：中国石化出版社，2021.9
　　ISBN 978-7-5114-6443-9

　　Ⅰ.①光… Ⅱ.①刘… ②冯… Ⅲ.①光纤传感器-研究
Ⅳ.①TP212.4

　　中国版本图书馆 CIP 数据核字(2021)第 179824 号

中国石化出版社出版发行

地址:北京市东城区安定门外大街 58 号
邮编:100011　电话:(010)57512500
发行部电话:(010)57512575
http://www.sinopec-press.com
E-mail:press@sinopec.com
北京科信印刷有限公司印刷
全国各地新华书店经销

*

787×1092 毫米 16 开本 16.5 印张 410 千字
2021 年 9 月第 1 版　2021 年 9 月第 1 次印刷
定价:68.00 元

前　言

随着光纤通信技术和纤维光学的发展，光纤传感技术成为一种以光纤为信息传感与传输媒介的新兴技术，是一门综合性极强的交叉学科，主要涉及纤维光学、非线性光学、激光技术、微电子技术、精密机械与仪器技术、计算机技术、通信技术、信号与图像处理技术等学科领域。相比于传统的传感器，光纤传感器具有更多的优势，可以解决许多传统传感器无法解决的问题。因此自问世以来，光纤传感器就被广泛应用于医疗、交通、电力、机械、石油、化工、民用建筑以及航空航天等领域。在未来，随着光纤传感技术商业开发的条件日益成熟，光纤传感器将会进一步从实验研究走向实用化，并逐步实现产业化。

本书在阐述光纤传感理论与系统相关技术的基础上，对光纤光栅传感系统所涉及的光纤有源和无源器件做了相应的介绍，使读者对相关器件的理论基础与实现技术有一定程度的了解。而在光纤器件部分，重点对掺铒光纤荧光光源、掺铒光纤激光光源、光纤光栅以及微纳光纤光栅相关理论进行了分析研究，对相关器件的传感应用技术也进行了深入的探讨与实验研究，这将为相关研究工作提供借鉴和参考。

全书共分为10章，第1~5章由冯德全撰写，第6~10章由刘颖刚撰写。第1章详细介绍了光纤传感技术的特点与应用优势、研究现状以及发展情况，分析了掺铒光纤光源、光纤光栅传感器以及光纤折射率传感技术的研究现状。第2章对光纤的基本结构与分类、光纤的传输特性进行了总结与分析，综述了光纤制作过程相关工艺和特种光纤制备技术及应用。第3章介绍了物质发光本质和类型、光学传感物理效应和传感器特性描述基本参数，分析了吸收型、透射型、反射型、干涉型以及分布式光纤传感器原理、制备及应用技术。第4章对光纤传感系统涉及的光纤有源和无源器件，包括光纤连接器、光纤耦合器、光纤隔离器以及掺铒光纤等进行了介绍和应用研究。第5章介绍了光纤光栅的物理模型、种类以及描述光纤光栅光学特性的物理方法，对均匀和非均匀光纤布拉格光栅的传输光谱特性进行了模拟研究，比较分析了光纤光栅相位掩模刻写方法的优缺点。第6章对掺铒光纤光源及其相关技术进行了研究，实验研究了几种结构的光纤光源特性，研制了适用于光纤光栅传感系统的C-波段、L-波段、C+L-波段掺铒光纤光源，结合实际应用介绍了光源在温度、应力及应变检测传感系统中的应用方案、存在的问题及解决的技术方法。第7章研究了光纤光栅的增敏技术和温度与应变交叉敏感问题，从光纤光栅传感器的设计要求、设计思路、波分复用技术以及实用化要求方面，阐述了光纤光栅传感器在油气管线应用中的温度和压力增敏、区分测量、封装保护、传感网络等关键问题。第8章采用遮挡法在普通单模光纤上刻写了PSFG，并研究该光栅对环境气体温度和拉力的传感响应特性，设计了几种组合型光纤微结构传感器，实验研究了传感器对气体温度、拉力、气体压强和液体折射率的响应特性。第9章在单模FBG相位掩膜制作方法的基础上，研制了超结构光纤光栅和多芯超结构光纤光栅(SCF-SFG)，并进行了温度与拉力传感特性实验研究。第10章建立了微纳光纤光栅(MNFBG)倏逝波折射率传感理论模型，研究了基于氢氟酸腐蚀普通单模光纤布拉格光栅(MNFBG)的制作方法与液体折射率传感特性，以及折射率温度的交叉敏感问题，拓展光纤光栅功能化应用。

本书系统地研究分析和总结了光纤光栅传感系统构成器件相关理论和应用技术，是作者及其研究团队多年研究成果的积累。相关研究工作得到了西北大学白晋涛教授、乔学光教授，西安石油大学傅海威教授、贾振安教授和白燕博士等人的帮助，以及西安石油大学理学院相关教师的指导和帮助。

本书的出版获得了西安石油大学优秀学术出版基金项目资助。相关研究工作得到了陕西省自然科学基金项目(批准号：2018JM8032)、陕西省教育厅科学研究计划项目(批准号：12JK0683、2020JS122)、陕西省教学团队"光信息科学与工程专业教学团队"建设项目，以及西安石油大学"光纤油田动态传感监测研究"科研团队建设项目资助。

限于作者水平，书中难免存在不妥之处，希望相关专家、读者批评指正，在此表示衷心的感谢！

作　者

2021年7月

于西安石油大学

目　　录

第1章 绪 论

1.1 引言

伴随信息化时代的到来，信息科学技术必将成为现代科学技术的核心，特别是计算机与通信网络的发展已经开始改变人类社会的面貌。人类的活动要超越疆域的局限，必然依靠国际范围的信息网络化，信息作为社会机体的灵魂，通过传感获取、网络传播、计算机处理，正渗透到社会的每一个角落，发挥着至关重要的调节作用。

以光子、光波替代电子或电磁波作为信息载体，是超高速率和超大容量现代信息科技发展中的必然选择。光纤通信技术作为光电子技术的一个重要应用方面，数年间飞速发展，已经成为当今世界衡量信息技术发展程度的一把标尺。而作为信息传输的最佳媒质，光纤无疑是信息网络化发展的基础。光纤以光子及光波替代传统电子和电磁波作为信息载体，且在传输过程中有良好的噪声控制、更小的信号衰减、更高的带宽。此外，光纤尺寸小和重量轻等无与伦比的优点，也使得光纤通信技术在几十年间从研究热点迅速成为极具活力的庞大产业。光纤通信的诞生和发展是通信史上的一次里程碑式的革命，与卫星通信、移动通信并列为20世纪90年代的三大通信技术[1-3]。

伴随着光纤通信技术和纤维光学的发展，光纤传感技术不断发展并走向成熟。光纤传感实际上就是把外界信号按照其变化规律对光纤中传输光波的物理特征参数产生调制作用，如强度(功率)、波长、频率、相位和偏振态，然后通过解调光波信号可得到外界信号的变化情况。以光纤作为信息传感与传输器件是一种新型光传感技术，它和所有的传感技术一样是一门综合性很强的交叉学科，涉及纤维光学、非线性光学、激光技术、微电子技术、精密机械与仪器技术、计算机技术、通信技术、信号与图像处理技术等多个学科及领域[4-6]。光纤传感器具备传统传感器无法比拟的诸多优势，可以解决许多传统传感器无法解决的问题。问世以来，就被广泛应用于医疗、交通、电力、机械、石油、化工、民用建筑以及航空航天等领域。经过短短几十年的发展，光纤传感技术相关产业的商业开发条件也日益成熟，已从实验室研究走向实用化，不断有新型光纤传感仪器投入实际应用，并形成了一定规模的产业，社会经济效益与日俱增。

光纤传感技术诞生于20世纪后半期，是一个跨时代的重大发明技术。发展至今，其应用已经扩展到包括军事、环保、航天航空、国防在内的数十个领域，是一门新兴的光学技术。光纤传感具有两种功能，即对外界信号物理量(如相位、功率、波长和偏振态等)的传输和传感，具体的实现过程是通过监测需要被检测的物理量然后获取相应的光学信息，以判断系统或者设备的运行情况，根据不同情况及时采取相应的措施，达到实时监测的效果。

按照光纤在光纤传感器中的功能可以将其分为两种：传光型和传感型。光纤传感器是一种光无源器件，其诸多的优点使得其特别适合在恶劣的环境中用于测量诸如强电磁干扰、高温、高湿度、易燃、易爆的场合等。同时，光纤传感器将传感和信息传输集成于一体，尺寸极小，且传输损耗小。

光纤传感系统在输油气管线腐蚀及裂缝分析、油气田勘探开发、地质勘探、生产测井、油气井管柱受力分析等方面具有重要的应用前景和广阔的市场。中国在役长距离油气输送管道总长已超过 2×10^4 km，目前在建和拟建的管道总里程也有数千多千米，城市天然气管网更是在前所未有的速度发展。近年来，国内管道腐蚀造成的事故时有发生，因漏油、停输、污染、抢修等造成的损失，每年都以亿元计算。目前，世界上 50%以上的管网趋于老化；我国的原油管道也有近一半已经运营了 20 年以上，由于腐蚀、磨损、意外损伤等原因导致的管线泄漏时有发生。国内检测油气管道每千米 6500 元人民币（国外提供此类服务每公里 1 万美元），检测费用和设备费用不到国外费用的十分之一。每年有几千万元的检测市场需求。全世界拥有油气干线管道百余万公里，拥有巨大的国际市场。管道在线检测设备在国际上属于垄断技术，仅有国外几家公司掌握，设备非常昂贵，每套标价几百万至上千万美元。光纤光栅传感技术在国内市场的应用，将为国家节约大量外汇。因此在油气输送管道检测和油气田测井中开展的研究工作具有广阔的应用市场前景。

1.2 光纤光栅传感技术研究现状与发展

1.2.1 光纤光栅传感技术研究现状

在光纤传感技术发展的过程中，诞生了一种更新颖、更具有光纤本征特性的新型传感技术——光纤光栅传感技术。与传统的强度调制型或相位调制型光纤传感器相比，光纤光栅作为传感器可进一步提高测量精度，减少了光信号强度变化对测量结果的影响。由于光纤光栅传感的显著特点及其潜在的巨大优势，自诞生以来就一直为光纤传感领域的研究重点之一。

在国外，光纤光栅传感倍受重视，已经广泛应用于民用工程、航空航天业、船舶航运业、石油化工业、电力工业和核工业等方面，并且取得了持续快速的发展。民用方面的应用当数桥梁的安全监测。加拿大是制造光纤光栅的起源地，其卡尔加里附近的 Beddington Trail 大桥是最早使用光纤光栅传感器进行测量的桥梁之一（1993 年），16 个光纤光栅传感器贴在预应力混凝土支撑的钢增强杆和炭纤复合材料筋上，对桥梁结构进行长期监测。1999 年，美国新墨西哥 Las Cruces 10 号州际高速公路的一座钢结构桥梁上安装了多达 120 个光纤光栅的传感网络，用于监测动态载荷下的结构退化和损坏。美国海军研究实验室是光纤光栅传感器应用方面领先的机构之一，他们和瑞士应力分析实验室合作，在洛桑附近的高架桥的建造过程中，使用了 32 个光纤光栅对箱形梁的准静态应变进行监测，并采用扫描滤波系统进行信号解调，取得了很好的效果。在欧洲的 STABILOS 计划中，一种基于宽带掺铒光纤光源和可调滤波器的光纤光栅传感系统用于矿井主梁的长期静态位移测量。在航天航空方面，使用先进的复合材料来制造航空航天器件（如机翼部件）是必然的趋势。Smart

Fibers Ltd. 为飞机和航天器提供埋有光纤光栅传感器的复合材料灵巧结构, 以利于器件使用的监测、结构的损伤探测、设计信息的搜集以及智能控制等。在医学应用方面, 光纤光栅传感器能以最小限度的侵害方式对人体和生物组织功能进行内部测量, 提供有关温度、压力和声波场的局部精确信息。此外, 光纤光栅传感因其本质安全性而非常适于在石油石化工业领域应用。永久连续的井下传感有利于油田的管理、优化和发展, 目前只有少数的油井使用了永久连续井下油田监控系统, 而且主要是电类传感器, 高温操作和长期稳定性的要求限制了电类传感器的应用。光纤光栅传感器因其抗电磁干扰、耐高温、长期稳定并且抗高辐射非常适用于井下传感。"随钻随测" 系统对钻井作业是非常有利的, Weis 等人用光纤光栅制成一个井下光纤光栅调制器, 用来跟踪钻井过程中绞盘头的幅度变化。美国的 Cidra 和英国的 Smart Fibres Ltd. 都已将光纤光栅传感技术应用于海洋石油平台的结构监测。

我国光纤光栅传感技术起步相对较晚, 但发展速度较快。国家对光纤光栅技术的兴起和发展非常关注, 早期的 "863" 计划和自然科学基金以及其他一些基金项目给予了大量资金的支持。到现在为止, 数量上已经形成了一定规模, 已经进入了新的水平层次。清华大学、南开大学以及哈尔滨工业大学等在光纤光栅传感器设计、光纤光栅封装技术、传感光源研究等方面已有深入的研究, 在国内外科研期刊上发表大量文章, 形成实力强大的科研梯队; 华中科技大学、武汉邮电科学院、哈尔滨工业大学、吉林大学等单位都在应用光纤光栅这种特殊光学智能传感器实现分布式测量的方向上做了大量工作。此外, 我国对紫外写入光栅的研究也十分重视, 1996 年, 国家基金委作为重大基础研究课题已首批立项, 南开大学、北京大学, 上海光机所率先开展了光纤光栅的研究。清华大学、北京光电子工艺中心、北京交通大学、重庆大学、武汉邮电科学院等单位, 在光纤光栅制备以及光纤光栅传感器研究中发挥了较大作用。

在传感信号解调技术方面, 由于光纤光栅传感是将待测量信息调制到窄线宽反射光的中心波长上, 解调的核心任务是对信号光波长位移量的检测, 其技术难点在于信号光功率微弱、微小波长位移量检测、多点复用时传感光栅覆盖的波域带宽很宽, 从而要求解调装置引入的噪声小、波长分辨率高以及带宽要宽, 增加了解调系统的复杂性和成本。尽管采用高精度光谱仪对光栅传感信号进行光谱分析是一种有效的解调方法, 但光谱仪价格高、信息的输出显示不直观, 难以满足实际应用的需求。另一方面, 解调应将编码波长信息转化为电信号以便处理输出, 而探测器接收光信号时对波长不敏感; 同时, FBG 反射谱可近似看作为高斯型分布, 反射光信号具有线宽较窄(0.07~0.6nm)、功率低等特点, 所以适于寻求特殊的解调技术。人们研究并提出了许多解调方法, 如 CCD 光谱分析法、可调谐滤波扫描法、干涉仪转化法等。然而, 要同时满足高分辨率、动态与静态参量结合测量、多点复用检测且成本不高的实用化要求, 解调技术的实用化研究工作仍需继续努力。

1.2.2 光纤光栅传感技术发展趋势与解决问题

由于光纤光栅传感器具有一系列普通传感器无法比拟的优点, 所以能够满足复杂环境下的对大型物体长期温度和应力检测的需要。光纤光栅在低于 100℃ 的温度下, 其寿命可达几十年, 因此, 一旦将光纤光栅埋伏进物体内部, 便可进行永久性监测, 这正是光纤光栅传感器本身所特有的优越性。

但就目前来说，困扰光纤光栅传感器实用化主要有以下几个关键性技术难题：温度和应力的相互串扰、裸光纤光栅响应灵敏度低、信号解调系统成本高、传感器封装及埋覆工艺复杂等。

当前，光纤光栅传感器的研究主要集中在以下几个方面。

（1）光纤光栅传感模型及其理论研究。耦合模理论是分析光纤光栅传感特性的较为严格的理论，但其解决问题的方法较为繁杂，而且能够得到的解析解有限。

（2）光纤光栅的敏化与封装技术研究。由于光纤光栅本身的机械强度有限，力敏和温敏灵敏度系数很低以及交叉敏感效应的存在，难以将其直接应用于实际工程待测体的感测中。

（3）光纤光栅传感器设计及技术研究。针对工程测量的参量类型、性质、分布等不同要求，需要对光纤光栅传感器的结构进行特殊设计，以保证感测结果的精确性和重复性。

（4）信号解调及其传感网络系统研究。高精度、低成本的波长检测技术是信号解调的应用基础，而分布式、多参量、多功能感测的传感网络系统是实现大型结构体实时检测的希望所在。

1.3 光纤光源的研究背景与意义

光纤光栅传感系统由光源、FBG 传感器件、信号解调处理部分和传输光纤组成（如图1-1所示）。光波经光纤传输到传感头，光波的某些特征量在传感头内被外界物理参量所调制，含有被调制信息的光波经出射光纤传输到信号解调与处理系统，经解调后就能得到被测量物理量。光信号中能被解调的参量也相当多，包括光的强度、相位、多普勒频移、偏振态、波长等。由于光波的频率相当高（$10^{12} \sim 10^{14}$ Hz）且是一种二维信号载体，所以它能传感和传输的信息量极大。

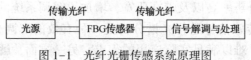

图 1-1 光纤光栅传感系统原理图

当前光纤光栅传感技术的发展趋势及在实际应用中需要解决的问题主要有：光源的宽带化和提高输出功率，开发高效低成本的信号解调系统，对光纤光栅进行增敏技术处理以提高光纤光栅的响应灵敏度使其实用化，进行多参量区分测量和进行波分复用、时分复用的多路传感阵列研究以实现光纤光栅的网络化传感。

光源是光纤光栅传感系统的最基本的源头部分，自从掺铒光纤诞生那一刻起，人们一直未曾停止对它的研究。掺铒光纤光源[7-11]包括许多种，掺铒光纤荧光光源、掺铒光纤激光器和掺铒光纤放大器，它们大致上具有相同原理及结构，我们主要关注的是掺铒超荧光光源（EDSFS），也称之为 ASE（Amplified Spontaneous Emission）光源和掺铒光纤激光器（ED-FL）。它们是伴随着掺铒光纤放大器（Erbium-Doped Fiber Amplifier—EDFA）的出现而出现的，可应用于不同场合满足不同要求的新型光源，主要应用在光纤通信 WDM 及 DWDM 网络、光纤传感、光纤陀螺、光学器件的光谱测和相干光学成像等方面，并且在很多领域开始取代传统的光源。本书主要研究适用于光纤光栅传感系统的高性能光源，提高输出功率、平坦度、稳定性和带宽。

掺铒光纤荧光光源按照结构来分可以分为四种基本形式：单程前向或后向（SPF 或 SPB）、双程前向或后向（DPF 或 DPB），早期的研究大都采用单程结构以避免产生激光的可能性，但是双程结构的光源（DP-SFS）有助于提高效率，因而得到了比较多的研究。如美国海军研究室的 D. M. Dagenais 提出并研究了一种双级后向结构的光源，这种结构的第一级（种子光源）是由一个 100mW 激光器抽运的单程后向结构的 SFS，掺铒光纤（Lucent-HG980）的长度为 32m，第二级是由 2W 大面积激光器泵浦一段 3.5m 长的 Er-Yb 双包层光纤作为放大器，最终得到的输出功率为 220~240mW，带宽为 18~28nm，波长稳定度为 1~10μg/g 的高功率高稳定度光源。然而由于在第二级中需要大功率的激光器，因而在实际的应用系统中会出现一些问题。

国内对光纤光源的研究起步比较晚，有关的报道也比较少。1996 年，王劼等人对掺 Nd 氟化物玻璃光纤中的双程前向超荧光进行分析，从实验上探讨了超荧光的输出特性、宽带特性和超荧光激发特性等，实验得到的超荧光输出功率为 8mW，带宽 7.5nm，中心波长 795nm。中国科技大学的沈林放博士将美海军研究室的上述结构进行改进，将一个 980nm 半导体激光器的输出用一个耦合器分成两部分，得到波长较为稳定，且具有较大荧光功率输出的光源，并且详细分析了该光源的特性，还对掺铒光纤光源的物理过程进行了数值模拟，并给出了双程后向超荧光光源特性的理论分析。2000 年，中国科技大学钱景仁等人提出并在实验上验证的一种双级双程前向输出结构的掺铒光纤光源结构，并称通过该结构合理选择参数能得到高稳定度、高功率、宽带宽的荧光输出。

伴随激光技术及掺杂光纤放大技术的发展，可调谐掺铒光纤激光器由于具有可用带宽较宽、功率高、线宽窄、与光纤元件天然兼容等特点也成为研究的热点[12-15]，研究工作不断地取得新进展并逐步实用化。同时伴随相关技术的不断发展，不仅使其成为高速大容量密集波分复用（DWDM）光纤通信系统的理想信号载体，而且成为光纤光栅传感系统的检测光源。基于光纤激光器技术的传感系统不但可实现单点传感检测，而且可以通过波长扫描实现多点分布式光栅阵列的传感检测，具有方法简单、信噪比高、可靠性高等特点，并且随着窄带滤波技术及其相关技术的进一步发展，基于可调谐光纤激光器的波长检测技术有望成为最具有发展潜力的光纤光栅传感检测技术方法[16]。

1.4 光纤光栅折射率传感研究背景与意义

光纤光栅折射率传感器在光学传感器中占有举足轻重的地位，这是因为光纤光栅传感器具有独特的优势，例如光波不仅不产生电磁干扰，还能抗电磁信号干扰，易于探测到光波信号的变化等。而光纤本身化学性质稳定不易导电和带电，光纤涂覆层为柔性材料很容易就可以做到弯曲、体积小、质量小、抗辐射能力强、不怕腐蚀等有利特性，故此光纤光栅折射率传感器是一种具有巨大研究潜力的传感器，从而引起了从事传感研究者的广泛关注[14,15]。

光纤光栅折射率传感器一般分为检测型和传输型两种，对于检测型光纤光栅折射率传感器而言，光纤不仅具有光传输的媒介作用，而且可作为光敏感元件。而传输型光纤传感器中光纤仅是光信号通过的工具，当外界环境发生变化时引起光在光纤中传输的特征参量发生变化，由此获得外部环境的状态。环境参量变化使得光波的特征参量发生变化，通过实验的方法来获得对应的函数关系，应用于检测环境折射率的变化，这就是光纤光栅折射率传感器的测量原理。随着高密度集成光子学的发展，对器件微型化提出了更高的要求。微纳光纤光栅作为是一种直径在微米或纳米量级的新型光波导器件，它结合了微纳光纤倏逝场传输的光学特性和光纤光栅强波长选择的特性，波长变化会受到外界环境折射率变化的影响，因此可用于溶液折射率的测量，具有体积小、测量准确、可靠性高以及可用于生化传感领域的特点。基于微纳光纤光子器件和光纤折射率传感器的研究现状，使用直径为纳米量级的光纤和光纤光栅来制作微型折射率传感器的研究将是一项很有意义的工作。

常规光纤布拉格光栅（FBG）是在普通单模光纤基础上制作的，然而对于普通单模光纤来说，其规格是固定的，光的能量基本被束缚在纤芯，这就决定了一定长度的常规调制深度是完全相同的。对基于 FBG 的光纤折射率传感来说，高灵敏度的环境测量需要调制深度的提高，因此常规 FBG 不能满足要求。长周期光纤光栅（LPG）对周围介质折射率变化具有很高的灵敏度，但是 LPG 多谐振峰和传输峰带宽大限制了折射率测量的准确性。有报道通过蚀刻 FBG 的包层，利用倏逝场光波导来测量介质的折射率，可达到很高的灵敏度，但这种蚀刻方法在增加灵敏度的同时降低了传感器的机械强度。2003 年，童利民等人提出了微纳光纤，由于亚波长直径的微纳光纤具有大比例倏逝波传输的光学特性，使得微纳光纤对其附近及表面介质的变化非常敏感，具有极高的灵敏度。光纤光栅是一种纵向上纤芯折射率周期性变化的微纳结构，表现出非常优异的波长选择特性。微纳光纤光栅结合了微纳光纤倏逝场传输的光学特性和光纤光栅强波长选择的特性，利用光波长来感知外界环境折射率的变化，使得传感测量准确可靠。最近，微纳光纤和微纳光纤光栅折成为国内外的研究热点。

物质折射率（RI）是反映物质内部信息的一个重要物理量。物质折射率的测量在基础研究、化学分析、环境污染评估、医疗诊断和食品工业等领域有着广泛的应用。对于外界折射率传感的敏感性来讲，普通光纤并不敏感于外界环境折射率的变化，而 LPG 虽然能够通过利用导模和包层模耦合的方式使得其包层模能探测到环境折射率发生了变化，但利用阻带漂移来实现传感折射率，精度十分差，这是因为 LPG 的阻带宽度很宽，一般为十几个纳米。之所以微纳光纤对外界折射率的变化是非常敏感的，是由于有大量的倏逝场存于微纳光纤外部。微纳光纤光栅（MNFBG）是近几年兴起的一种全新的波导器件，具有窄反射通带的光栅特性又具有高比例倏逝波。这种器件不但能用于折射率传感中，还具有更广阔的应用领域有待研究者去开发。在各种基于微纳光纤光栅的传感器中，研究最多的就是折射率传感器，因为当微纳光纤光栅外的媒介折射率发生变化时，将引起微纳光纤光栅有效折射率的改变，在微纳光纤光栅外传播的倏逝场将感知这种变化，这对于光场完全被限制在包层内传输的普通光纤光栅来说是不可能完成的任务。

1.5 本书研究内容与安排

本书在介绍光纤传感理论与技术基础上，系统地研究分析并总结了光纤光栅传感系统构成器件相关理论和应用技术。对光纤器件理论与应用技术，特别是光纤光栅传感器及应用技术、光纤光源制作与传感系统应用技术、微纳光纤光栅传感器及应用技术，以及光纤微结构传感器及其应用技术进行了详细介绍。本书物理概念清晰，理论分析部分简明扼要，注重实际应用问题。将光纤传感器件与应用技术与工程应用紧密结合，为光纤光栅传感系统实用化提供了技术支撑。相关研究成果是作者及其研究团队多年的成果总结。

第1章绪论，在介绍纤维光学技术产生的背景与发展基础上，详细介绍了光纤传感技术的特点与应用优势、研究现状以及发展情况，并围绕光纤传感系统所涉及的光纤器件与应用技术，分析了掺铒光纤光源、光纤光栅传感器、光纤微结构传感器以及光纤折射率传感技术的研究现状，说明开展光纤器件与应用技术研究的意义、必要性和可行性。

第2章光纤与光纤技术基础，介绍了光纤的基本结构与分类，从几何光学角度分析了光纤的传光原理，在此基础上讨论了光纤传输过程中损耗、色散、非线性效应等传输特性。介绍了光纤的制作技术与光纤的应用，重点介绍了特种光纤的制备技术及其应用。

第3章光纤传感器技术基础，介绍了物质发光本质和类型、光学传感物理效应和传感器特性描述基本参数，在此基础上分析了吸收型、透射型、反射型、干涉型以及分布式光纤传感器原理、制备及应用技术。

第4章光纤器件原理与应用技术，对光纤传感系统涉及的光纤有源和无源器件工作原理、特性参数以及应用问题进行了介绍，主要包括光纤连接器、光纤耦合器、光开关、光纤隔离器、光纤滤波器、光衰减器、复用器和解复用器，以及掺铒光纤及掺铒光纤放大器。重点介绍了掺铒光纤及其泵浦技术，为掺铒光纤荧光光源、放大器以及激光器的研究提供了技术基础。

第5章光纤光栅基本理论与特性研究，介绍了光纤光栅的物理模型、种类以及描述光纤光栅光学特性的物理方法，理论研究分析了均匀和非均匀光纤光栅的光谱特性；基于FBG的传输理论，采用传输矩阵法对光纤布拉格光栅、相移光纤布拉格光栅、超结构光纤布拉格光栅和光纤法布里珀罗腔的传输光谱特性进行了模拟研究；介绍了几种常用的光纤光栅刻写技术方法，重点对基于相位掩模的光纤光栅刻写方法进行了研究分析和优缺点比较。

第6章掺铒光纤荧光光源及其传感应用研究，以掺铒光纤光源及其相关技术为主要研究内容，研究了泵浦激光二极管的工作特性、工作条件，以及不同浓度的掺铒光纤在不同长度、不同抽运方式和不同抽运光能量下的输出光谱的功率、带宽及平坦度等特性，研制了高性能的C-波段、C+L-波段掺铒光纤荧光光源与放大器。重点介绍了掺铒光纤荧光光源的应用特点、结构及基本理论与工作特性，以及相关实验与研制过程。主要介绍了单程前向、单程后向、双程前向、双程后向和双级双程等几种结构的光源特性，对C-波段，L-波段，C+L-波段光源进行了深入的研究和探讨，分析不同结构的抽运方式、抽运光功率的变化、光纤的长短变化等因素对光源输出性能的影响。设计研制了适用于光纤光栅传感系统的掺铒光纤光源，研究了光源在光纤光栅温度、应力及应变检测传感系统中的应用问题，结合具体承担的科研项目介绍了光源的应用方案、系统应用中存在的问题及解决的技术方法。

第7章光纤布拉格光栅传感技术与应用研究，在分析光纤光栅温度、应变、压力传感机理的基础上，讨论了光纤光栅温度与应变交叉敏感问题，介绍了光纤光栅的增敏技术；通过改进光纤光栅制作材料、写入方法、封装技术以及结构设计，实现了温度、压力区分测量，并对封装后的传感器进行了温度、压力实验研究；从实用化光纤光栅传感器的设计要求、设计思路和波分复用技术对传感器性能的要求方面，阐述了光纤光栅传感器在油气管线上的应用技术和主要涉及的长输油管线上传感器的温度和压力增敏、区分测量、封装保护、传感网络等关键问题。

第8章相移光纤光栅制作与传感特性研究，利用193nm准分子激光器，采用遮挡法在普通单模光纤上刻写了PSFG，并研究该光栅对环境气体温度和拉力的传感响应特性；在FBG端面增镀紫外感光胶制作了光栅-感光胶腔传感器，并研究其对环境气体温度与气体压强的响应特性；在FBG栅区中间位置通过固化紫外感光胶形成胶腔制作了结构相移光栅传感器，然后通过实验研究分析该传感器分别对气体温度、拉力、气体压强和液体折射率的响应特性，实验分析了结构相移光栅传感器的稳定性与重复性。

第9章超结构光纤光栅制作与传感特性研究，在单模FBG的相位掩膜制作方法基础上，通过对入射光的振幅调制，制作了超结构光纤光栅，并研究和分析了该超结构光栅的温度与拉力传感特性；利用193nm准分子激光器，在七芯光纤上实现了多芯超结构光纤光栅（SCF-SFG）制作，实验研究七芯超结构光栅的温度与拉力传感特性。研究发现，超结构光纤光栅反射光谱中相邻两个波峰的间距都随着振幅掩模板周期的增加而减小，对温度和外部拉力具有非常好的线性响应特性，具有广阔的传感应用前景。

第10章微纳光纤光栅与折射率传感应用研究，对微纳光纤的光学传输特性进行了系统描述，建立了微纳光纤光栅倏逝波折射率传感理论模型，并对微纳光纤光栅的制作方法、工艺以及折射率传感测量现状与发展进行了综述与分析，重点研究了基于氢氟酸腐蚀普通单模光纤布拉格光栅的MNFBG制作方法与液体折射率传感特性；介绍了MNFBG结构参数与折射率变化下的传输光谱反射波长的变化规律，将微纳光纤光栅技术与新型纳米功能材料的热光、电光和磁光等效应相结合，研制基于纳米功能材料物理效应调谐的光纤光栅器件，提高光纤通信系统波长调谐、信号解复用能力问题，拓展了光纤光栅多功能化应用。

参 考 文 献

[1] Djafar K. Mynbaev. Lowell L. Scheiner. Fiber-optic Communication Technology [M]. 英文影印版，北京：科学出版社，2002.

[2] 张明德，孙小苗. 光纤通信原理与系统[M]. 南京：东南大学出版社，1996.

[3] 董天临，谈新权. 光纤通信原理和新技术[M]. 武汉：华中理工大学出版社，1998.

[4] 廖延彪. 光纤光学-原理与应用[M]. 北京：清华大学出版社，2010.

[5] 廖延彪. 光纤光学[M]. 北京：清华大学出版社，2000.

[6] 安毓英，曾小东. 光学传感与测量[M]. 北京：电子工业出版社，2001.

[7] 于荣金. 塑料通信光纤[J]. 光电子·激光. 2002，13(3)：315-318.

［8］陈登鹏．长周期光纤光栅和掺铒光纤超荧光光源［D］．合肥：中国科学技术大学博士论文，2001.

［9］PaulF. Wysocki，M. J. F. Digonnet，B. Y. Kim，et al. Characteristics of erbium-doped superfluorescent fiber sources for interferometric sensor applications［J］. Lightwave Technology，1994，12(3)：550-567.

［10］Wang L A，Chen C D. Stable and broadbandEr-doped superfluorescent fiber sources using double-pass backward configuration［J］. Electron. Lett. 1996，32(19)：1815-1817.

［11］DouglasC. Hall，William K. Burns，Robert P. Moeller，et al. High-stability Er-doped superfluorescent fiber sources［J］. Lightwave Technology，1995，13(7)：1452-1460.

［12］Wang L A.，Chen C D. Characteristics comparison ofEr-doped double-pass superfluorescent fiber sources pumped near 980 nm［J］. IEEE Photon. Technol. Lett.，1997，9(4)：446-448.

［13］杨石全，赵春柳，蒙红云，等.工作在L-波段的可调谐环形腔掺铒光纤激光器［J］. 中国激光，2002，29(8)：677-679.

［14］张建生，郭玉彬，王天枢.可编程控制波长调谐的环形掺铒光纤激光器［J］. 半导体光电，2004，25(5)：366-369.

［15］杨青，俞本立，甄胜来，等.光纤激光器的发展现状［J］. 光电子技术与信息，2002，15(5)：13-17.

［16］周天宏，江山，任海兰，等.光纤通信用可调激光器技术研究发展［J］. 光电子技术与信息，2004，17(5)：1-5.

第2章 光纤与光纤技术基础

2.1 光纤的基本结构与分类

2.1.1 光纤的基本结构

光纤是光导纤维的简写，是一种利用光在玻璃或塑料制成的纤维中的全反射原理而达成的光传导工具。光纤的基本结构由纤芯、包层和涂敷层三部分组成如图2-1所示。其中，纤芯和包层通常是由两种折射率不同的石英玻璃制成的横截面积很小的双层同心圆柱体，内层为纤芯（折射率为 n_1），纤芯外面包围着一层折射率（n_2）比纤芯低的玻璃封套，俗称包层，包层使得光线保持在芯内传播。光线在纤芯传送时，当光纤射到纤芯与包层界面的角度大于产生全反射的临界角时，光线透不过界面，会全部反射回来，继续在纤芯内向前传送。包层外面通常是加强用的树脂涂层，即涂覆层。涂覆层是用来保护光纤免受物理损伤的。如果光纤表面上的裂痕会引起应力集中，进而形成微裂纹，这种微裂纹很容易加深和变长，从而使抗张强度减小，而使光纤发生断裂。涂覆层也与纤芯、包层同心，否则会产生微弯损耗。在通信中，单模光纤纤芯直径一般在 $8 \sim 10 \mu m$；多模光纤纤芯直径常见为 $50 \mu m$ 和 $62.5 \mu m$ 两种，包层直径通常都是 $125 \mu m$。涂覆层直径通常都是 $250 \mu m$。

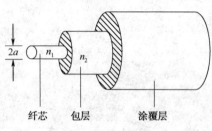

图 2-1　光纤结构示意图

2.1.2 光纤的分类

光纤的种类很多，根据用途不同，所需要的功能和性能也有所差异。按传输模式主要分为单模光纤、多模光纤；按折射率分布主要分为阶跃（SI）型光纤、渐变（GI）型光纤等；按偏振特性可分为保偏光纤和非保偏光纤；按工作波长可分为紫外光纤、可观光纤、近红外光纤、红外光纤；按光纤制作材料分为石英光纤、多成分玻璃光纤、塑料光纤、复合材料光纤等；按被覆材料还可分为无机材料、金属材料和塑料等；按光纤预制棒制作工艺可分为改进的化学气相沉积法（MCVD）、气相轴向沉积法（VAD）、外部气相沉积法（OVD）、等离子体化学气相沉积法（PCVD）等。

根据划分依据不同，同一根光纤有不同的名称。在给定的工作波长上能够传输多种模式的光纤称为多模光纤，只能传输一种模式的光纤称为单模光纤。由于多模光纤中传输的模式多达数百个，各个模式的传播常数和群速率不同，使光纤的带宽窄，色散大，损耗也大，只适于中短距离和小容量的光纤通信系统。单模光纤因只传一个模式，无模间色散，总色散小，带宽宽，可用于长距离、大容量光纤通信系统、光纤局部区域网和各种光纤传感器中。但单模光纤对光源的谱宽和稳定性有较高的要求，即谱宽要窄，稳定性要好。多模光纤依据折射率分布又可分为渐变(梯度)型和阶跃型多模光纤，渐变型光纤纤芯的折射率从纤芯中心向外逐渐减小，从而减少信号的模式色散。阶跃型光纤的纤芯折射率基本上是一致的，只在包层表面上才会突然降低。单模光纤、多模光纤、阶跃型光纤、渐变型光纤结构示意图，如图 2-2 所示。光纤应用中常见工作中心波长为：850nm，1300nm，1550nm 三种。

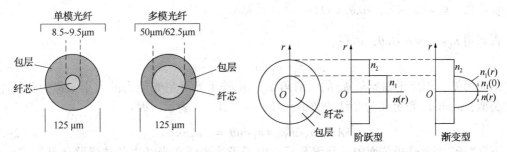

图 2-2　单模光纤、多模光纤、阶跃型光纤、渐变型光纤结构示意图

2.2　光纤传光原理

光在光纤中的传输原理可以用波动理论或几何光学射线理论这两种不同的理论分析。波动理论是分析光纤导光传输原理的基准理论，它从麦克斯韦方程组出发，求解满足初始条件的波动方程，这种分析方法适合于任何情况，能够精确地描述光纤传输特性。而几何光学射线理论是用几何光学的分析方法，将光看成是传播的"光线"，物理描述直观、形象、易懂。

光在光纤内是以全反射的方式由光纤的一端传输到另一端。目前，在通信领域最常用的多模光纤有两种类型：阶跃型多模光纤和梯度型多模光纤。根据光线在光纤中的传播轨迹，可以将多模光纤中传播的光线分为两类：子午光线和斜射光线。

2.2.1　子午光线在光纤中的传播[1]

在光纤中，通过光纤中心轴线的任何平面都称为子午面，子午面有无数多个，位于任一子午面内的光线都被称为子午光线。根据反射和折射定律可知，入射光线、折射光线、反射光线和法线都位于同一个平面内。因此无论子午光线经过多少次的反射、折射，它始终都是位于最初入射的平面内，这是子午光线的传播特点。在光传播中，子午光线带有最大的光能量。

由图 2-3 可求出子午光纤在光纤内全反射所应满足的条件。要使光能完全限制在光纤内传输，则应使光线在纤芯-包层分界面上的入射角 ψ 大于(至少等于)临界角 ψ_0，即：

$$\sin\psi_0 = \frac{n_2}{n_1}, \quad \psi \geqslant \psi_0 = \arcsin\left(\frac{n_2}{n_1}\right) \tag{2-1}$$

式中，n_1，n_2 分别为纤芯和包层的折射率，RIU；n_0 为光纤周围媒质的折射率，RIV。

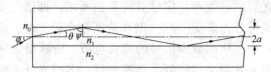

图 2-3　子午光线在光纤中的传播

临界角：$\theta_0 = 90° - \psi_0$，$\sin\theta_0 = \sqrt{1 - \left(\frac{n_2}{n_1}\right)^2}$

再利用 $n_0\sin\varphi = n_1\sin\theta$，可得：

$$n_0\sin\varphi_0 = n_1\sin\theta_0 = \sqrt{n_1^2 - n_2^2} \tag{2-2}$$

由此可见，相应于临界角 ψ_0 的入射角 φ_0，反映了光纤集光能力的大小，称为孔径角。与此类似，$n_0\sin\varphi_0$ 则定义为光纤的数值孔径，一般用 NA 表示，即：

$$NA_{子} = n_0\sin\varphi_0 = n_1\sin\theta_0 = \sqrt{n_1^2 - n_2^2} \tag{2-3}$$

下标"子"表示是子午面内的数值孔径。由于子午光线在光纤内的传播路径是折线，所以光线在光纤中的传播路径长度一般都大于光纤的长度。

2.2.2　斜射光线在光纤中的传播

光入射进光纤芯层之后，除存在子午光线外，还有许多斜射光线存在，这些光线既不平行于光纤中心轴线也不和它相交，而是和中心轴线成异面直线。斜射光线在光纤中进行一次全反射，它的平面方位就要改变一次，斜射光线在传输过程中，发生反射时，不经过光纤中心轴线，即与光轴不相交，只在光纤轴线的上方和下方通过，其光路轨迹是空间螺旋线，如图 2-4(a)所示。螺旋线可以是左旋也可以是右旋，而且与中心轴线是等距。在芯/包界面仍服从光线的反射、折射定律。在光传播中，斜射光线具有的光能量较少且在长距离的传播中多被损耗掉。

图 2-4(b)为斜光线的全反射光路。图中 QK 为入射在光纤中的斜光线，它与光纤轴 OO' 不共面；H 为 K 在光纤截面上的投影，$HT \perp QT$；$OM \perp QH$。由图中几何关系的斜光线的全反射条件为：

$$\cos\gamma\sin\theta = \sqrt{1 - \left(\frac{n_2}{n_1}\right)^2} \tag{2-4}$$

再利用折射定律 $n_0\sin\varphi = n_1\sin\theta$ 可得，在光纤中传播的斜光线应满足如下条件：

$$\cos\gamma\sin\varphi = \frac{\sqrt{n_1^2 - n_2^2}}{n_0} \tag{2-5}$$

斜光线的数值孔径则为：

$$NA_{斜} = n_0\sin\varphi_a = \frac{\sqrt{n_1^2 - n_2^2}}{\cos\gamma} \tag{2-6}$$

由于 cosγ≤1，因而斜光线的数值孔径比子午光线的要大。

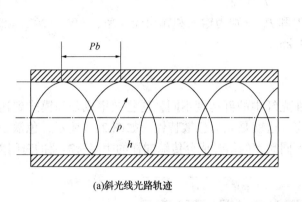 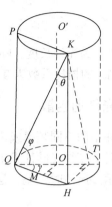

(a)斜光线光路轨迹　　　　　　　　(b)斜光线的全反射光路

图 2-4　斜射光线传播图

2.3　光纤的传输特性

光纤的传输特性主要是指光纤的损耗特性和色散特性，另有机械特性和温度特性。

2.3.1　光纤的损耗

光波在光纤中传输，随着传输距离的增加，而光功率强度逐渐减弱，光纤对光波产生衰减作用，称为光纤的损耗。光纤的损耗限制了光信号的传播距离。

光纤损耗大小与波长密切相关，损耗与波长的关系曲线叫作光纤的损耗谱。普通单模光纤的衰减随波长变化关系如图 2-5 所示。损耗值较低地方对应的波长称为工作波长（工作窗口）。在单模光纤中有两个低损耗区域，分别在 1310nm 和 1550nm 附近，即通常说的 1310nm 窗口和 1550nm 窗口；1550nm 窗口又可以分为 C-波段（1525~1562nm）和 L-波段（1565~1610nm）。

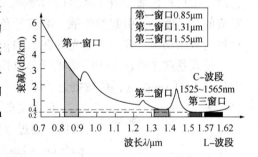

图 2-5　普通单模光纤的衰减随波长
变化示意图

光纤损耗产生原因有：

（1）吸收损耗：光纤吸收损耗是制造光纤的材料本身造成的损耗，包括紫外吸收、红外吸收和杂质吸收。

（2）散射损耗：由于材料的不均匀使光信号向四面八方散射而引起的损耗称为瑞利散射损耗。光纤制造中，结构上的缺陷会引起与波长无关的散射损耗。

（3）弯曲损耗（辐射损耗）：光纤的弯曲会引起辐射损耗。决定光纤衰减常数的损耗主要是吸收损耗和散射损耗，弯曲损耗对光纤衰减常数的影响不大。

描述光纤损耗的主要参数为衰减系数，是指光在单位长度光纤中传输时的衰耗量，单位一般用 dB/km。其定义为：

$$\alpha = \frac{10}{L}\lg\frac{P_i}{P_0} \quad (\text{dB/km}) \tag{2-7}$$

式中，L 为光纤长度，km；P_i 和 P_0 分别为输入和输出光功率，mW。一般标准单模光纤在 1550nm 的损耗系数为 0.2dB/km。

2.3.2 光纤的色散

光脉冲中的不同频率或模式在光纤中的群速度不同，这些频率成分和模式到达光纤终端有先有后，使得光脉冲发生展宽，这就是光的色散特性。如图 2-6 所示，色散一般用时延差来表示。所谓时延差，是指不同频率的信号成分传输同样的距离所需要的时间差。

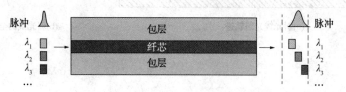

图 2-6 光纤色散示意图

光纤的色散可分为模式色散、色度色散、偏振模色散。

（1）模式色散：多模光纤中不同模式的光束有不同的群速度，在传输过程中，不同模式的光束的时间延迟不同而产生的色散，称为模式色散。

（2）色度色散：由于光源的不同频率(或波长)成分具有不同的群速度，在传输过程中，不同频率的光束的时间延迟不同而产生色散称为色度色散。色度色散包括材料色散和波导色散。①材料色散是由于材料折射率随光信号频率的变化而变化，光信号不同频率成分所对应的群速度不同引起的色散。②波导色散是由光纤波导结构引起的色散。其大小可以和材料色散相比拟，普通单模光纤在 1.31μm 处这两个值基本相互抵消。

模式色散主要存在于多模光纤。单模光纤无模式色散，只有材料色散和波导色散。当波长在 1.31μm 附近，色散接近为零。

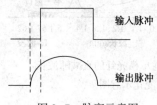

图 2-7 脉宽示意图

色散主要用色散系数 $D(\lambda)$ 表示，是指单位波长间隔内光波长信号通过单位长度光纤所产生的时延差，用 D 表示，单位是 ps/(nm·km)。脉宽是色散在时域上的表示，如图 2-7 所示。则色散系数为单位谱线宽度的光线传播单位距离引起的脉冲展宽，即：

$$D = \frac{\Delta \Gamma}{\Delta \lambda \cdot L} \quad [\text{ps/(nm·km)}] \tag{2-8}$$

目前，降低色度色散的影响主要采用色散补偿模块对光纤中的色散累积进行补偿，主要方式为使用色散补偿光纤(DCF)。色散补偿光纤与普通传输光纤的不同之处是在 1550nm 处具有负的色散系数，DCF 补偿法实际上就是利用这种负色散的光纤，抵消 G.652/G.655 光纤中的正色散。

2.3.3　光纤的非线性效应

光纤的制造材料本身并不是一种非线性材料，但光纤的结构使得光波以较高的能量沿光纤长度聚集在很小的光纤截面上，会引起明显的非线性光学效应，对光纤传输系统的性能和传输特性产生影响。特别是近几年来，随着光纤放大器的出现和大量使用，提高了传输光纤中的平均入纤光功率，使光纤非线性效应显著增大。所以光纤非线性效应及其可能带来的对系统传输性能的影响必须加以考虑。

在高强度电磁场中电介质的响应会出现非线性效应，光纤也不例外，这种非线性响应分为受激散射和非线性折射。散射分为弹性散射和非弹性散射。弹性散射中，被散射的光的频率(或光子能量)保持不变，相反，在非弹性散射中被散射的光的频率将会降低。在较高功率下，考虑到非线性的影响，石英的折射率会发生变化，并产生一个非线性相位移。

(1) 受激拉曼散射(SRS)：如果高频率信道与低频率信道的频率差在光纤的拉曼增益谱内，则高频率信道的能量可能通过受激拉曼散射向低频率信道的信号传送。这种能量的转移不但使低频信道能量增加而高频信道的能量减小，更重要的是能量的转移与两个信道的码形有关，从而形成信道间的串扰，使接收噪声增加而接收灵敏度劣化。

(2) 受激布里渊散射(SBS)：高频信道的能量也可能通过 SBS 向低频信道传送，但由于 SBS 的增益谱很窄(约 $10 \sim 100\text{MHz}$)，为实现泵浦光与信号光能量的转移，要求两者频率严格地匹配，所以只要对信号载频设计得好，可以很容易地避免 SBS 引起的干扰。并且 SBS 要求两个信号光反向传输，所以如果所有信道的光都是同方向传输的，则不存在 SBS 引起的干扰。

(3) 交叉相位调制(XPM)：当某一信道信号沿光纤传输时，信号的相位移不仅与自身的强度有关，而且与其他信道的光信号强度有关，对于 IM/DD 系统，由于检测只与入射光的强度有关而与相位无关，所以 XPM 不构成对系统性能的影响，但在相干检测方式中，信号相位的改变将会引起噪声，因此 XPM 会对这种系统形成信道串扰。

(4) 四波混频(FWM)：在四波混频中，三个信道的频率 ω_i、ω_j 和 ω_k(i、j、k 可取 1 到最大信道数 N)，通过混频而产生第四个频率为 $\omega_{ijk} = \omega_i \pm \omega_j \pm \omega_k$ 的信号。如果信道间隔是等分的，则这第四个频率会与某一个信道的频率相同，这样通过 FWM 导致能量在信道之间的转换。

2.4　光纤的制作技术与应用

2.4.1　光纤的制作过程

光纤制造的过程决定了光纤的机械强度、传输特性和使用寿命，对保证光纤质量十分重要。通信光纤的制造分为制棒和拉丝两道工序。

预制棒的制造又称制棒，是将 $SiCl_4$ 等原材料制成与光纤具有相同折射率分布，直径为 $1 \sim 3\text{cm}$ 的预制棒的过程。制造方法有多种，普遍采用的有：MCVD 法(改进的化学气相沉积)，VAD 法(气相轴向沉积)，OVD 法(外部气相沉积)，PCVD 法(等离子体化学气相沉积)等。这几种方法都是立足于气相沉积，但却有很大的差异。

MCVD 法是 20 世纪 90 年代初最普通的方法，可以制得损耗低的光纤，可方便地改变光纤的折射率分布制成多种结构的光纤。其缺点是整个系统维护较复杂，沉积效率较低。采用天然石英砂做成的外皮管，而石英砂的颗粒比气相沉积的颗粒大得多，故其抗拉强度和抗微裂纹扩张的强度较低，尤其是天然石英砂的外皮管内不同程度地存在杂质、气泡和气线，更将严重影响光纤的强度和使用寿命。

VAD 法和 OVD 法可以制作极低损耗的光纤；便于制作大尺寸的预制棒以提高产量，降低成本；VAD 法制造的光纤强度要高于 MCVD 法制造的光纤强度；VAD 法的缺点是预制棒脱水过程需消耗大量的氯气，价格较贵。

PCVD 法反应气体的电子温度高，反应充分，沉积效率较 MCVD 法高一些；沉积温度比 MCVD 法低，石英管不易变形，制成的预制棒纵向均匀性好；沉积层较多，每层的厚度非常薄，通过精确的微机控制工艺可获得近乎理想的折射率分布，多模光纤的带宽性能好。其缺点是采用天然石英砂的外皮管，用 PCVD 法制成的光纤其抗拉强度和抗微裂扩张强度较低，与 MCVD 法制成的光纤相同。

光纤拉制又称拉丝，由拉丝机将预制棒加高温融熔而拉成外径为 $125\mu m$ 的光纤的过程。石英光纤拉丝机高达 10m 以上。把预制棒装在拉丝机顶端的加热炉中，炉温升至约 2200℃时，棒体尖端的黏度变低，靠自身质量逐渐下垂变细成为裸光纤，裸光纤通过激光测径监测仪，然后进入涂覆固化系统。涂覆的光纤经牵引辊再到卷筒上。裸光纤的激光测径与牵引辊是连动的自动控制系统，可以保证裸光纤外径在范围内变动，整个拉丝车间需超净恒温，尤其是光纤涂覆以前，要避免任何尘埃的附着以免影响光纤的强度。

2.4.2 光纤的涂覆与成缆

光纤涂覆由 20mm 左右的预制棒拉成 $125\mu m$ 的光纤虽是热变形，但在裸光纤表面仍有微裂纹，如暴露在大气中，则大气中的 OH^- 将使微裂纹扩张，长时间的裸露会造成光纤断裂，必须迅速将裸光纤涂覆。国际上都是采用紫外光固化的双涂层。第一层为抗张模量小、弹性高、析氢量低、对 SiO_2 黏接性能强的改性硅酮树脂，厚度约为 $20\sim30\mu m$，可提高光纤抗微弯性能，并且有好的低温特性。第二层为抗张强度和伸长率极高的改性环氧丙烯酸，可为光纤提供充分的强度保护和良好的表面性能。这样涂覆的光纤，筛选强度都在 5N 以上，在 $-40\sim+60$℃温度范围内，其附加损耗应 $\leq 0.05dB/km$。

光缆(optical fiber cable)是为了满足光学、机械或环境的性能规范而制造的，它是利用置于包覆护套中的一根或多根光纤作为传输媒质并可以单独或成组使用的通信线缆组件。光缆的基本结构一般是由缆芯、加强钢丝、填充物和护套等部分组成，另外根据需要还有防水层、缓冲层、绝缘金属导线等构件。按照光缆内使用光纤的种类不同，光缆可以分为单模光缆和多模光缆；按照光缆内光纤纤芯的多少，光缆又可以分为单芯光缆、双芯光缆等；按照结构方式不同，光缆可分为扁平结构光缆、层绞式光缆、骨架式光缆、铠装光缆和高密度用户光缆。

2.5 特种光纤简介[2]

一般把用于通信的光纤称之为通信光纤，而把除常规通信光纤以外，具有特殊功能的光纤称之为特种光纤[3]。特种光纤，以及由特种光纤制成的具有特殊功能的光器件，随着光通信技术的飞速发展在非运营商市场的前沿应用方面也逐渐受到高度重视。专有细分市场的"光进铜退"促进了特种光纤的不断深入研究，新型的特种光纤和光纤器件纷纷出现，它们的应用范围也越来越广。品种繁多的特种光纤层出不穷，不仅在光通信和光传感中占据着越来越重要的地位，而且在工业、电力、军事、航空航天、生物医学等方面也发挥着越来越重要的作用。

通过对通信光纤的掺杂机理、波导结构、功能梯度材料等方面进行独特的设计，可以使得光纤具有不同应用环境的专有特性。特种光纤的这些特性将呈现独特的作用，使得特种光纤具有不同的功能，可以实现各种传感应用。比如基于萨格纳克(Sagnac)效应，使得保偏光纤用于光陀螺仪；利用法拉第效应，使得旋转光纤用于光纤电流互感器；利用光学相干技术，使得抗弯曲光纤用于水听传感；基于拉曼效应，使得多模光纤用于测温传感等。可以看到，特种光纤不仅可以保留基本的信号传输的通信功能，在大部分场合还可以起到传感感知的作用。从功能应用意义上来说，特种光纤本质上也可以称为传感光纤[2]。

2.5.1 特种光纤制备技术

对于光纤制备技术而言，最为关键的是光纤预制棒(preform)的制备技术，而光纤预制棒的制备技术中，光纤芯棒(core-rod)的制备技术最为核心。目前主要有四种技术制备光纤芯棒，即 MCVD 工艺(modified chemical vapor deposition)[4]、PCVD 工艺(plasma chemical vapor deposition)[5]、OVD 工艺(outside vapor deposition)[6]以及 VAD 工艺(vapor axial deposition)[7]。特种光纤主要采用 PCVD 技术或 MCVD 技术以实现特殊掺杂和复杂精细波导，其中 PCVD 工艺主要适合制备特种的包括 F、Ge、B 在内元素特殊掺杂的无源光纤，而 MCVD 工艺因为在制备过程中存在 soot(疏松体)的材料状态，适合进行稀土元素、Bi 等有源光纤预制棒的制备。利用不同预制棒制备技术实现特殊掺杂和复杂波导结构，结合应用环境的差异化需求选用不同特殊功能涂料，对通信光纤拉丝工艺平台进行升级改造，即可以实现系列化的特种光纤。

2.5.2 常见特种光纤及应用

1. 偏振态光纤

保偏光纤：陀螺仪是一种既古老又富有生命力的仪器，相比于早期的机械式陀螺仪，基于 Sagnac 效应的光纤陀螺以其灵敏度高、稳定性好、体积小、重量轻等特点广泛应用于火箭、舰船、飞机等的惯性导航中。目前在光纤陀螺应用领域，脱骨架小型化、高精度是技术发展的方向，具有更小弯曲半径和更好的全温性能稳定性的保偏光纤(polarization maintaining fiber，PMF)产品才能满足技术发展方向的要求。在较小的弯曲半径时，由于具有较大的弯曲应力，对保偏光纤全温度范围内的光学性能和双折射性能均会产生显著的影响，因此保偏光纤应该具有更小的、更高精度的几何参数指标，更小的可弯曲半径，更高的机械强度与弯曲条件下疲劳可靠性，以及更为稳定的全温性能。此外，能够同时满足陀螺绕环与器件一体化的细径保偏光纤是当前的研究重点。一体化细径保偏光纤的难点在于可靠性问题，随着包层直径和光纤直径的减小，光纤的抗拉强度以及温度性能会受到影响。

旋转光纤(保圆光纤)：基于 Faraday 磁光效应的光纤电流互感器因具有测量准确度高、频带宽、动态范围大、绝缘简单、安装灵活等优势，在大电流测量领域具有十分广阔的应用前景。同时，由于现场应用环境的复杂性，除了需具有足够高的测量准确度外，光纤电流互感器还应具备优良的温度性能和抗振能力。对于电解冶金领域超大电流的测量，电流互感器还应满足柔性安装，测量精度对环路形状、母线偏心、杂散磁场干扰敏感度低等要求。旋转光纤是光纤电流互感器中的关键部件。它是一种特殊保偏光纤，通过光纤的轴线旋转引入圆双折射，和光纤本身的高线性双折射共同形成椭圆双折射，在旋转周期足够小的情况下，具备很好的圆偏振保持能力。同时，由于存在很高的内应力，保留了保偏光纤良好的抗外部干扰和内部缺陷的能力，适用于全光纤电流互感器的应用[8,9]。旋转光纤可以从本质上提升光纤电流传感器的环境适应性，保证传感器满足实际应用需求，因此目前被广泛研究。旋转光纤保圆机理为，光纤的基模有两个偏振态，设它们的传播常数(即波数，$\beta = 2\pi \cdot ne_{ff}/\lambda$)分别为 β_1 和 β_2，圆偏振保持要求 $\beta_1 \approx \beta_2$。双折射光纤中两个偏振态的传播常数之差 $\Delta\beta$(即 $\beta_1 - \beta_2$)较大(即传播速度相差较大)，随着传播距离的增加，模式之间的延时差(对应相位差)线性增加。

2. 能量增益功能有源光纤、无源光纤

光纤放大器之掺铒光纤与铒镱共掺光纤。在传感系统中，信号的中继放大是十分重要的环节。20 世纪 80 年代末，Payne D 教授成功研制了波长为 1550nm 的掺铒光纤(erbium doped fibre，EDF)，这是光纤通信发展历史上的里程碑事件。随着通信系统的升级和光纤传感领域对特殊光源的需要，对掺铒光纤的增益性能提出了更高的要求，伴随着 ASE、飞秒激光光栅刻写等新技术的发展，出现了基于包层泵浦的双包层(double cladding，DC)铒镱共掺光纤(erbium-ytterbium co-doped fibre，EYDF)，可以实现更高的输出功率。目前，三包层(TC)制备技术的出现，使得铒镱共掺光纤具有更高的输出功率和更为可靠的稳定性。俄罗斯科学院及上海大学王廷云等多年从事铋铒共掺光纤的研制，预期为满足宽度、高增益的放大技术提供新型特种光纤。

光纤激光器之掺镱光纤。光纤激光器具有高输出功率(高峰值、高平均功率)，近衍射极限的光束质量，尤其在精密工业加工中的应用范围不断拓展。近几年，工业激光器在全球激光器市场份额持续增长得益于材料加工应用的快速发展及成熟，使得光纤激光器市场需求一直保持高速增长态势。针对 MOPA 及典型调 Q20W 光纤激光器打标应用，10/125DC 掺镱光纤(YDF)的高吸收系数和高光—光转换效率，确保一级使用 4m 左右，对于 MOPA 型激光器可降低光纤的使用长度，压缩成本，而 915nm 附近的平坦吸收峰能降低热管理要求，简化散热设计；对于调 Q 型能降低一级谐振腔长和腔内损耗，压缩脉宽，提高二级脉宽的展宽冗余量，是高质量达标的可靠保证。

传能光纤与紫外光纤。激光器能量的传递与输出是激光器系统的末端功能，也是重要部分之一。利用光纤实现高传输效率、高可靠性的柔性传输与输出，是激光器的最佳选择。

结合硬质涂料和特殊包层掺杂技术，大芯径高数值孔径的传能光纤可以实现超过千瓦级功率的能量输出，而双包层技术将极大地提升光纤的长期可靠性。国产化大芯径光纤已广泛应用于特高压串补、换流阀、柔性直流、激光传能工控、激光生物医疗等领域。

随着紫外波段激光器技术的发展，对紫外传能光纤产品也提出了新的课题。普通传能光纤的纤芯材料，并不适合在紫外波段的传输应用。而紫外光纤是针对性地对光纤材料进行了高羟基掺杂技术的工艺优化，使得光纤可以在可见光、紫外波段高效率、高可靠性地工作，有力支持了激光显示、紫外印刷、食品卫生等行业的装备升级。

3. 特殊环境用光纤

密绕环境-弯曲不敏感光纤在光纤制导、光纤水听器等应用场合，对于光纤的强度、连续段长与抗弯曲性能都提出了更为严苛的要求。该类应用涉及多圈数小弯曲半径的密集光纤复绕，普通通信光纤一般只有689.5MPa的光纤筛选强度，约30mm的弯曲半径，远远无法满足要求。弯曲不敏感光纤通过特殊的波导设计和涂料优化，实现了光纤良好的抗弯曲性能，最小弯曲半径可以达到5mm。通过对关键玻璃原材料、预制棒以及光纤生产环境和工艺的严格控制，保障光纤的筛选强度达到1379MPa，各项机械可靠性能指标满足IEC国际标准，高强度下的光纤连续段长达到10km以上。同时，光纤的尺寸从常规的125μm进一步小型化，实现了80μm的细径高强度抗弯曲光纤。该系列的光纤产品已经广泛应用于国内相关的军工企业，未来将结合特种硬质涂料技术的发展，实现更小尺寸（60μm/40μm）、更高强度和更强的抗弯性能（<5mm弯曲半径）。

辐射环境-抗辐射光纤。传统的通信单模或者多模光纤，因为光纤的材料结构存在缺陷，在辐射环境下，短期内会急剧失效，造成通信中断。为此，必须从光纤的材料结构本身入手进行设计，提高光纤的抗辐射性能。全新的"纯硅芯"概念的材料结构设计，已经实现了具有较好抗辐射性能的单模光纤与多模光纤产品，可以在剂量率较高、总剂量达到上万戈瑞（Gray，Gy）的辐射环境中使用。抗辐射光纤技术是一项具有较高技术难度的特种光纤技术，其技术的突破，将带来一系列产品的功能升级与应用拓展，比如将抗辐射光纤技术应用于保偏光纤，将使得保偏光纤可以在更为广阔的领域发挥作用。

高温环境-耐高温光纤。与辐射环境类似，另外一种恶劣环境的情况为高温环境。同样的，普通的通信单模或多模光纤，在100℃以上的环境中会因为涂覆材料失效而导致光纤损耗增加，造成通信的中断。在这一涉及"功能梯度材料"的关键光纤技术问题上，以长飞公司为代表的国内机构依靠涂料技术团队，成功实现了适合150℃以及300℃工作的涂料设计与性能验证，搭建了特种聚酰亚胺涂料（PI-polyimide）的热固化及低速拉丝的拉丝技术平台，并实现了高温的环境可靠性测试技术平台。光纤本征损耗与高温老化后的附加损耗水平都与国际先进水平保持一致，光纤强度可以达到689.5MPa，各项机械可靠性测试结果完全满足通信光纤标准。同时，几何指标参数控制精度达到领先水平。将"波导结构"与"材料结构"上的技术优势相结合，将耐高温性能与具有其他特性的特种光纤进行组合，该类特殊环境应用的特种光纤将衍生为系列化的通信与传感功能兼有的特种耐高温光纤产品。

4. 传感功能增强型特种光纤

近年来，分布式光纤传感技术受到国内外学者的广泛关注。其主要是通过光时域反射仪（optical time domain reflectometry，OTDR）技术获取整个光纤链路的信息，具有显著的"长距离分布式"特点,因而被应用于石油、天然气管道监控,桥梁、堤坝等大型结构健康检测以及航空航天等领域。其中,基于布里渊散射效应的分布式传感技术能够实现温度、应力双参量检测,获得米甚至厘米级的高空间分辨率,同时传感距离可达数十至百余千米[10,11]。然而,基于标准单模光纤的布里渊传感系统普遍存在温度、应力交叉敏感以及单一信道无法进行多维度、多参量的同时测量等问题,而具有空分复用特性的多芯、少模光纤的研制将有助于解决上述问题并为探索新的传感机理创造了条件。

分布式温度传感用多模光纤。由于多模光纤的拉曼增益高、受激阈值高,因此分布式测温产品多采用多模光纤作为传感光纤。但传统的通信多模光纤仅优化了波长850nm和1300nm处的衰减,一方面较高的C-波段衰减严重影响了长距离测量的信噪比,另一方面,较大的模间色散会造成长距离测试下空间分辨率的劣化。此外,普通多模光纤因其几何一致性较差,会导致接续点测得的温度出现跳变。分布式测温系统光纤(distributed temperature sensing-fibre, DTS-Fibre),具有梯度渐变型折射率分布,确保了光纤在长波长窗口(1300nm、1550nm)具有优异的光学和几何特性,采用特殊涂覆材料和工艺,实现耐高温性能。

分布式温度传感用少模光纤。基于多模光纤的DTS优势在于多模光纤具有较大的有效模场面积和较高的拉曼增益系数,易于通过自发拉曼散射获得光纤沿线的温度信息。其劣势在于多模光纤的损耗较大,更重要的是由于多模光纤模间色散(模式差分群时延)引入的脉冲展宽导致长距离传感的空间分辨率不足,这在需要较高空间分辨率的温度测量场景下实际上限制了光纤的传感距离(通常多模系统长度局限于8~10km)。基于单模光纤的分布式拉曼传感系统,其优势在于损耗较小,不存在模间色散导致的脉冲展宽,其劣势在于有效模场面积较小,为了避免产生受激拉曼散射,输入光功率受限从而探测距离受限。因此基于单模光纤的长距离分布式光纤温度传感器系统较为复杂、成本较高(需要进行分布式放大并进行复杂的信号处理)。而少模光纤在只激励起基模的情况下,对比单模光纤而言,具有较大的模场面积,对比多模光纤而言,由于其特殊的折射率设计,具有模间色散极小的优势。利用少模光纤作为传感光纤,结合现有的单模光纤拉曼系统,可在保证高空间分辨率的同时,有效延长现有DTS的传感距离,并无需增加系统复杂度。

分布式三维形状传感用多芯光纤。2016年华中科技大学唐明教授研究团队在国际上首次报道了偏心纤芯中的布里渊频移对弯曲敏感的特征[12]。其本质是由弯曲导致外层纤芯受到的拉伸或者挤压纵向应力作用,而处于中性轴的中间芯则不受影响。基于此特性,该团队进一步研究了七芯光纤的长距离分布式弯曲传感和三维形状传感技术,成功实现了空间分辨率20cm、传感距离1km的曲率测量,测量结果的半径误差小于8%、旋转角度误差低于3%。与美国国家航空航天局(NASA)开发的基于多芯光纤光栅的三维形状传感[13-15]相比,该技术不需要对多芯光纤做任何处理,而且解调算法相对简单,传感距离长,具有独特的优势。

参 考 文 献

[1] 黎敏,廖延彪. 光纤传感器及其应用技术[M]. 武汉:武汉大学出版社. 2008.
[2] 童维军,杨晨,刘彤庆,等. 光纤传感用新型特种光纤的研究进展与展望[J]. 光电工程,2018,45(9):16-29.

［3］王廷云. 特种光纤与光纤通信［M］. 上海：上海科学技术出版社，2016.

［4］ Integrated Publishing, Inc. Fabrication of optical fibers ［EB/OL］. http：//www. tpub. com/neets/tm/ 107-5. htm.

［5］Dutton H S. Understanding optical communications ［EB/OL］. ［2009-02-19］. http：//medea. uib. es/ salvador / coms-optiques, addicional/ibm/ch06/06-02. Html.

［6］Stadnik D. Optical fiber technology ［EB/OL］. http：//csrgch. pw. edu. pl/tutorials/fiber.

［7］Pfuch A, Heft A, Weidl R, et al. Characterization of SiO$_2$ thin films prepared by plasma-activated chemical vapour deposi-tion［J］. Surface and Coatings Technology, 2006, 201(1-2)：189-196.

［8］Michie C. Polarimetric optical fiber sensors［M］//Yin S Z, Ruffin P B, Yu F T S. Fiber Optic Sensors. Boca Raton, FL：CRC Press, 2008.

［9］Lin H, Huang S C. Fiber-optics multiplexed interferometric current sensors［J］. Sensors and Actuators A：Physical, 2005, 121(2)：333-338.

［10］Bao X Y, Chen L. Recent progress in Brillouin scattering based fiber sensors［J］. Sensors, 2011, 11(4)：4152-4187.

［11］Wang F, Zhang X P, Lu Y G, et al. Spatial resolution analysis for discrete Fourier transform-based Brillouin optical time domain reflectometry［J］. Measurement Science and Technology, 2009, 20(2)：025202.

［12］Zhao Z Y, Soto M A, Tang M, et al. Distributed shape sensing using Brillouin scattering in multi-core fibers ［J］. Optics Express, 2016, 24(22)：25211-25223.

［13］Zhao Z Y, Dang Y L, Tang M, et al. Spatial-division multiplexed Brillouin distributed sensing based on a heterogeneous multi-core fiber［J］. Optics Letters, 2017, 42(1)：171-174.

［14］Moore J P, Rogge M D. Shape sensing using multi-core fiber optic cable and parametric curve solutions［J］. Optics Express, 2012, 20(3)：2967-2973.

［15］Rogge M D, Moore J P. Shape sensing using a multi-core optical fiber having an arbitrary initialshape in the presence of extrinsic forces：US-Patent-8, 746, 076［P］. 2014, 06-10.

第3章 光纤传感器技术基础

光纤是20世纪70年代的重要发明之一，它与激光器、半导体探测器一起构成了新的光学技术，创造了光电子学的新天地。光纤的出现产生了光纤通信技术，而光纤传感技术是伴随着光通信技术的发展而逐步形成的。在光通信系统中，光纤被用作远距离传输光波信号的媒质，在这类应用中，光纤传输的光信号受外界干扰越小越好。但是，在实际的光传输过程中，光纤易受外界环境因素影响，如温度、压力、电磁场等外界条件的变化将引起光纤光波参数如光强、相位、频率、偏振、波长等的变化。因而，如果能测出光波参数的变化，就可以知道导致光波参数变化的各种物理量的大小，于是产生了光纤传感技术。

光纤传感器始于1977年，与传统的各类传感器相比有一系列的优点，如灵敏度高、抗电磁干扰、耐腐蚀、电绝缘性好、防爆、光路有挠曲性、便于与计算机联接、结构简单、体积小、重量轻、耗电少等。

光纤传感器按传感原理可分为功能型和非功能型。功能型光纤传感器是利用光纤本身的特性把光纤作为敏感元件，所以也称为传感型光纤传感器或全光纤传感器。非功能型光纤传感器是利用其他敏感元件感受被测量的变化，光纤仅作为传输介质，传输来自远外或难以接近场所的光信号，所以也称为传光型传感器或混合型传感器。

光纤传感器按被调制的光波参数不同，可分为强度调制光纤传感器、相位调制光纤传感器、频率调制光纤传感器、偏振调制光纤传感器和波长(颜色)调制光纤传感器.

光纤传感器按被测对象的不同，可分为光纤温度传感器、光纤位移传感器、光纤浓度传感器、光纤电流传感器、光纤流速传感器、光纤液位传感器等。

光纤传感器可以探测的物理量很多，已实现光纤传感器测量的物理量达70余种。然而，无论是探测哪种物理量，其工作原理无非都是用被测量的变化调制传输光光波的某一参数，使其随之变化，然后对已调制的光信号进行检测，从而得到被测量。因此，光调制技术光纤传感器的核心技术。

3.1 物质发光的本质与类型

物质是由分子和原子组成。通常情况下，组成物质的这些分子和原子的能量都处在最低的能级，称之为基态。当它们获得了外界的能量后就会跃迁到较高的能级，这些较高的能级称之为激发态。然而，处于激发态的分子和原子一般都是不稳定的，极短的时间内它们就会纷纷跃迁回基态，并且向外辐射电磁波，当辐射的电磁波频率处在光波频段内时，物体就会发光。广义地讲，当辐射的电磁波频率处在红外和紫外频段内时，也称物体发光，只不过此时物体发射的是红外光和紫外光而已。

就物质发光的物理机制而言，可以分为自发辐射和受激辐射，如图 3-1 所示。

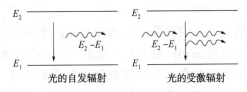

图 3-1　物质发光的物理机制示意图

1. 自发辐射

当原子或分子处于不稳定的激发态时，即使没有任何外界作用，它们也会随机自发地回到低激发态或基态，从而辐射出光子，这种辐射称为自发辐射。

自发辐射过程是一个随机过程，各原子的辐射是自发地、独立地进行的，因而各个原子辐射光子的频率、相位、偏振状态、传播方向等均不相同，所以自发辐射的光是不相干的。普通光源发光就属于自发辐射。

2. 受激辐射

处于激发态的原子，当受到能量 $h\nu = E_2 - E_1$ 的外来光子的刺激时，从高能态 E_2 跃迁到低能态 E_1，同时辐射出一个与外来光子状态相同的光子，这种辐射称为受激辐射。

受激辐射所发出光子的状态(频率、相位、偏振状态以及传播方向)完全相同。而且，一个入射光子会由于受激辐射而变为两个完全相同的光子，而这两个光子又会因受激辐射变为四个……这就形成了雪崩式的光放大过程。由于受激辐射出的大量光子状态(频率、相位、传播方向、偏振态)完全相同，所以受激辐射发出的光相干性好，亮度极高，因此，受激辐射是形成激光的基础。

不同材料的物体在不同激发方式下的发光过程可以很不相同，但却有着一个共同点：都是物质发光的基本单元(原子、分子等)，从具有较高能量的激发态跃迁到较低能量激发态或基态过程中释放能量的一种形式。

按照发光基本单元激发方式不同，可分为以下几类。

(1) 热辐射：任何热物体都辐射电磁波，在温度较低时，热物体主要辐射红外线，温度高的物体可以发射可见光、紫外线等。太阳、白炽灯都属于热辐射发光光源。

(2) 电致发光：电能直接转化为光能的现象称为电致发光，闪电、霓虹灯、半导体 PN 结的发光过程都是电致发光。

(3) 光致发光：用光激发引起的发光现象称为光致发光。最普遍的应用是日光灯。它是通过灯管内气体放电产生的紫外线激发管壁上的荧光粉而发射可见光。

(4) 化学发光：由于化学反应而发光的过程称为化学发光。燃烧过程，腐物中的磷在空气中缓慢氧化而发出的光都属于化学发光。

3.2　光纤传感中的物理效应

光信号及光纤与外界作用产生的现象或效应是光纤传感的物理基础。光纤传感中涉及的基本物理原理和效应有反射原理、折射原理、吸收原理；重要的物理效应有弹光效应、电光效应、磁光效应、声光效应、多普勒效应，Sagnac 效应、光声效应[1]。

1. 声光效应

超声波通过介质时会造成介质的局部压缩和伸长而产生弹性应变，该应变随时间和空间作周期性变化，使介质出现疏密相间的现象，如同一个相位光栅。当光通过这一受到超声波扰动的介质时就会发生衍射现象，这种现象称之为声光效应。利用声光衍射效应制成的器件，称为声光器件。声光器件能快速有效地控制激光束的强度、方向和频率，还可把电信号实时转换为光信号。此外，声光衍射还是探测材料声学性质的主要手段，主要用途有制作声光调制器件，制作声光偏转器件，声光调 Q 开关，可调谐滤光器，在光信号处理和集成光通讯方面的应用。

2. 磁光效应

具有固有磁矩的物质在外磁场的作用下，电磁特性发生变化，因而使得光波在其内部传输特性也发生变化的现象。磁光效应又包括法拉第效应、磁光克尔效应、磁致线双折射效应。

（1）法拉第效应：当线偏振光沿磁场方向通过置于磁场中的磁光介质时，其偏振面发生旋转的现象。对于给定的介质，偏振面旋转角度＝介质长度×磁场强度×维厄德系数

（2）磁光克尔效应：指一束线偏振光在磁化了的介质表面反射时，反射光将是椭圆偏振光，而且以椭圆的长轴为标志的"偏振面"相对于入射偏振光的偏振面旋转了一定的角度。

（3）磁致线双折射效应：某些由各向异性分子组成的介质，在不加磁场时表现为各向同性，加上足够强的外磁场时，分子磁矩受到了力的作用，各分子对外磁场有了一定的取向，使介质宏观上呈现各向异性，当光以不同于磁场方向通过这样的介质时，就会出现双折射现象。

3. 电光效应

指某些晶体的折射率因外加电场而发生变化的一种效应，当光波通过此介质时，其传输特性就受到影响而改变。

$$n = n_0 + aE + bE^2 + \cdots \tag{3-1}$$

式中，aE 是一次项，由该项引起的折射率的变化，称为线性电光效应或泡克耳斯（Pockels）效应；bE^2 是二次项，由该项引起的折射率变化，称为二次电光效应或克尔（Kerr）效应。对于大多数晶体，一次电光效应要比二次效应显著，可略去二次项。但是在具有对称中心的晶体中，不存在一次电光产效应。电光效应已被广泛用来实现对光波的控制，并做成光调制器、光偏转器和电光滤波器件等。

4. 弹光效应

由机械应力引起的材料折射率变化的现象称为弹光效应（Elasto-Optical Effect）。由于沿应力方向发生折射率变化，原来同性材料也可变成各向异性，即折射率椭球发生变化，而呈现双折射。因此，对弹光物质通光和施加应力时，由于应力和与应力垂直的方向上产生位相差，故可以利用这种效应制作位移、振动和压力等光学传感器。

5. 光声效应

激光光束照射到固体表面或气体和液体中，会与被照射物质相互作用产生一定强度和

频率的声波，这就是光声效应。光声效应作为固体物质表面检测和物质成分含量分析的有效手段，已经被广泛应用于物理、化学、医学、海洋、环境和材料等研究领域，有着广阔的发展前景。同样，光声效应也可以应用于气体和液体的成分含量的检测。

光信号及光纤与外界作用产生的现象或效应是光纤传感的物理基础。光纤传感器用光作为敏感信息的载体，用光纤作为传递敏感信息的媒质。它同时具有光纤及光学测量的特点，具有电绝缘性能好、抗电磁干扰能力强、非侵入性、灵敏度高、容易实现对被测信号的远距离监控等优点。光纤传感器可测量位移、速度、加速度、液位、应变、压力、流量、振动、温度、电流、电压、磁场等物理量。

3.3　传感器静态特性及其描述[2,3]

3.3.1　传感器静态特性

传感器作为感受被测量信息的器件，其输出量 y 与输入量（被测量）x 之间的关系特性是传感器的基本特性。传感器在稳态信号作用下，其输出量 y 与输入量（被测量）x 之间的关系称为静态特性。虽然静态特性是传感器的外部特征，但是它与传感器的内部结构参数密切相关，因此研究传感器的静态特性，对理论指导传感器的设计、制造、校准与使用具有重要的作用和意义。

通常传感器的输出量 y 与输入量（被测量）x 之间的关系可以表示为：

$$y=a_0+a_1x+a_2x^2+\cdots+a_nx^n \tag{3-2}$$

式中：a_i，$i=1$，2，$\cdots$，n 为传感器的标定系数，反映了传感器的静态特性曲线形态。

静态特性是通过静态标定或静态校准获得的。静态标定就是在一定的标准条件下，利用一定等级的标定设备对传感器进行多次往复测试的过程。

在标定的范围内，选择 n 个测量点 x_i，$i=1$，2，$\cdots$，n，共进行 m 个循环。通常 n 个测点 x_i 是等分的，第一测点 x_1 就是被测量的最小值 x_{min}，第 n 个测点 x_n 就是被测量的最大值 x_{max}。

通过对标定过程得到的数据进行处理就可以得到传感器的静态特性，根据标定数据绘制的输出/输入曲线称为传感器的标定曲线（特性曲线）。

3.3.2　传感器静态特性描述参数

衡量传感器静态特性的主要指标有测量范围与量程、灵敏度、线性度、迟滞和重复性。

（1）测量范围与量程。传感器所能测量到的最小被测量 x_{min} 与最大被测量 x_{max} 之间的范围称为传感器的测量范围。传感器测量范围上限值 x_{max} 和下限值 x_{min} 的代数差 $x_{max}-x_{min}$，称为量程。

（2）灵敏度。被测量的单位变化引起的输出变化量称为传感器的灵敏度，通常用 S 表示，可表达为：

$$S=\lim\frac{\Delta y}{\Delta x}=\frac{\mathrm{d}y}{\mathrm{d}x} \tag{3-3}$$

即某一测点处的灵敏度是其静态特性曲线的斜率。线性传感器的灵敏度为常数，非线性传感器的灵敏度为变量。灵敏度是传感器的重要性能指标，通常根据传感器的测量范围、抗干扰能力等因素进行敏感元件结构尺寸设计，达到所希望的灵敏度。

（3）线性度。线性度是指传感器输出与输入之间的线性程度。为了简化传感器的理论分析和设计计算；方便标定和数据处理，避免非线性补偿以及提高传感器测量精度，总是希望传感器的标定曲线是一条直线，即希望式（3-2）中的 $a_i = 0$，$i \geqslant 2$，$\cdots n$。实际上由于诸多因素导致传感器实测的标定曲线不是一条直线，是非线性的。因此，传感器标定曲线与某一参考直线不吻合程度的最大值就是线性度（也称为非线性误差），其计算公式可表示为：

$$\delta_L = \frac{|(\Delta y_L)_{max}|}{y_{FS}} \times 100\% \tag{3-4}$$

$$\Delta y_{i,L} = \bar{y}_i - y_i; \quad (\Delta y_L)_{max} = \max |(\Delta y_{i,L})|, \quad i = 1, 2, \cdots, n \tag{3-5}$$

式中，$y_{FS} = |S_C \times (x_{max} - x_{min})|$，是传感器满量程输出；$S_C$ 为参考直线的斜率；$\Delta y_{i,L}$ 是第 i 个校准点平均输出值与所选定的参考直线的偏差，称为非线性偏差；$(\Delta y_L)_{max}$ 是 n 个测点中的最大偏差。

参考直线的选取方法有多种标准，选取不同的参考直线所计算出的线性度不同，一般采用最小二乘法原理获得参考直线（也称为拟合直线）。

（4）迟滞。迟滞特性表明传感器在正、反行程期间输出—输入特性曲线不重合的程度。即对于同一大小的输入信号，传感器正、反行程的输出信号大小不同，这种现象就是迟滞现象。通常是由于传感器机械部分的摩擦和间隙、敏感元件结构材料缺陷和磁性材料的磁滞等因素引起的。

迟滞大小用迟滞误差表示，其计算公式可表示为：

$$\delta_H = \frac{|(\Delta y_H)_{max}|}{2y_{FS}} \times 100\% \tag{3-6}$$

$$\Delta y_{i,H} = \bar{y}_{ui} - \bar{y}_{di}; \quad (\Delta y_H)_{max} = \max |(\Delta y_{i,H})|, \quad i = 1, 2, \cdots, n \tag{3-7}$$

式中，$\bar{y}_{ui}$，$\bar{y}_{di}$ 分别为第 i 个测点正、反行程输出的平均值；$\Delta y_{i,H}$ 为第 i 个测点正、反行程输出偏差。

（5）重复性表示传感器在输入量按同一方向做全量程多次测试时所得特性曲线不一致性的程度。多次重复测试的曲线重复性好，误差也小。重复性的好坏是与许多因素有关，与产生迟滞现象具有相同的原因。

首先利用贝塞尔公式，计算出第 i 个测正、反行程的子样标准偏差 s_{ui}，s_{di}：

$$s_{ui} = \sqrt{\frac{1}{m-1} \sum_{j}^{m} (y_{uij} - \bar{y}_{ui})^2} \tag{3-8}$$

$$s_{di} = \sqrt{\frac{1}{m-1} \sum_{j}^{m} (y_{dij} - \bar{y}_{di})^2} \tag{3-9}$$

式中，y_{uij}，y_{dij} 分别为正、反行程的第 j 个循环，第 i 个测点的输出值，$j = 1, 2, \cdots, m$ 为循环数。

再利用 n 个测点的正、反行程子样标准偏差中的最大值来计算整个测量过程中的标准

偏差 s，用于描述传感器的随机误差。

$$s = \max(s_{ui}, s_{di}), \quad i = 1, 2, \cdots, n \tag{3-10}$$

则传感器的重复性指标为：

$$\zeta_R = \frac{3s}{y_{FS}} \times 100\% \tag{3-11}$$

3.4 吸收型光纤传感器原理与技术[4-6]

基于透射原理的光谱吸收型光纤传感器理论基础是朗伯-比尔(Lambert-Beer)定律，即气体对石英光纤传输窗口的近红外光产生吸收，光纤输出的光强会衰减，通过检测光强衰减量就可以得到待测气体的浓度。这种光学检测表现出很多优点，如灵敏度高、响应速度快、寿命长、抗干扰能力强等。

光谱吸收型光纤气体传感器，是基于分子振动转动吸收特征谱或泛频复合吸收谱线与发光谱的一致性进行工作的。当一束光经过气体时，气体分子能吸收那些能量正好等于它的某两个能级的能量之差的光子，不同分子结构的气体会因为其不同结构的能级不同而吸收不同频率的光子。吸收光子后，气体分子跃迁到激发态，在激发态停留很短的时间后，又通过释放出光子回到稳定状态。由于气体分子结构各异，不同气体的吸收光谱也因分子结构不同而不同，因此检测某种特定波长光的吸收情况可以进行气体的定性和定量分析。

1. 理论基础

透射测量的理论基础是朗伯-比尔(Lambert-Beer)定律[4]。

（1）朗伯(Lambert)定律：一束波长一定、光强为 I_0 的单色光通过一定浓度的气体或均匀溶液时，如果波长覆盖一根或多根气体或溶液的吸收谱线，则部分光被吸收，光强减弱，且光强减弱的大小与光和物质发生吸收作用的长度 L 呈正比。

$$\ln(I_0/I) = \alpha_L L \tag{3-12}$$

式中，I_0 为入射光强，mW/m^2；I 为出射光强，mW/m^2；α_L 为吸收系数，$1/m$，L 为吸收路径的长度，m。

（2）比尔(Beer)定律：一束波长一定、光强为 I_0 的单色光通过一定浓度的气体或均匀溶液时，如果波长覆盖一根或多根气体或溶液的吸收谱线，则部分光被吸收，光强减弱，且光强度的减弱与通过气体或溶液的浓度 C 呈正比。

$$\ln(I_0/I) = \alpha_c C \tag{3-13}$$

式中，I_0 为入射光强，W/m^2；I 为出射光强，W/m^2；α_c 为吸收系数，L/g；C 为物质的浓度，g/L。

将朗伯定律和比尔定律合并，既得 Lambert-Beer 定律，可以将它看作是分子振动原理的宏观表示，对于含 n 种成分的混合溶液而言，其完整的数学表达式为：

$$A = \ln(I_0/I) = \ln(1/T) = \sum_{i=1}^n A_i(\lambda) = \sum_{i=1}^n \alpha_i(\lambda) L C_i \tag{3-14}$$

式中，A 为吸光度，是波长的函数；L 为发生吸收作用的长度或厚度，m；C 为物质 i 的浓度，g/L；α_i 为物质 i 的吸收系数，L/(g·m)；T 为透过率，%，即出射光强与入射光强之比。

式(3-14)说明，物质中的成分对光谱中某一波长的光产生吸收作用时，各成分的吸光度具有可加性，吸收是一种均匀分布的连续体系。吸收系数是分子本身的固有特性，相同的分子在相同波长处有相同的吸收系数，而与浓度无关，但在不同波长处其系吸收系数也不同。从式(3-14)中还可以看出，吸光度与待测物质的浓度呈正比，吸光度的强弱足以反映出成分含量的大小。从微观上分析，近红外吸收光谱主要是由分子的电子跃迁和分子振动能级跃迁的特征所决定的。因此，不同结构的分子有着自己独特的近红外吸收光谱，根据这个原理可以检测物体的成分和浓度[4]。

通过测量待测气体在光纤窗口(0.8~1.7μm)内的吸收峰的光强衰减，便可以推演出待测气体的浓度，这是光谱吸收型光纤气体传感器的基本原理。但是，一般气体在近红外波段的吸收十分微弱，通过气体后的光强容易被噪声淹没很难被直接探测。另外，系统中的光源、光探测器、耦合器、连接器、光纤等光器件也会引起光强的变化，对系统的灵敏对造成影响。为了提高系统的实用性，提高系统的灵敏度，减小系统的测量误差，光谱吸收型光纤气体传感器检测技术有以下四种[5,6]。

2. 几种检测技术

(1) 单波长检测技术。在常温常压下，一般气体的折射率约为1，当单一频率的光通过待测气体时，则比尔–朗伯定律可以写为：

$$C \approx \frac{1}{\alpha(\lambda)L} \frac{I_0 - I(\lambda)}{I_0} \tag{3-15}$$

如果知道 $\alpha(\lambda)$ 和 L 的大小，通过测量出射光强的大小就可以计算出气体的浓度 C。单波长检测技术的光谱吸收型传感器结构简单，但是这种检测容易受光源光强波动、光器件的不稳性影响，造成很大的测量误差，精度只能达到百分级别。

(2) 差分检测技术。光波通过气体时，考虑各种吸收因数的影响，比尔–朗伯定律写为：

$$I(\lambda) = I_0(\lambda)\exp\left[-\alpha(\lambda)CL + \beta(\lambda)\right] \tag{3-16}$$

式中 $I(\lambda)$、$I_0(\lambda)$ 分别为出射光强、入射光强，W/m²；$\alpha(\lambda)$ 为气体吸收系数，L/(g·cm)；C 为待测气体浓度，g/L；L 为待测气体与光的相互作用的长度，m；$\beta(\lambda)$ 为光路其他吸收系数，是个随机量。当波长相近，但吸收系数有很大差别的两个单色光 λ_1 和 λ_2 通过待测气体，则有：

$$I(\lambda_1) = I_0(\lambda_1)\exp\left[-\alpha(\lambda_1)CL + \beta(\lambda_1)\right] \tag{3-17}$$

$$I(\lambda_2) = I_0(\lambda_2)\exp\left[-\alpha(\lambda_2)CL + \beta(\lambda_2)\right] \tag{3-18}$$

如果两光同时通过待测气体，可以认为 $\beta(\lambda_1) = \beta(\lambda_2)$，通过式(3-17)、式(3-18)表示出气体浓度为：

$$C = \frac{1}{\left[\alpha(\lambda_1) - \alpha(\lambda_2)\right]L}\ln\frac{I_0(\lambda_1)I(\lambda_2)}{I_0(\lambda_2)I(\lambda_1)} \tag{3-19}$$

通过调节光路使 $I_0(\lambda_1) = I_0(\lambda_2)$，波长 λ_1 对应待测气体的吸收谱线，波长 λ_2 不被气体吸收，那么 $I(\lambda_2)/I(\lambda_1) > 1$，对上式进行泰勒展开可以简化为：

$$C = \frac{1}{[\alpha(\lambda_1) - \alpha(\lambda_2)]L} \frac{I(\lambda_2) - I(\lambda_1)}{I(\lambda_1)} \qquad (3-20)$$

从上式看出，如果我们知道两个波长下的吸收系数 $\alpha(\lambda_1)$、$\alpha(\lambda_2)$，那么气体的浓度 C 就可以测出。

宽带光源 LED 的光谱宽要远远大于气体吸收峰的线宽，可以采用滤波片选择波长 λ_1 和 λ_2，λ_1 为气体某一吸收峰的中心波长，λ_2 为偏离该吸收峰处于吸收谷的波长，实现差分吸收检测。

（3）谐波检测技术。谐波检测方法广泛应用于微弱信号检测。谐波检测的理论基础是傅里叶变换，如果被测物质满足一定的数学模型，利用谐波检测技术就可以得到与理论十分吻合的计算结果。气体的吸收可以用 Lorentzian、Gauss、Voight 模型分析，如果我们知道气体的吸收系数时，就可以利用谐波检测技术分析出气体的浓度。

谐波检测技术又分为窄带光源谐波检测技术和宽带光源谐波检测技术。当光源光谱带宽小于气体吸收线带宽时，采用窄带光源谐波检测技术，通过利用一次谐波(f)和二次谐波($2f$)的系数比值消除光源波动的干扰，这种检测可以得到很高的灵敏度。窄带光源谐波检测技术一般情况下选用 DFB 激光器作为窄带光源进行谐波检测，系统结构如图 3-2 所示。

如果气体的吸收线宽度比较窄，吸收强度比较小，那么光强度的变化也会很小，这样检测起来比较难。有些气体(如甲烷和乙炔)的吸收峰具有间隔相等的特性，如果采用一个跟气体吸收峰对应的梳状滤波器，将宽带光源覆盖的所有气体吸收峰全部滤出，就可以得到比较大的光强度变化，那么检测将会变得很容易。

图 3-3 是基于宽带光源的谐波检测系统。系统中的滤波器为 Fabry-Perot 干涉仪，为了保证系统的稳定性，需要滤波器的透射波长锁定在气体的吸收峰上。通过一个小正弦信号调制滤波器的腔长，这样相当于也滤波器的透射波长进行了调制。投射波长的调制，也导致透射光强的调制。如果滤波器的透射波长跟气体的吸收波长对应，那么强度调制中一次谐波忽略不计，主要包括二次谐波。如果滤波器的透射波长跟气体吸收峰有偏差，会产生一次谐波，一次谐波信号可作为误差信号用来调节 Fabry-Perot 腔长，以保证滤波器的中心透射波长锁定在气体吸收峰上。当滤波器透射波长稳定后，输出的二次谐波分量将正比于气体浓度，从而实现气体浓度检测。

（4）光纤环形腔衰荡检测技术。光纤环形腔衰荡(FLRD，Fiber loop ringdown)由两个耦合器和单模光纤组成，如图 3-4 所示。

在环形腔中放置一个吸收气室，当一束脉冲激光经耦合器进入光纤环形腔，会在腔内循环。每循环一次都会由光输出，输出光再由探测器检测。由于每次循环中，腔内的气体吸收以及光纤和耦合器等导致的光损耗会将使输出光强呈指数形式衰减，如果能够测出光衰荡时间，就可以推算出气室中气体的浓度。

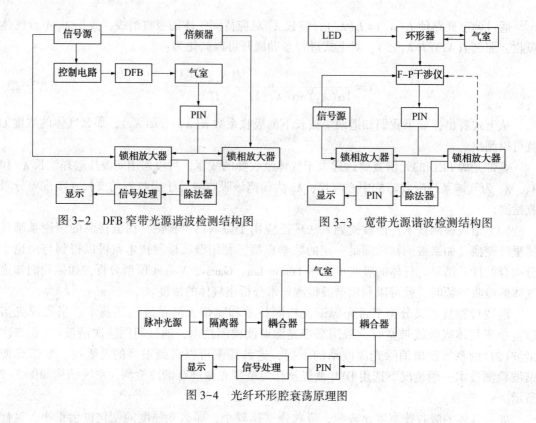

图 3-2　DFB 窄带光源谐波检测结构图　　　图 3-3　宽带光源谐波检测结构图

图 3-4　光纤环形腔衰荡原理图

3.5　透射与反射型光纤传感器原理与技术

　　透射与反射型光纤传感器属于非功能式光强度调制光纤传感器，光强调制环节在光纤外部，光纤本身只起传导光信号的作用。传导光纤分为两部分，分别称为输入光纤和输出光纤或叫作发送光纤和接收光纤。非功能型光纤传感器要求传输尽量多的光功率，所以主要用多模光纤。强度外调制光纤传感器的优点在于光学结构简单、性能稳定可靠、造价低。

　　强度调制光纤传感器的基本原理是待测物理量引起光纤中的传输光光强变化，通过检测光强的变化实现对待测量的测量，其原理如图 3-5 所示。

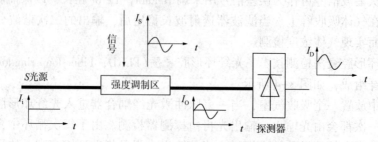

图 3-5　强度调制光纤传感器基本原理图

　　对于多模光纤来说，光纤端出射光场的场强分布由式（3-21）给出：

$$\phi(r,\ z)=\frac{I_0}{\pi\sigma^2a_0^2\left[1+\xi\ (z/a_0)^{\frac{3}{2}}\right]^2}\exp\left\{-\frac{r^2}{\sigma^2a_0^2\left[1+\xi\ (z/a_0)^{\frac{3}{2}}\right]^2}\right\} \qquad (3-21)$$

式中，I_0为由光源耦合入发射光纤中的光强；$\phi(r,\ z)$为纤端光场中位置$(r,\ z)$处的光通量密度；σ为表征光纤折射率分布的相关参数，对于阶跃折射率光纤，$\sigma=1$；r为偏离光纤轴线的距离，m；z为离发射光纤端面的距离，m；a_0为光纤芯半径，m；ξ为与光源种类、光纤数值孔径及光源与光纤耦合情况有关的综合调制参数。

如果将同种光纤置于发射光纤出射光场中作为探测接收器时，所接收到的光强可表示为：

$$I(r,\ z)=\iint_S\phi(r,\ z)\mathrm{d}S=\iint_S\frac{I_0}{\pi\omega^2(z)}\exp\left\{\frac{r^2}{\omega^2(z)}\right\}\mathrm{d}S \qquad (3-22)$$

式中，$\omega(z)=\sigma a_0\left[1+\xi\ (z/a_0)^{\frac{3}{2}}\right]$；$S$为接收光面，即纤芯端面。

在纤端出射光场的远场区，为简便计算，可用接收光纤端面中心点处的光强来作为整个纤芯面上的平均光强，在这种近似下，得在接收光纤终端所探测到的光强公式为：

$$I(r,\ z)=\frac{SI_0}{\pi\omega^2(z)}\exp\left\{-\frac{r^2}{\omega^2(z)}\right\} \qquad (3-23)$$

3.5.1 透射式强度调制

透射式强度调制光纤传感原理如图 3-6 所示，调制处的光纤端面为平面，通常入射光纤不动，而接收光纤可以作纵（横）向位移，这样接收光纤的输出光强被其位移调制。

透射式调制方式的分析比较简单，在发送光纤端，其光场分布为一立体光锥，各点的光通量由函数 $\phi(r,\ z)$ 来描述，其光场分布坐标如图 3-6 所示。当 z 固定时，得到的是横向位移感特性

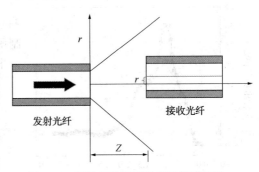

图 3-6 透射式强度调制光纤传感原理

函数，当 r 取定时（如 $r=0$），则可得到纵向位移传感特性函数。图 3-7 和图 3-8 分别是透射式光纤横向位移和纵向位移传感特性曲线。

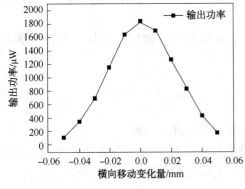

图 3-7 透射式横向位移传感特性曲线

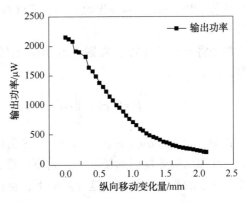

图 3-8 透射式纵向位移传感特性曲线

3.5.2 反射式光纤传感

反射式光纤传感器的原理如图 3-9 所示。光纤探头 A 由两根光纤组成，一根用于发射光，一根用于接收反射回的光，R 是反射材料。系统可工作在两个区域中，前沿工作区和后沿工作区(反射式调制特性曲线如图 3-10 所示)。当在后沿区域中工作时，可以获得较宽的动态范围。

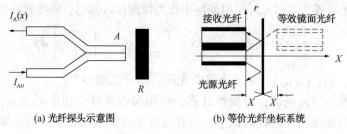

(a) 光纤探头示意图   (b) 等价光纤坐标系统

图 3-9　光纤反射调制原理图

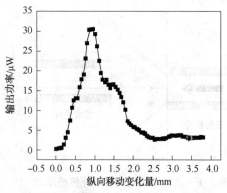

图 3-10　反射式纵向位移传感特性曲线

就外部调制非功能型光纤传感器而言，其光强响应特性曲线是这类传感器的设计依据。该特性调制函数可借助于光纤端出射光场的场强分布函数给出：

$$\phi(r,\ x)=\frac{I_0}{\pi\sigma^2 a_0^2\left[1+\xi\left(x/a_0\right)^{\frac{3}{2}}\right]^2}$$
$$\exp\left\{-\frac{r^2}{\sigma^2 a_0^2\left[1+\xi\left(x/a_0\right)^{\frac{3}{2}}\right]^2}\right\} \qquad (3-24)$$

式中，I_0 为由光源耦合入发射光纤中的光强；$\phi(r,\ x)$ 为纤端光场中位置$(r,\ x)$处的光通量密度；σ 为一表征光纤折射率分布的相关参数，对于阶跃折射率光纤，$\sigma=1$；r 为偏离光纤轴线的距离，m；x 为光纤端面与反射面的距离，m；a_0 为光纤芯半径，m；ξ 为与光源种类、光纤数值孔径及光源与光纤耦合情况有关的综合调制参数。

如果将同种光纤置于发射光纤出射光场中作为探测接收器时，所接收到的光强可表示为：

$$I(r,\ x)=\iint_S \phi(r,\ x)\,\mathrm{d}S=\iint_S \frac{I_0}{\pi\omega^2(x)}\exp\left\{\frac{r^2}{\omega^2(x)}\right\}\,\mathrm{d}S \qquad (3-25)$$

式中，$\omega(x)=\sigma a_0\left[1+\xi\left(x/a_0\right)^{\frac{3}{2}}\right]$，$S$ 为接收光面，即纤芯端面。

在纤端出射光场的远场区，为简便计算，可用接收光纤端面中心点处的光强来作为整个纤芯面上的平均光强，在这种近似下，得在接收光纤终端所探测到的光强公式为：

$$I_A(x)=\frac{RSI_0}{\pi\omega^2(2x)}\exp\left\{-\frac{r^2}{\omega^2(2x)}\right\} \qquad (3-26)$$

3.6 干涉型光纤传感器原理与技术

干涉型光纤传感器是以解调相干光束的相位变化引起干涉光谱的漂移量为手段，实现对环境参量的监测。干涉型光纤传感器结构简单多样，灵敏度高，应用范围广泛。以下介绍几种典型的干涉仪及它们的传感原理。

3.6.1 光纤马赫-曾德尔型传感器

光纤马赫-曾德尔(Mach Zehnder，MZ)型传感器是利用双光束干涉原理制成的，其干涉原理示意图如图3-11所示。主要由两个3dB耦合器和两条传输臂构成，其中，一条传输臂为参考臂，另一条传输臂为传感臂。当入射光经过第一个3dB耦合器后，入射光被分成强度相同的两路光束分别沿着参考臂和传感臂传输。最后，两路光束在第二个3dB耦合器处相遇，从而发生干涉现象。随着外界环境参量的变化，两条传输臂间的光学长度差将会发生变化，从而使得透射光谱漂移。这样，通过对透射光谱的变化情况进行分析，就可以得到相应的环境参量的变化量。

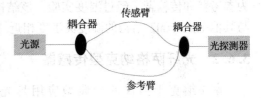

图3-11 马赫—曾德尔干涉仪原理示意图

随着光纤制造技术的进一步成熟和光纤传感研究的进一步深入，各种新型光纤和新技术的出现，更加有利于光纤MZ型传感器走向微小化。尽管MZ型传感器可以对温度、应力、折射率等多环境参量进行测量，但MZ型温度传感器的研究一直是重中之重。尤其为了提高MZ型温度传感器的灵敏度，研究人员进行了大量探索和尝试。

2011年，Geng Youfu等人[7]通过精准控制熔接机手动熔接模式下的熔接参数(推进距离，放电时间，放电强度等)，制作了一种具有两个腰部放大熔接块的光纤MZ型温度传感器。该结构的两个腰锥是通过手动熔接两段SMFs实现的，其中一个腰锥块扮演分束器，另一个腰锥块扮演合束器。入射光经腰锥块分成两束光，一束光沿着SMF的纤芯传输，一束光沿着SMF的包层传输。最后两路光经另一个腰锥块耦合在一起，干涉光谱出现。该传感结构在25~400℃范围内，灵敏度为70pm/℃。相比于传统MZ型传感器，该结构更简捷，尺寸更小，这种制作MZ型传感器的方法也被后来研究者广泛应用。

2015年，Liou Jiahong等人[8]提出了一种基于液体渗入光子晶体(Photonic crystal fiber，PCF)的新型MZ型温度传感结构。该结构通过巧妙的设计在PCF中渗入两小段液体柱，并使得这两段液体柱充当光束的分束器和合束器，使得光束在PCF的空气芯和包层区域传输，发生干涉反应。通过温度的测试，该结构在25~50℃的范围内，温度灵敏度为176pm/℃。

2018年，Zhang Hui等人[9]在两段SMFs之间熔接一段D型SMF，制作了一种超高灵敏度的MZ型温度传感器。其中，D型光纤是通过光纤侧抛光技术实现的，SMF侧抛一半后所形成的D型光纤厚度约为62μm。而D型光纤与SMFs的熔接点分别扮演分束器和合束器，一束光在D型光纤的残余芯中传输，另一束光在环境介质中传输。对于不同的环境介质，传感器展现出不同的温度灵敏度。在液体折射率为1.482时，在34.1~37.9℃温度范围内灵敏度为-84.72nm/℃。而当环境介质为空气时，在30~80℃范围内灵敏度仅为31pm/℃。

同年，Mao Yu 等人[10]提出了一种基于聚合物填充 SCT 的光纤 MZ 型温度传感器。这种传感结构是将一段填充聚合物的 SCT 插入到单模-多模-多模-单模结构中，形成单模-多模-石英毛细管-多模-单模这样的新结构。首先，将 SMF、多模光纤、SCT 按照一定的次序有序地熔接起来。其次，通过飞秒激光器在 SCT 接近熔接点的侧壁上微加工两个小孔，用以填充液态聚合物。最后，用紫外胶封堵小孔。这样，两段多模光纤充当光分束器和合束器，一路光在聚合物中传输，一路光在 SCT 的侧壁中传输。经过温度实验，该结构在 26~58℃的范围内灵敏度为 8.09nm/℃。

2019 年，Rumiana H 等人[11]设计并制造了一种基于塑料光纤的光纤 MZ 型传感结构。该结构除了包含两个 2cm 长的耦合器之外，还将两条长度分别为 5cm 和 3cm 的塑料光纤作为参考臂和传输臂。经过温度实验，该结构在 40~80℃温度范围内的灵敏度为 82.2pm/℃，与其他全光纤 MZ 结构的温度灵敏度相近。

3.6.2 光纤萨格纳克型传感器

萨格纳克干涉仪的最典型应用是光纤陀螺，此类型干涉仪的传感原理示意图见图 3-12。光信号经过耦合器后沿一个光纤环的两端传输，两束光传输方向相反，当外界待测参量变化时，两束光的相移变化不同，导致干涉产生的光谱发生偏移，通过解调干涉光谱的变化实现对环境参量的测量。可以采用多圈光纤的方法来增加环路面积，从而提高干涉仪的检测灵敏度。下面主要概述光纤萨格纳克型温度传感器的研究进展。

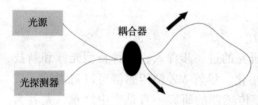

图 3-12 萨格纳克干涉仪原理示意图

2007 年，Dong Xinyong 等人[12]提出了一种基于保偏光子晶体形成萨格纳克光纤环的传感器结构，该结构在 0~80℃的范围内，温度灵敏度仅仅为 0.29pm/℃，这是因为温度对该保偏光子晶体双折射系数的改变微乎其微。因而，一些学者在光子晶体中填充金属或者液体来改变结构的双折射系数来提高对温度的响应灵敏度。2013 年，Xin Yi 等人[13]在萨格纳克光纤环中引入一段酒精填充侧孔的侧孔光纤。该结构在 20~72℃的范围内，温度灵敏度为 86.8pm/℃，是 FBG 灵敏度的 8 倍。2017 年，美国哥伦比亚大学的 Erick Reyes-Vera 等人[14]提出了一种基于金属填充侧孔光子晶体的光纤萨格纳克型温度传感器。该结构利用金属具有高的热膨胀性来调制侧孔光子晶体的双折射系数，实现了对温度的高灵敏度响应。经过温度实验，该结构在 22.4~46℃温度范围内，灵敏度高达-9nm/℃。尽管金属的引入能大幅度提高萨格纳克型温度传感器的温度灵敏度，但是金属需要在熔融状态下通过加压的方式完成填充，这需要特定设备和高难度的操作技术。因此，通过填充金属来提高萨格纳克型温度传感器的灵敏度在制作上是十分困难的。2020 年，Monfared Yashar H 等人[15]选择性地对光子晶体的一个气孔填充具有高热光系数液体，实现了对温度的高灵敏度响应。在 15~35℃范围内，该传感结构的温度灵敏度达到了 17.53nm/℃，单单就灵敏度而言是十分高的。但对光子晶体一个特定空气孔进行液体的填充，传感结构的制作也需要特定设备和高难度的工艺。

3.6.3　光纤法布里-珀罗型传感器

法布里-珀罗干涉仪是基于多光束干涉原理制成的，干涉原理图如图 3-13 所示。根据结构可以将其分为本征型、非本征型和线性复合腔型。法布里-珀罗腔包含两个平面反射镜，它们的反射率一般情况下高达 95% 以上。由光源发出的光从第一个反射面进入法布里-珀罗腔中，在两个反射镜表面发生多次反射，每反射一次后光的强度逐渐减小。最后再由第一个反射面输出到光探测器中。对于法布里-珀罗腔而言，环境参量的

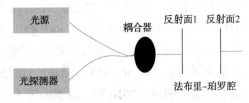

图 3-13　法布里-珀罗干涉仪原理示意图

变化会导致腔长的改变，进而影响干涉条纹的移动。因此可以通过解调干涉光谱的移动实现对不同参量的测量。光纤法布里-珀罗干涉仪的典型应用有光纤温度传感器、光纤位移传感器、光纤水下声音传感器等。

光纤法布里-珀罗(Fabry-Perot，F-P)型温度传感器因其结构轻巧、制造方法多样，受到大量研究工作者的广泛研究。对于光纤 F-P 型传感器而言，其主要传感元件为 F-P 腔。当温度升高，F-P 腔的光学长度随着腔长和介质折射率的变化而变化，进而导致 F-P 腔内两束反射光的光程差发生变化。对于同一级次的反射光谱来说，即会向长波或者短波方向漂移，这样通过波长的漂移量来实现对环境温度变化的测量。根据 F-P 腔内传感材料的不同，F-P 腔可以分为本征型 F-P 腔和非本征 F-P 腔。

本征型 F-P 腔腔内的传感材料为光纤材料本身，受制于光纤材料本身低的热光系数和热膨胀系数，一般而言由这种 F-P 腔形成的温度传感器的灵敏度和普通 FBG 的温度灵敏度无较大差别。尽管近年来出现了许多新型的特种光纤，但这种本征型 F-P 温度传感器的灵敏度也无法得到有效提升。2018 年，Chen Peng cheng 等人[16]在普通单模光纤(Single mode fiber，SMF)末端采用飞秒激光器进行操作，形成了一个全光纤 F-P 腔。这种结构在 100～500℃ 和 500～1000℃ 范围内的温度灵敏度分别为 13.9pm/℃ 和 18.6pm/℃。2019 年，Wang Botao 等人[17]以蓝宝石光纤为导光元件，拼接了一种以蓝宝石薄片为 F-P 腔的传感结构。该传感器的工作范围为 25～1550℃，并且在 1550℃ 下的温度灵敏度为 32.5pm/℃。2020 年 Su Huaiyin 等人[18]在两段单模之间，熔接了一截悬芯光纤，形成了一个由悬芯光纤构成的 F-P 腔，在 50～500℃ 和 500～800℃ 范围内，其温度灵敏度分别为 9.42pm/℃ 和 12.51pm/℃。不过，这种本征型 F-P 结构的测量范围很大，可用于大范围温度变化的环境中。

相比于本征型 F-P 腔，非本征型 F-P 腔结构的是 F-P 腔研究的重点，构成 F-P 腔的媒介可由较高热光系数或较大热光系数的材料来构成。这种结构在设计上是十分灵活多变的，可结合微加工、腐蚀、研磨等技术，制备出各种各样的非本征型 F-P 温度传感器。由于材料的热膨胀效应或者热光效应，能在温度变化后直接或者间接对光信号产生影响，使得反射光谱向长波或者短波方向发生较大跨度的漂移，进而实现对温度的高灵敏度响应。2013 年，Zhang Guilin 等人[19]提出了一种非本征型 F-P 干涉结构。该结构是将一段 SMF 插入另一端填充聚合物的毛细管中，在 SMF 的端面与聚合物之间形成一个空气微腔。当温度

发生变化时，由于聚合物的热膨胀会改变空气腔的长度，从而使得传感器的光谱发生漂移。这种结构在温度为 15～22℃ 的范围内，灵敏度高达约为-5.2nm/℃。该结构通过利用聚合物的较大热膨胀效应，实现了对温度的极高灵敏度的响应，这比传统全光纤结构的灵敏度高了好几百倍。2014 年，Zhang Xuan yu 等人[20]在 SMF 的光纤端面上通过浸蘸液态聚合物，形成了一个半椭球状的聚合物 F-P 腔。这样，在温度变化时，F-P 腔的反射光谱就会因聚合物的热膨胀效应和热光效应而发生漂移。经过实验验证，该传感器在 25～60℃ 范围内，温度灵敏度为 385.46pm/℃。不过，该结构的传感核心单元直接暴露在环境中，对折射率也有较高的响应。2016 年，Li Min 等人[21]首先用聚合物在 SMF 的光纤端面上形成一个与文献[20]一样的半椭球状结构，在此基础上使用飞秒激光器在所形成的半椭球状结构上进行高精度的刻蚀，使得半椭圆结构变成更为规则的立方体状。如此，通过高精度的刻蚀，可对 F-P 腔腔体的长度精准的控制，并且更为规则的形状更加有利于获得更高质量的反射光谱。经过温度测试，该传感器在 25～60℃ 范围内，温度灵敏度为 877pm/℃。2018 年，S. Marrujo-García 等人[22]将一段长约为 30μm 的空心光纤熔接在单模光纤的末端，并用聚二甲基硅氧烷来填充空心光纤，形成一个由聚二甲基硅氧烷作为传感介质的 F-P 腔。在 20～50℃ 的温度范围内，该传感结构的温度灵敏度为 2.2nm/℃。同年，Kacik Daniel 等人[23]提出了一种由单模光纤端面和聚合物之间的空气隙作为传感腔的高灵敏度温度传感器。该传感结构是在普通单模的末端涂上泪滴状的聚二甲基硅氧烷，由于与光纤端面的接触面积很小，相应的两者间的黏合力也很小，端面和聚合物之间会形成一个空气隙，即一个 F-P 腔。通过实验测试，该结构在 28～35℃ 范围内，灵敏度达到了 2.5nm/℃。尽管这种传感器看上去十分容易制作，但实际制作过程需要大量的重复才能成功。2019 年，Liao Yingying 等人[24]提出了一种基于密封酒精的 F-P 腔结构。该结构是将较大芯径的石英毛细管(Silica capillary tube, SCT)与单模光纤熔接，然后将较大芯径的 SCT 切割至所需长度，再将较大芯径的 SCT 与较小芯径的 SCT 熔接，最后，将较小芯径的 SCT 与注射器相连接。这样，较小芯径的 SCT 充当了液体进入较大芯径 SCT 中的通道。使用注射器给较大芯径 SCT 填充酒精完毕之后，将较小芯径 SCT 的一端与另一段 SMF 熔接，实现对酒精的密封。在 20～220℃ 的范围内，温度灵敏度为-497.6pm/℃。不过，熔接过程中放电强度和放电时间过大会使得 SCT 的空气孔塌陷，而过小又会使结构很脆弱。因而，十分精准的放电强度和放电时间是十分重要的。同年，Li Zhoubing 等人[25]提出了一种基于聚合物填充 SCT 的微型 F-P 腔结构。该结构中 F-P 腔的两个反射面是由一个超细 SMF 端面和 SMF 的端面提供，而聚合物通过注射器被填充到 SCT 内部的两个端面之间。经过实验验证，该结构在 43～50℃ 的范围内，温度灵敏度高达 11.86nm/℃。2020 年，Fu Dongying 等人[26]提出了一种聚合物与 SCT 的混合结构。该结构先是将 SCT 与 SMF 熔接，再将极少量聚合物填充到两者熔接处的 SCT 内部，再在 SCT 的另一端填充极少量聚合物，两端聚合物之间是一个长度较大的空气腔。该结构中的第一段聚合物所形成的 F-P 腔，在温度为 20～120℃ 范围内，温度灵敏度为 2.62nm/℃。尽管该结构看起来制作过程十分简单，但将一定极其少量聚合物精准填充在 SCT 内部还是特别难实现的。可见，非本征型 F-P 腔的传感结构能显著提高光纤 F-P 型温度传感器的灵敏度。

3.6.4 迈克尔逊干涉型传感器[27]

图 3-14 所示为迈克尔逊(Michelson)干涉仪原理示意图。光信号由光源发射后被一个 2×2 的耦合器分别分束到不同光纤臂中传输,两束光沿着不同路径到达反射面,一束光路作为传感臂,另一束作为参考臂。传感臂的光信号由受到外界环境参量变化的调制相位发生变化,两束光被反射面反射后回到耦合器,然后叠加在一起由光探测器接收,两束光存在相位差发生干涉,在光探测器上探测形成的干涉光谱。干涉条纹随着环境参量的变化发生移动。

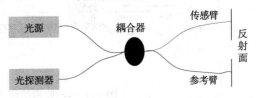

图 3-14 迈克尔逊干涉仪原理示意图

迈克尔逊光纤干涉仪传感器因其具有结构紧凑、质量轻、不受电磁干扰、抗腐蚀等优点,快速发展起来。下面根据不同制作工艺研制的迈克尔逊光纤干涉仪进行简单介绍[27]。

1. 长周期光纤光栅探针型结构

2007 年,M. Jiang 等人[28]提出一种基于迈克尔逊干涉型多路复用传感器,原理图如图 3-15 所示,传感器由长周期光纤光栅和一小段端面镀银膜的单模光纤构成,长周期光纤光栅作为耦合器,镀膜的单模光纤纤芯和包层作为干涉仪的两个传感臂,研究了温度的传感特性,获得了较高的灵敏度。2009 年,C. C. C. Lam 等人[29]进一步优化了基于长周期光纤光栅结构迈克尔逊传感器,并研究其在折射率、氯离子浓度的传感特性。

2. 锥形结构

2009 年,Z. B. Tian 等人[30]在单模光纤设计并制作了一种细腰锥结构迈克尔逊干涉仪,原理图如图 3-16 所示,高阶包层模在细腰锥被激发,经过直角端面反射回来,然后在细腰锥与纤芯基模耦合发生干涉,并研究其对折射率的传感特性。

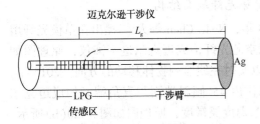

图 3-15 长周期光纤光栅探针型结构[28]

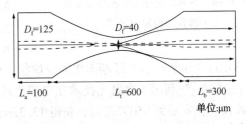

图 3-16 细腰锥结构迈克尔逊干涉仪原理图[30]

2013 年,X. Y. Dong 等人[31]提出了在单模光纤利用熔接机放电的方式,使得熔接点处展宽形成凸腰椎结构迈克尔逊干涉仪,削减包层的厚度并镀了一层有机物,在端面镀银膜,最终实现对湿度的传感检测,原理图如图 3-17(a)所示。2015 年,H. W. Fu 等人[32]提出利用单模光纤和一小段多模光纤熔接,使得熔接点处展宽形成凸腰椎结构迈克尔逊干涉仪,在 1.351~1.4027 RIU 折射率范围下,获得−178.424dB/RIU 的折射率灵敏度,原理图如图 3-17(b)所示。

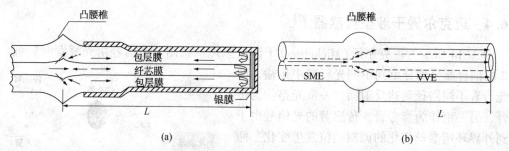

图 3-17　凸腰椎结构迈克尔逊干涉仪结构原理图[31,32]

3. 纤芯错位结构

2008 年，Z. B. Tian 等人[33]提出错位熔接两端单模光纤构成迈克尔逊干涉仪，端面镀有金属膜，获得干涉谱插入损耗极小（0.01dB），最大对比度为 9 dB，实现了折射率的传感检测，原理图如图 3-18 所示。

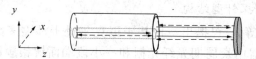

图 3-18　错位熔接迈克尔逊干涉仪结构原理图[33]

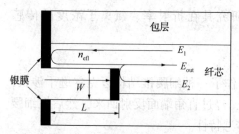

图 3-19　飞秒激光加工微腔迈克尔逊
干涉仪结构原理图[34]

4. 飞秒微加工微结构

2012 年，C. R. Liao 等人[34]利用飞秒激光在单模光纤微加工一个微腔构成迈克尔逊干涉仪，并在端面镀银膜以提高反射率，在折射率为 1.484 处获得 975nm/RIU 超高折射率灵敏度，原理图如图 3-19所示。

5. 特殊光纤端面结构

2013 年，N-K. Chen 等人[35]提出在单模光纤熔接一小段空芯光纤构成迈克尔逊干涉仪，原理图如图 3-20(a)所示，空芯光纤端面塌陷成球状，可以实时在线监测物体移动的方向。2015 年，J. D. Yin 等人[36]利用研磨抛光技术在单模光纤制作出 45°倾斜端面与直角端面构成迈克尔逊干涉仪，从室温到950℃高温，获得 13.32pm/℃温度灵敏度，原理图如图 3-20(b)所示。

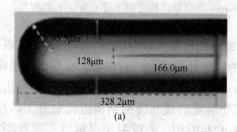

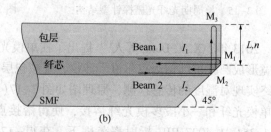

图 3-20(a)球状空芯光纤端面[35]；(b)45°倾斜端面与直角端面[36]

6. 特种光纤形成传统迈克尔逊结构

2013年，J. Zhang等人[37]利用高双折射光纤构建传统迈克尔逊干涉仪，实现了折射率与温度的双参量检测，获得30.1dB/RIU的折射率灵敏度为-1.057nm/℃的温度灵敏度，原理图如图3-21(a)所示。2015年，J. Huang等人[38]利用蓝宝石光纤构建传统迈克尔逊干涉仪，呈现出非常好的光谱特性，条纹对比度高达40dB，可耐受100~1400℃的高温，灵敏度高达-64kHz/℃，原理图如图3-21(b)所示。

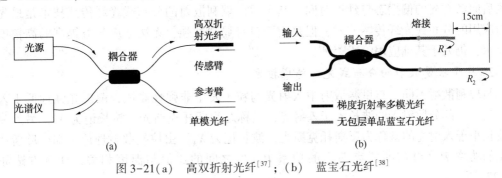

(a)　　　　　　　　　　　　　(b)

图3-21(a)　高双折射光纤[37]；(b)　蓝宝石光纤[38]

3.7　分布式光纤传感器原理与技术[39]

分布式光纤传感系统是一种利用光纤作为传感敏感元件和传输信号介质的传感系统。分布式光纤传感技术作为光纤传感技术的一个分支，能够连续测量传输媒介周边分布的环境参量，获取随时间和空间变化的分布信息。当光波在光纤中传输时，会产生后向散射光，包括瑞利散射、拉曼散射和布里渊散射，如图3-22所示[40]。检测由光纤沿线各点产生的后向散射，通过这些后向散射光与被测量(如温度、应力、振动等)的关系，可以实现分布式光纤传感。

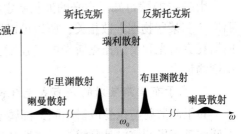

图3-22　光的三种散射[40]

分布式光纤传感技术的主要特点有：①分布式光纤传感系统中的传感元件仅为光纤；②一次测量就可以获取整个光纤区域内被测量的一维分布图，将光纤架设成光栅状，就可测定被测量的二维和三维分布情况；③系统的空间分辨力一般在米的量级。因而对被测量在更窄范围的变化一般只能观测其平均值；④系统的测量精度与空间分辨力一般存在相互制约关系；⑤检测信号一般较微弱，因而要求信号处理系统具有较高的信噪比；⑥由于在检测过程中需进行大量的信号加法平均、频率的扫描、相位的跟踪等处理，因而实现一次完整的测量需较长的时间[41]。

分布式光纤传感技术一经出现，就得到了广泛的关注和深入的研究，并且在短短的十几年里得到了飞速的发展。依据信号的性质，该类传感技术可分为4类：①利用后向瑞利散射的传感技术；②利用喇曼效应的传感技术；③利用布里渊效应的传感技术；④利用前向传输模耦合的传感技术。

1. 基于后向瑞利散射的分布式光纤传感技术

当介质中的粒子尺度小于 $\lambda/10$(λ 为入射光波长)时，入射光与其发生弹性碰撞，散射光强正比于 $1/\lambda^4$，频率与入射光相同，这种光学现象被称之为瑞利散射。基于后向瑞利散射的分布式光纤传感技术正是利用这种机理，以 OTDR 结构进行空间定位，散射光在其中的调制机制分为强度调制和偏振态调制两种，前者是检测后向散射光的强度，而后者则是检测后向散射光的偏振态与延迟时间。基于后向瑞利散射的分布式光纤传感技术是最先发展与应用的分布式光纤传感技术，但是由于自身局限性强，无法适应日益提高的高精度测量要求，仍处于基础应用阶段[42,43]。

2. 基于拉曼散射的分布式光纤传感技术

与瑞利散射不同，布里渊散射中入射光与粒子发生非弹性碰撞，散射光强远低于入射光，其中一部分散射光的波长大于入射光，被称之为斯托克斯光，波长记为 λ_S，另外一部分波长小于入射光的被称为反斯托克斯光，波长记为 λ_A。由拉曼散射理论可知，反斯托克斯光的功率 $P_A(T)$ 与斯托克斯光的功率 $P_S(T)$ 之间的比值与温度相关，计算方法如式(3-27)所示：

$$R(T)=\frac{P_A(T)}{P_S(T)}=\left(\frac{\lambda_S}{\lambda_A}\right)^4 e^{-\frac{hc\Delta\gamma}{kT}} \tag{3-27}$$

式中，T 为绝对温度，K；c 为真空中光速，m/s；h 为普朗克常数；$\Delta\gamma$ 为偏移波数，1/m；k 为波尔兹曼常数。

由(3-27)式可知，在光的波长一定的情况下，$R(T)$ 的值只与后向散射光产生处的绝对温度 T 和某些物理常数相关，所以可以用 $R(T)$ 测量光纤上的温度。通过探测光纤上各处后向斯托克斯光和反斯托克斯光的光强度，通过两个光强的比值计算光纤各处的温度，实现温度测量[44]。

3. 基于布里渊散射的分布式光纤传感技术

布里渊散射与拉曼散射相同，都属于非弹性散射，因而散射频率同样与入射光不相等。不同的是布里渊散射是泵浦光子、斯托克斯光子与声子之间的相互作用，散射光频率取决于光纤材料特性，而光纤材料特性又受制于环境温度与应变，其具体关系表达式为：

$$P_B=\frac{AT}{v_B^2}$$

$$P_B=\frac{k_1 P_R}{k_2(1+5.75\varepsilon)-1} \tag{3-28}$$

式中除布里渊散射功率 P_B 外，其余系数均与温度 T 和应变 ε 无关。利用式(3-28)，结合 OTDR 所构成的分布式传感技术可以实现对温度和应变的测量。现代工业应用中由于传输距离和速率越来越大，因而发射功率也随之大幅增加，出现了受激布里渊散射，基于此原理的分布式光纤传感器测量精度与分辨力也更高。

在基于布里渊散射的温度和应变分布式传感技术中，根据具体的原理和系统结构，研究方向可分为：布里渊光时域反射仪(BOTDR)、布里渊光时域分析仪(BOTDA)、布里渊光频域分析仪(BOFDA)、布里渊光频域反射仪(BOFDR)、布里渊光相关域分析仪(BOCDA)、布里渊光相关域反射仪（BOCDR）。其中，BOTDR 和 BOTDA 是研究最多的两个方向。相比 BOTDA，BOTDR 虽然信噪比较低，但具有单端发射和接收的特点，且系统简单，设备花费小，具有更丰富的实际应用潜力。同时，BOTDR 具有广阔的应用前景，不仅可用于大型基础设施的结构安全监控，还可用于地质灾害预警、土壤温度监测、电力传输线系统监控等场景[45]。

4. 基于传输模耦合的分布式光纤传感技术

当光纤的一端为入射，另一端为检测，光纤中同时存在两种传输模，且其传播速度不相同，在外界环境中被测量量的作用之下，本征传输模会与传输模发生作用，通过检测输出耦合模的强度可以获取被测量的值，检测延迟时间可以获取测量点的空间位置。

除了上述分布式光纤传感技术以外，最近几年文献[46]还报道了长距离光干涉技术以及准分布式光纤布拉格光栅复用技术等。总之，分布式光纤传感技术具有一系列突出的优点，是光纤传感技术中最具潜力的发展方向之一。当然，目前仍存在很多问题需要解决，例如提高空间分辨率、改善探测灵敏度、扩大测量范围、缩短响应时间等。为研究适合特殊场合要求的传感光纤、光源和探测技术，寻求有效的解决方案已成为各国学者竞相研究的热点，相信在未来几年内会研究开发出性能更优异的实用方案，进一步促进分布式传感检测技术的应用。

参 考 文 献

[1] 黎敏，廖延彪. 光纤传感器及其应用技术[M]. 武汉：武汉大学出版社，2008.

[2] 樊尚春. 传感器技术及应用(第3版)[M]. 北京：北京航空航天大学出版社，2016.

[3] 刘迎春，叶湘滨. 传感器原理、设计与应用[M]. 北京：国防工业出版社. 2015.

[4] 朱珊莹. 强度调制型光纤传感器建模分析与设计实现[D]. 武汉：华中科技大学，2011.

[5] 满堂. 煤矿瓦斯光纤传感器的研究[D]. 武汉：华中科技大学，2011.

[6] 吴兵兵，吕垚，戴基智，等. 光纤气体传感检测技术研究[J]. 激光与红外，2009，39(7)：707-712.

[7] Geng Y F, Li X J, Tan X L, et al. High-Sensitivity Mach-Zehnder Interferometric Temperature Fiber Sensor Based on a Waist-Enlarged Fusion Bitaper[J]. IEEE Sensors Journal, 2011, 11(11): 2891-2894.

[8] Liou J H, Yu C P. All-fiber Mach-Zehnder interferometer based on two liquid infiltrations in a photonic crystal fiber[J]. Optics Express, 2015, 23(5): 6946-6951.

[9] Zhang H, Gao S C, Luo Y H, et al. Ultrasensitive Mach-Zehnder Interferometric Temperature Sensor Based on Liquid-Filled D-Shaped Fiber Cavity[J]. Sensors, 2018, 18(4): 1239.

[10] Mao Y, Zhang Y X, Xue R K, et al. Compact optical fiber temperature sensor with high sensitivity based on liquid-filled silica capillary tube[J]. Applied Optics, 2018, 57(5): 1061-1066.

[11] Rumiana H, Maimanah S, Kurniansyah K E, et al. Fabrication and characterization of Polymer Optical Fiber (POF) based on Mach-Zehnder interferometer for temperature sensor[J]. Journal of Physics Conference Series, 2019, 1321(2): 022005.

[12] Dong X Y, Tam H Y, Shum P. Temperature-insensitive strain sensor with polarization-maintaining photonic crystal fiber basedSagnac interferometer[J]. Applied Physics Letters, 2007, 90(15): 151113.

[13] Xin Y, Dong X Y, Meng Q Q, et al. Alcohol-filled side-hole fiber Sagnac interferometer for temperature measurement[J]. Sensors & Actuators A: Physical, 2013, 193: 182-185.

[14] Erick R V, Cordeiro C M, Pedro T. Highly sensitive temperature sensor using a Sagnac loop interferometer based on a side-hole photonic crystal fiber filled with metal[J]. Applied Optics, 2017, 56(2): 156-162.

［15］Monfared Y E, Ahmadian A, Dhasarathan V, et al. Liquid-Filled Highly Asymmetric Photonic Crystal Fiber Sagnac Interferometer Temperature Sensor[J]. Photonics, 2020, 7(2): 1-11.

［16］Chen P C, Shu X W. Refractive-index-modified-dotFabry-Perot fiber probe fabricated by femtosecond laser for high-temperature sensing[J]. Optics Express, 2018, 26(5): 5292-5299.

［17］Wang B T, Niu Y X, Zheng S W, et al. A High Temperature Sensor Based on Sapphire Fiber Fabry-Perot Interferometer[J]. IEEE Photonics Technology Letters, 2020, 32(2): 89-92.

［18］Su H Y, Zhang Y D, Ma K, et al. Tip Packaged High-Temperature Miniature Sensor Based on Suspended Core OpticalFiber[J]. Journal of Lightwave Technology, 2020, 38(15): 4160-4165.

［19］Zhang G L, Yang M H, Wang M. Large temperature sensitivity of fiber-optic extrinsicFabry-Perot interferometer based on polymer-filled glass capillary[J]. Optical Fiber Technology, 2013, 19(6): 618-622.

［20］Zhang X Y, Yu Y S, Zhu CC, et al. Miniature End-Capped Fiber Sensor for Refractive Index and Temperature Measurement[J]. IEEE Photonics Technology Letters, 2014, 26(1): 7-10.

［21］Li M, Liu Y, Gao R X, et al. Ultracompact fiber sensor tip based on liquid polymer-filled Fabry-Perot cavity with high temperature sensitivity[J]. Sensors & Actuators B Chemical, 2016, 233: 496-501.

［22］SMarrujo-García, S Flores-Hernández, Torres-Cisneros M, et al. Polymer Comparison on Temperature Sensors Based on Fiber-Optic Fabry-Perot Interferometer [C]. Latin America Optics and Photonics Conference, 2018.

［23］Kacik D, Martincek I, Tarjanyi N. Enhanced sensitivity of polydimethylsiloxane Fabry-Perot interferometer temperature sensor[C]. IEEE Conference, 2018.

［24］Liao YY, Liu Y, Li Y, et al. Large-Range, Highly-Sensitive, and Fast-Responsive Optical Fiber Temperature Sensor Based on the Sealed Ethanol in Liquid State Up to its Supercritical Temperature[J]. IEEE Photonics Journal, 2019, 11(6): 1-12.

［25］Li Z B, Zhang Y, Ren C Q, et al. A High Sensitivity Temperature Sensing Probe Based on MicrofiberFabry-Perot Interference[J]. Sensors, 2019, 19(8): 1819.

［26］Fu D Y, Liu X J, Shang J Y, et al. A Simple, Highly Sensitive Fiber Sensor for Simultaneous Measurement of Pressure andTemperature[J]. IEEE Photonics Technology Letters, 2020, 32(13): 747-750.

［27］周文. 迈克尔逊光纤传感器及悬臂梁光纤传感器的高温传感特性研究[D]. 深圳: 深圳大学, 2016.

［28］M. Jiang, Z. G. Guan and S. L. He, Optical Coherence-Multiplexed Sensors Based on In-Fiber Michelson [J]. IEEE Sensors Conference, 2007: 1283-1286.

［29］C. C. C. Lam, R. Mandamparambil, T. Sun, et al. Taylor and P. A. M. Basheer, Optical Fiber Refractive Index Sensor for Chloride Ion Monitoring[J]. IEEE Sensors Journal, 2009, 9(5): 525-532.

［30］Z. B. Tian and S. S. -H. Yam, In-Line Single-Mode Optical Fiber Interferometric Refractive Index Sensors [J]. Journal ofLightwave Technology, 2009, 23(13): 2296-2306.

［31］X. Y. Dong, P. B. Hu, C. C. Chan et al. Optical Fiber Humidity Sensor Based on MichelsonInterferometric Structures[J]. Advanced Infocomm Technology, 2013: 116-117.

［32］H. W. Fu, N. Zhao, M. Shao, et al. In-Fiber Quasi-Michelson Interferometer Based on Waist-Enlarged Fiber Taper for Refractive Index Sensing[J]. IEEE Sensors Journal, 2015, 15(12): 6869-6874.

［33］Z. B. Tian, S. S-H. Yam and H-P. Loock. Single-Mode Fiber Refractive Index Sensor Based on Core-Offset Attenuators[J]. IEEE Photonics Technology Letters, 2008, 20(16): 1387-1389.

［34］C. R. Liao, D. N. Wang, M. Wang et al. Fiber In-Line Michelson Interferometer Tip Sensor Fabricated by Femtosecond Laser[J]. IEEE Photonics Technology Letters, 2012, 24(22): 2060-2063.

［35］N-K. Chen, K-Y. Lu and Y-H. Chang. Wavelength-beat integrated micro Michelson fiber interferometer based on core-cladding mode interferences for real-time moving direction determination[C]. CELO, 2013.

[36] J. D. Yin, T. G. Liu, J. F. Jiang, et al. Assembly-free-based fiber-optic micro-Michelson interferometer for high temperature sensing[J]. IEEE Photonics Technology Letters, 2016, 28(6): 625-628.

[37] J. Zhang, H. Sun, R. H. Wang, et al. Simultaneous Measurement of Refractive Index and Temperature Using a Michelson Fiber Interferometer With a Hi-Bi Fiber Probe[J]. IEEE Sensors Journal, 2013, 13(6): 2061-6065.

[38] J. Huang, X. W. Lan, Y. Song, et al. Microwave Interrogated Sapphire Fiber Michelson Interferometer for High Temperature Sensing[J]. IEEE Photonics Technology Letters, 2015, 27(13): 1398-1401.

[39] 翁志辉. 分布式光纤传感技术的特点与研究现状[J]. 电子元器件与信息技术, 2020, 4(05): 9-10.

[40] 李明, 彭振洲, 孙志伟, 等. 分布式光纤传感器在油田水井注入剖面监测中的应用[J]. 科技和产业, 2020, 20(12): 242-246.

[41] 胡晓东, 刘文晖, 胡小唐. 分布式光纤传感技术的特点与研究现状[J]. 航空精密制造技术, 1999 (1): 30-33.

[42] 徐红, 郑锐, 韦锦, 等. 分布式光纤温度传感技术的光缆敷设方法研究[J]. 光纤与电缆及其应用技术, 2020(03): 35-39.

[43] 刘鹏, 曾捷, 李翔宇, 等. 空间桁架横梁分布式光纤变形监测与误差修正[J]. 压电与声光, 2019, 41(05): 715-720, 724.

[44] 周广丽, 鄂书林, 邓文渊. 光纤温度传感器的研究和应用[J]. 光通信技术, 2007, 31(6): 54-57.

[45] 包宇奔, 孙军强, 黄强. 布里渊光时域反射仪分布式光纤传感研究进展[J]. 激光与光电子学进展, 2020, 57(21): 21-39.

[46] 刘德明, 孙琪真. 分布式光纤传感技术及其应用[J]. 激光与光电子学进展, 2009, 46(11): 29-33.

第4章 光纤器件原理与应用技术

4.1 光纤器件概述

光纤器件是指将光纤加工处理成具有某种功能的光电子器件,其中以单模光纤为基础的光纤器件获得广泛应用。在光纤通信中可应用的光纤器件主要有光纤放大器、光纤激光器、光纤耦合器、光纤偏振器和光纤滤波器等。它们的主要功能分别是实现光直接放大、产生激光、完成光信号功率在不同光纤间的分配或组合、使输入光变成线偏振光和从不同波长的光波中选出或滤除特定波长的光波等,具有附加损耗小、可靠性高和操作简便等优点[1]。

从是否出现光能量转换的角度,可以把光器件非为有源光器件和无源光器件两类[2]。光纤传输系统中对光路起转换、连接和控制功能的单元,称光无源器件。而把激光器、发光二极管、光电二极管、光电检测器以及光纤放大器等,统称为光纤有源器件。光无源器件主要有光纤连接器、光纤耦合器、光开关、光纤隔离器、光纤滤波器、光衰减器、复用器和解复用器等。光纤无源器件都是光学器件,其工艺原理遵守光学的各种基本规律及电磁波理论,各项技术指标、多种计算公式和各种测试方法与纤维光学和集成光学息息相关[3]。

光纤器件有两个基本参数,即插入损耗和隔离度。光纤传输系统要求插入损耗小、隔离度大。

插入损耗,即光纤器件插入光纤传输系统所引起的光功率损耗。通常用器件输出功率与输入功率之比的对数值来表示,即对于多端输出的器件,应是各输出端功率之和。产生插入损耗的主要原因是器件中光的漏泄、辐射、散射和像差等。插入损耗通常采用截断法、临时接点法(或两点法)来测量,测量在稳态模式分布的条件下进行。

隔离度,即某些光纤元件插入光纤传输系统后,引起光从一个光路漏泄到另一个光路,常称串音。通常用漏泄到另一个光路的功率与主光路输入功率之比的对数值来表示。产生串音的主要原因是器件中光纤端面的菲涅尔反射、各光路之间的包层厚度不当以及对漏泄和辐射模的吸收性能不佳等。

4.2 光纤无源器件原理与技术

光纤器件按功能分类,有光纤连接器、光纤耦合器、光开关、波分复用器和波分解复用器、光衰减器、光纤环行器、光纤隔离器和光纤调制器等[5,6]。

4.2.1　光纤耦合器

光纤耦合器是一类重要的无源器件。光纤耦合器（Coupler），又称分歧器（Splitter），是将光信号从一条光纤中分至多条光纤中的元件，属于光被动元件领域，在电信网路、有线电视网路、用户回路系统、区域网路中都会应用到，包括 X 型（2×2）耦合器、Y 型（1×2）耦合器、星形（N×N，N>2）耦合器以及树形（1×N，N>2）耦合器。

1. 功能与作用

光纤耦合器是光纤与光纤之间进行可拆卸（活动）连接的器件，它是把光纤的两个端面精密对接起来，以使发射光纤输出的光能量能最大限度地耦合到接收光纤中去，并使其介入光链路从而将对系统造成的影响减到最小。对于波导式光纤耦合器，一般是一种具有 Y 型分支的元件，由一根光纤输入的光信号可用它加以等分。当耦合器分支路的开角增大时，向包层中泄漏的光将增多以致增加了过剩损耗，所以开角一般在 30°以内，因此波导式光纤耦合器的长度不可能太短。

20 世纪 80 年代初，人们开始用熔融拉锥法制作单模光纤耦合器，至今已形成了成熟的工艺和理论模型。按所采用的光纤类型可分为多模光纤、单模光纤和保偏光纤耦合器等。

图 4-1 是熔锥型光纤耦合器的原理图[4]。它的制作过程比较简单，首先将光纤扭绞在一起，然后在施加压力条件下加热并将软化的光纤拉长形成锥形，使光纤熔接在一起。拉锥时，可以通过计算机精确控制各种过程参量，并随时监控光纤输出端口的功率变化，从而得到所需分光波的耦合器。

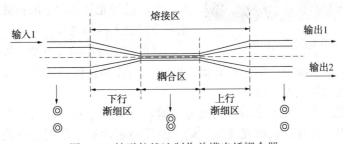

图 4-1　熔融拉锥法制作单模光纤耦合器

与其他制作方法相比较，用熔融拉锥法制作的光纤耦合器具有下列优势：①极低的附加损耗，可以达到<0.05dB；②方向性好，一般都超过 60dB；③良好的环境稳定性，光路结构简单、紧凑，受环境条件的影响可以很小；④控制方法简单灵活；⑤制作成本低廉。

2. 耦合器基本参数

（1）插入损耗：指定输出端口的光功率相对全部输入光功率的比值。

$$L_{\mathrm{I}} = -10\lg\frac{P_{\mathrm{0}}}{P_{\mathrm{I}}}(\mathrm{dB}) \tag{4-1}$$

（2）附加损耗：所有输出端口的光功率总和相对全部输入光功率的比值。

$$L_{\mathrm{E}} = -10\lg\frac{\sum P_{\mathrm{0}}}{P_{\mathrm{I}}}(\mathrm{dB}) \tag{4-2}$$

（3）分光比：耦合器各输出端口输出功率的比值。

$$R = \frac{P_0}{\sum P_1} \times 100\% \qquad (4-3)$$

（4）隔离度：光纤耦合器件的某一光路对其他光路中的光信号的隔离能力。隔离度高意味着线路之间的传扰小。

$$L_D = -10\lg \frac{P_2}{P_1} (\text{dB}) \qquad (4-4)$$

式中，P_2 某一光路输出到其他光路信号的功率值，W；P_1 被测光信号的输入功率，W。

光耦合器因具有体积小、稳定性高、附加损耗低和偏振相关损耗低等优点，因而广泛应用于光纤通信系统、光纤 CATV 系统、光纤局域网、光纤测量技术和信号处理系统等领域。

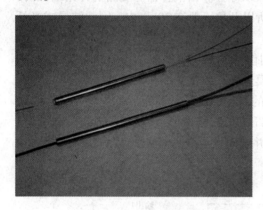

图4-2 波分复用器实物图

4.2.2 光纤波分复用器

波分复用器（Wavelength-division multiplexer，WDM）是将两种不同波长的光耦合或者分离出来的一种光无源器件（如图4-2所示），可以同时工作在两个或更多的波长上，属于一种特殊的耦合器[7]。在掺铒光纤放大器中，它的作用是将信号光与泵浦光合路于掺铒光纤中进行光信号的放大，要求信号光具有较小的损耗而泵浦光则尽可能多地耦合入掺铒光纤。

目前实际应用的波分复用器主要有两种，光纤熔融拉锥型和干涉滤波型，前者具有更低的插入损耗和较低的成本，后者具有十分平坦的信号频带和出色的偏振无关特性。

对波分复用器的主要要求是插入损耗低、耦合效率高、隔离度大、耦合频率具有一定的宽度、带内平坦，带外插入损耗变化陡峭、温度稳定性好、复用通路数多、对偏振不敏感而且尺寸小。

常用的熔融拉锥渐细波分复用器采用熔融拉锥法制作，熔融拉锥法就是将两根除去涂覆层的光纤以一定的方式靠拢，在高温下加热熔融，同时向两侧拉伸，最终在加热区形成双锥体形式的特殊波导结构，实现传输光功率的一种方法。图4-3可用来定性地表示熔融拉锥型光纤耦合器的工作原理，入射光功率在双锥体结构的耦合区发生功率再分配，一部分光功率从直通臂1继续传输，另一部分则由耦合臂传到另一光路2端，设从输入臂注入的光功率为 P_1，忽略耦合等损耗，对于单模光纤从两臂输出的光功率分别由式(4-5)、式(4-6)决定。

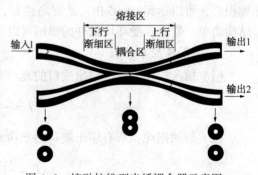

图4-3 熔融拉锥型光纤耦合器示意图

$$P_1 = P_{in}\cos^2[k(\lambda)L] \tag{4-5}$$

$$P_1 = P_{in}\sin^2[k(\lambda)L] \tag{4-6}$$

式中，$k(\lambda)$ 是波长的函数，$1/m$；L 为耦合区的长度，m；也是一个与波长相关的参数，控制 $k(\lambda)$、L，即可制成波分复用器。

波分复用器(WDM)的作用是将两种不同波长的光耦合或者分离出来的一种全光纤无源器件，即可以同时工作在两个或更多的波长上，属于一种特殊的耦合器。熔融拉锥渐细波分复用器具有以下几个主要优点：一、波分复用器在光纤耦合区的耦合是一个低损耗处理过程，光从纤芯模式转换到耦合模式和再转回在理论上是无损耗的，但实质上由于光通过短包层长度的传播产生损耗，其损耗相对于组合耦合器来说是一个相当低的量值。二、在耦合区的耦合过程中光从未离开过光纤结构，所以从未遇到任何界面。因此这种类型的波分复用器实质上是无回射的。三、由于熔接双锥渐细波分复用器是由常规光纤制作的，连接的过程中可以减小接合损耗(因为其是一个低损耗过程)。下面是其特性介绍。

在耦合过程中光极端损耗(Pex)定义为：

$$P_{ex}(dB) = 10\lg\left[\left(\sum_j P_j\right)/P_i\right] \tag{4-7}$$

式中，P_j 是在端口 j 的输出功率，W_j；P_i 是输入功率，W。这里极端损耗等于：

$$P_{ex}(dB) = -10\lg[(P_2+P_3)/P_1] \tag{4-8}$$

在理想状态下，输出功率之和应该等于输入功率。极端损耗定量给出了和理想状态的差别，因此极端损耗应尽可能小。

插入损耗(IL)是在一个特定波长输出与输入光功率之比：

$$IL_{12}(dB) = -10\lg[P_2/P_1] \tag{4-9}$$

插入损耗是波分复用器插入端口和输出端口之间产生的损耗。插入损耗一般不包括连接器的损耗；其中隔离特性(I)是较为重要的指标，是指阻止光从一个信道进入另一个信道的量度，在如图 4-4 所示的例子中，在理想状况下，在 λ_1 上的光是从端口 1 到端口 2 的，但实质上总有光穿透到端口 4 上，类似从端口 1 到端口 4 传播时，又有光出现在端口 2 上，隔离应为一个比较大的 dB 值(典型值是 30dB 到 40dB 数量级)。隔离其具体的定义为：

$$I_{41}(dB) = -10\lg[P_4(\lambda_1)/P_1(\lambda_1)] \tag{4-10}$$

$$I_{21}(dB) = -10\lg[P_2(\lambda_2)/P_1(\lambda_1)] \tag{4-11}$$

用于 980nm 和 1550nm 波长的波分复用器的主要原理是：模场直径依赖于波长，波长越长，模场直径越大，因此主要是选择两个纤芯的距离，1550nm 的光，其中 MFD 较大，穿透另一纤芯，而 980nm 或 1550nm 的光，其中模场直径较小，将固定在这个纤芯中，图 4-5 示出了 980nm 与 1550nm 光的耦合过程。

熔融拉锥渐细波分复用器具有以下几个主要优点。

① 其在光纤耦合区的耦合是一个低损耗处理过程；

② 在耦合区的耦合过程中光从未离开过光纤结构，所以从未遇到任何界面，因此这种波分复用器实质上是无回射的；

③ 由于熔接双锥渐细波分复用器是由常规光纤制作的，连接的过程中可以减小接合损耗。

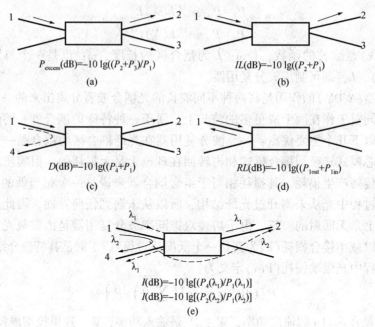

图 4-4　几种情况下的插入损耗计算

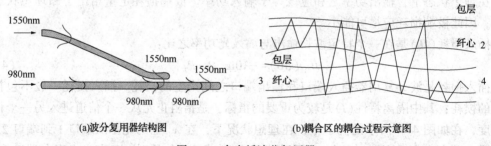

(a)波分复用器结构图　　　　　　　　(b)耦合区的耦合过程示意图

图 4-5　全光纤波分复用器

波分复用器主要应用在 WDM 终端、波长路由器等，其主要参数为：

（1）插入损耗：插入损耗是指由于增加光波分复用器/解复用器而产生的附加损耗，定义为该无源器件的输入和输出端口之间的光功率之比，即

$$\alpha = 10\lg\frac{P_i}{P_0}(\text{dB}) \tag{4-12}$$

式中，P_i 为发送进输入端口的光功率，W；P_0 为从输出端口接收到的光功率，W。

（2）串扰抑制度：扰是指其他信道的信号耦合进某一信道，并使该信道传输质量下降的影响程度，有时也可用隔离度来表示这一程度。

对于解复用器 $C_{ij} = -10\lg\dfrac{P_{ij}}{P_i}(\text{dB})$

式中，P_i 是波长为 λ_i 的光信号的输入光功率，W，P_{ij} 是波长为 λ_i 的光信号串入波长为 λ_j 信道的光功率，W。

（3）回波损耗：回波损耗是指从无源器件的输入端口返回的光功率与输入光功率的比，即

$$RL = -10\lg\frac{P_r}{P_j}(\text{dB})$$

式中，P_j 为发送进输入端口的光功率，W；P_r 为从同一个输入端口接收到的返回光功率，W。

（4）反射系数：反射系数是指在 WDM 器件的给定端口的反射光功率 P_r 与入射光功率 P_j 之比，即 $R = 10\lg\frac{P_r}{P_j}$。

常见的 980/1550WDM 的参数如表 4-1 所示，结构如图 4-6 所示。

表 4-1 980/1550WDM 参数

插入损耗/dB		隔离特性/dB	
输出1(蓝)	输出2(红)	输出1(蓝)	输出2(红)
980nm	1550nm	1550nm	980nm
0.16	0.16	26.8	29.6

其他类型波分复用器。

（1）光栅型波分复用器。当不同频率的光照射到光栅上时，由于衍射效应，其透射光合反射光将以不同的空间角度传播。利用衍射效应可将不同频率或波长的光进行空间分波或合波，其原理如图 4-7 所示。

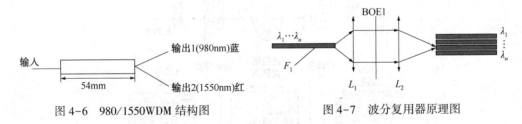

图 4-6 980/1550WDM 结构图   图 4-7 波分复用器原理图

（2）干涉滤波片型。采用干涉滤波片实现不同波长的分离，其原理如图 4-8 所示。

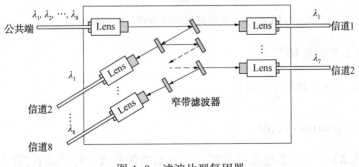

图 4-8 滤波片型复用器

4.2.3 光隔离器

光隔离器又称光单向器，是一种只允许单向光通过的光纤非互易无源光器件，可有效

地消除光纤光路系统中产生的反射光对系统产生的不良影响，从而保证了系统工作的稳定性，减少了系统噪声，提高光传输质量，具有宽带、高性能、低插入损耗、高隔离度、高前端反射损耗、工作稳定可靠、体积小、重量轻、价格低等特点。广泛用于高速大容量光纤通信系统、相干光通信系统、光孤子通信系统、光缆电视 CATV 网系统、光纤放大器系统、各种光传感系统等，是光纤技术光电技术中不可缺少的光无源器件。光隔离器实物图如图 4-9 所示。

图 4-9　光隔离器实物图

光隔离器的工作原理是基于法拉第旋转的非互易性。图 4-10 为光隔离器的结构及工作原理图。对于正向入射的信号光，通过起偏器后成为线偏振光，法拉第旋磁介质与外磁场一起使信号光的偏振方向右旋 45°，并恰好使低损耗通过与起偏器成 45°放置的检偏器。对于反向光，出检偏器的线偏振光经过放置介质时，偏转方向也右旋转 45°，从而使反向光的偏振方向与起偏器方向正交，完全阻断了反射光的传输。法拉第磁介质在 $1 \sim 2\mu m$ 波长范围内通常采用光损耗低的钇铁石榴石（YIG）单晶。

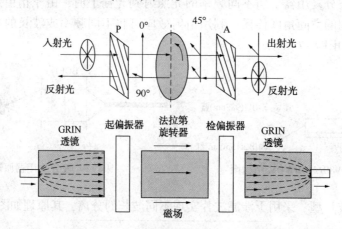

图 4-10　光隔离器的结构和工作原理图

光隔离器的主要参数有[8]

① 插入损耗 a：$a = 10\lg\dfrac{I_1}{I_2}$（dB）

② 隔离度 g：$g = 10\lg\dfrac{I_2}{I_0}$（dB）

③ 工作波长 $\Delta\lambda$：又称透过波段带宽，它是隔离器有效工作的波长范围。

④ 温度范围 ΔT：隔离器正常工作的环境温度，也可用温度系数来标明。

⑤ 外形尺寸：在光纤通信等应用领域，隔离器的外观尺寸也是一个重要的指标，以期与其他的光纤期间匹配。

新型尾纤输入输出的光隔离器有相当好的性能，最低插入损耗约0.5dB、隔离度达35～60dB，最高可达70dB，温度范围为-20～+70℃，在外观尺寸上已经完全小型化。

光隔离器是一种单向光传输器件，在 EDFA 系统的输入端加入光隔离器是为了抑制光路中的反射，保证系统工作的稳定可靠，并降低噪声避免了频率漂移和激光振荡。对它的要求是插入损耗低和与偏振无关，此外还要求有较大的隔离度。

环形器是一种非可逆装置，它仅在一个方向上引导一个端口的光到另一个顺序的端口。目前商业上有 3、4 和 6 端口环形器供选择，如图 4-11（a）提供了三端口结构。图 4-11（b）给处了四端口结构。从任何端口进入的光能被定向到任何其他的端口，但必须按顺序通过所有的其他中间的端口。

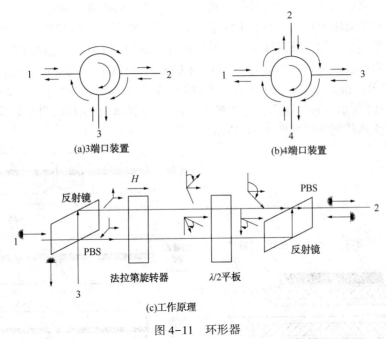

(a)3端口装置　　　　(b)4端口装置

(c)工作原理

图 4-11　环形器

4.2.4　光纤连接器

在光纤通信系统和光纤传感系统中两段光纤或光缆之间的连接是必不可少的，如果这种连接需要是活动的、可拆装的，这就需要光纤活动接头来完成，这种活动接头称为光纤连接器。光纤连接器可以将光纤与有源器件、光纤与其他无源器件、光纤与系统和仪表进行连接，是需求量最大、应用最广泛的光无源器件。

光纤连接器（如图 4-12 所示）是光纤与光纤之间进行可拆卸（活动）连接的器件，它把光纤的两

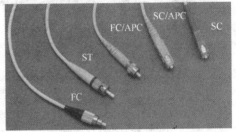

图 4-12　光纤连接器

个端面精密对接起来，以使发射光纤输出的光能量能最大限度地耦合到接收光纤中去，并使由于其介入光链路而对系统造成的影响减到最小，这是光纤连接器的基本要求。在一定程度上，光纤连接器影响了光传输系统的可靠性和各项性能。

光纤连接器的结构主要由两部分组成：一是套管，二是插针。套管用来保证光路或光纤尽可能的对准，使大部分光能通过。插针是连接器中最关键的部件，其作用是将光纤固定保护起来，并使套管中的光纤对准。按光纤连接头结构形式可分为：FC、SC、ST、LC、D4、DIN、MU、MT 等。其中 FC 接触型的连接端面为一垂直光纤芯轴的抛光平面，在插针连接时原则上可以使纤芯所在部位紧密接触(如图 4-13 所示)。它的最大优点是加工简单、工艺成熟、成本低廉，但实际上由于插针端面不是绝对的平面，使紧密接触不太可能，因此两端面间存在空隙，菲涅尔反射在所难免，回波损耗较大。为了减少回波损耗，可以将光纤端面做成凸球面形(PC 型)或端面与光纤轴线成一定的夹角(APC 型)。APC 结构较 PC 结构有更好的回波损耗特性，一般可以达到-55dB。APC 结构的倾斜角一般选 6°~8°。虽然这两种结构的加工会比较复杂，但由于性能较好，所以得到了广泛应用。其中，ST 连接器通常用于布线设备端，如光纤配线架、光纤模块等；而 SC 和 MT 连接器通常用于网络设备端。按光纤端面形状分为 FC、PC(包括 SPC 或 UPC)和 APC；按光纤芯数还有单芯和多芯(如 MT-RJ)之分，按其端面的形状可分为平面(PC)型、凸球面(SPC)型、斜面(APC)型，其形状如图 4-14 所示。通过选用合适的光纤转换器(如图 4-15 所示)可以将光纤连接头对接。FC/PC 接头连接实物图如图 4-16 所示。

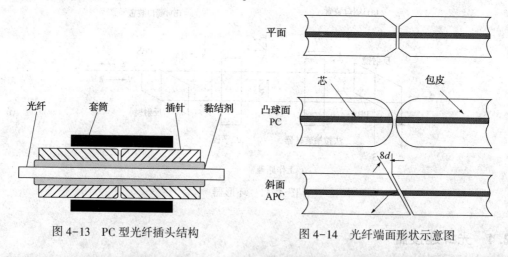

图 4-13　PC 型光纤插头结构　　　　　图 4-14　光纤端面形状示意图

图 4-15　光纤转换器

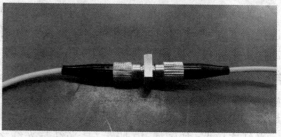

图 4-16　光纤转接示意图

PC 型插头端面曲率半径最大，近乎平面接触，反射损耗最低；SPC 型插头端面的曲率半径为 20mm，反射损耗可达 45dB，插入损耗可以做到小于 0.2dB；APC 型反射损耗最高，不仅采用球面接触，而且还把端面加工成斜面，以使反射光反射出光纤，避免光反射回来。斜面倾角越大反射损耗越大，插入损耗也随之增大，一般取倾角为 8°～9°，此时插入损耗约 0.2dB，反射损耗可达 60dB。一个插头损耗的正常值一般小于 0.3dB。

连接器的损耗是由许多因素引起的(如图 4-17 所示)。

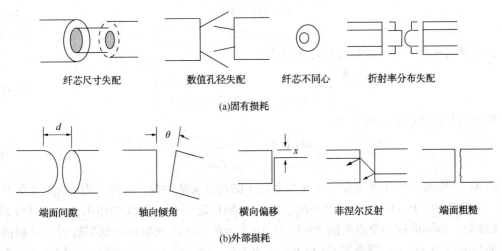

纤芯尺寸失配　　　数值孔径失配　　　纤芯不同心　　　折射率分布失配

(a)固有损耗

端面间隙　　　轴向倾角　　　横向偏移　　　菲涅尔反射　　　端面粗糙

(b)外部损耗

图 4-17　连接损耗的机理

连接器的主要参数为：

① 插入损耗。光纤中的光信号通过连接器后，输出光功率与输入光功率的比率的分贝数：

$$I_L = -10\lg\frac{P_0}{P_L}(dB) \tag{4-13}$$

② 回波损耗。又称反射损耗，是光纤连接处后向反射光相对于输入光的比率的分贝数：

$$R_L = -10\lg\frac{P_L}{P_0}(dB) \tag{4-14}$$

对连接器的基本要求是使发射光纤输出的光能量最大限度耦合到接收光纤，连接损耗(插入损耗)小，回波损耗大，多次插拔重复性好，互换性好，环境温度变化时性能保持稳定，并有足够的机械强度，且寿命长、易于组装和使用、成本低。

4.2.5　光纤环形反射镜

将 2×2 熔融拉锥型耦合器的两个输出端熔接在一起即可以构成光纤环形镜[9-11]，这是一种宽带(宽带适用范围取决于耦合器本身的带宽范围)反射镜，其结构如图 4-18 所示，此结构在光传感(如光纤陀螺)中称为 Sagnac 干涉仪。当输入光波信号从普通宽带耦合器的一端输入时，它在耦合器内经过耦合区后，在两个输出端口被分成顺时针方向和逆时针方向的两束光，经过传输后，这两束光再次在耦合器的耦合区相干叠加后，从信号输入端输出形成反射光，从另一端输出形成透射光。设耦合器的能量分光比为 k，在忽略耦合器本身损耗和光纤损耗的前提下，当入射光功率为 P_{in} 时，反射光功率 P_r 和光透射功率 P_t 分别为：

$$P_r = 4k(1-k)P_{in} \tag{4-15}$$

$$P_t = (1-2k)^2 P_{in} \tag{4-16}$$

则由式(4-15)和式(4-16)可得光纤环形镜的反射率 R 和透射率 T 可以表示为：

$$R = 4k(1-k) \tag{4-17}$$

$$T = (1-2k)^2 \tag{4-18}$$

由器件对称性可知，则器件满足关系式：

$$\begin{bmatrix} P_r \\ P_t \end{bmatrix} = \begin{bmatrix} 4k(1-k) & (1-2k)^2 \\ (1-2k)^2 & 4k(1-k) \end{bmatrix} \begin{bmatrix} P_{in} \\ 0 \end{bmatrix} \tag{4-19}$$

即该器件的传输矩阵可写为：

$$\begin{bmatrix} 4k(1-k) & (1-2k)^2 \\ (1-2k)^2 & 4k(1-k) \end{bmatrix} \tag{4-20}$$

图4-19中的实线和虚线分别为 R 和 T 随 k 的理论变化曲线，显然，当分光比 k 为 0 或 1 时，都有 $R=0$，$P_r=0$，$T=1$，$P_t=P_{in}$，此时该结构起到全透射镜的作用；$k \approx 0.147$ 或 $k \approx 0.853$ 时，即两曲线的交点处的 $R=T=0.5$，$P_r=P_t$，此时该结构起到半透射半反射的作用；而当 $k=1/2$ 时(3dB 耦合器)则有 $R=1$，$P_r=P_{in}$，$T=0$，$P_t=0$，这时该结构起到了全反射镜的作用，而在实际测量中则由于熔接带来一定的损耗、耦合器的分光比与其标称值不完全一致、或者使用的宽带光源有一定的波动、环境变化及人为的其他因素导致与理论值有一定的偏差[12]。

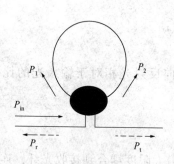

图4-18　光纤环形镜
结构示意图

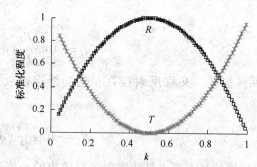

图4-19　光纤环形镜反射、透射率
随耦合比的变化曲线

4.2.6　光纤环行器

环行器(如图4-20所示)是一种多端口输入输出的非互易性器件，它的功能是作为一个单行道使光通过一系列的端口，也就是在一个方向上引导一个端口的光到另一个顺序的端口。目前商业上有 3、4 和 6 端口环行器供选择，如图4-21(a)提供了三端口结构，图4-21(b)给出了四端口结构。

图 4-20 光纤环形器实物图

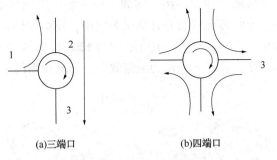

(a)三端口　　　　　　(b)四端口

图 4-21 三端口和四端口环形器示意图

图 4-22 所描述的是环形器的工作原理，从图中可以看到，进入端口 1 的光被偏振光束分离器(PBS)分离成垂直和水平偏振光束，垂直偏振光束沿图的上部传播，水平偏振光束沿图的下部传播。

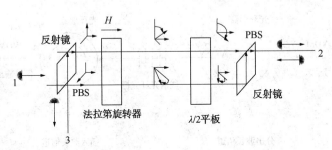

图 4-22 环形器工作原理图

法拉第旋转器旋转两光束的偏振面 45°角，$\lambda/2$ 厚平板旋转两光束的偏振面另一个 45°角，所以垂直偏振光成水平偏振，反之亦然。这两个光束被另一 PBS 重新组合并从端口 2 离开装置。进入端口 2 的光在硅偏振器上经历相同的旋转，但是在法拉第旋转器上旋转相反，所以两个光束保持原来的偏振状态(这个光的操作没有显示在图中)，PBS 重新组合这两个光束，并将它们导向到端口 3，光束不能到端口 1，因为 PBS 没有重新组合它们到那个方向。

和光纤隔离器一样，环形器的工作也利用了偏振现象，所以说环形器在功能和设计上都属于光纤隔离器的"远亲"。

（1）环形器主要参数有：

① 插入损耗 a。

$$a = -10\lg\frac{P_2}{P_1} \qquad (4-21)$$

② 隔离度 g。

$$g = 10\lg\frac{P_2}{P_1} - 10\lg\frac{P_2}{P_3} \qquad (4-22)$$

③ 工作波长 $\Delta\lambda$：又称透过波段带宽，它是隔离器有效工作的波长范围。

（2）应用：

由于光环行器的顺序传输特性，可用于将同一根光纤中正向传输和反向传输的光信号分开，应用于光纤通信、光纤传感以及光纤测试系统中，使结构得到简化。如图 4-23 所示的应用于传输系统进行信号传输和图 4-24 所示的与 FBG 构成的分插滤波器，环形器还可与光纤放大器一起组合应用，提高 EDFA 的泵浦效率，降低所需的泵浦能量。

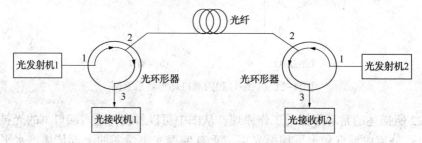

图 4-23　光环行器用于双向传输系统

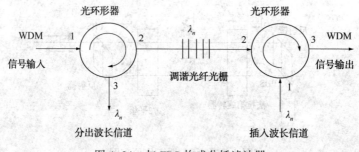

图 4-24　与 FBG 构成分插滤波器

4.2.7　光纤偏振控制器

偏振控制器的实现方案有很多，但基本上是通过延迟器(或称波片)改变延迟量或主轴方向来实现控制光纤中光波的偏振态。对于单模光纤偏振控制器，上述的波片可以用光纤线圈制成，光纤线圈制成的波片是利用光纤弯曲时产生的弹光效应改变光纤中的双折射而构成。对于半径为 r 的单模光纤绕成曲率半径为 R 的光纤线圈，弹光效应引入的模式双折射 $\Delta\beta$ 与弯曲半径 R 有关：$\Delta\beta = 0.273\frac{n^3}{\lambda}\left(\frac{r}{R}\right)^2$，其中 n 为光纤的折射率，$n \approx 1.46$，若光纤

绕 N 圈，则光纤线圈波片引入的相位延迟量为：$\varphi = \Delta\beta \cdot 2\pi RN$，若要求的相位延迟量给定，则可求出光纤线圈的曲率半径 R 及圈数 N。这种光纤线圈型偏振控制器便于与光纤系统连接且损耗小，因而在光纤通信和光纤传感系统中得到广泛应用[13-16]。

图 4-25 为光纤偏振控制器的装置图，其工作原理为：当改变光纤圈的角度时，便改变了光线中双折射轴主平面方向，产生的效果与转动波片的偏振轴方向是一样的，因此在光纤系统中加入这种光纤圈，并适当转动光纤圈的角度，就可以控制光纤中双折射的状态。常用的光纤偏振控制器一般由 $\lambda/4$ 光纤圈和 $\lambda/2$ 光纤圈组成，有时再增加一个光

图 4-25 光纤偏振控制器装置图

纤圈，共三个光纤圈组成偏振控制器，这是为了调整上的方便。通过适当调节光纤圈的角度就可获得任意方向的线偏振光。

将单模光纤绕成环形，利用光弹效应，引起盈利双向折射，实现对偏振状态的控制。形成 λ/m 等效波片所需光纤圈的圆半径为：

$$R(m, N) = 2\pi a \cdot r^2 \cdot N \cdot m/\lambda \qquad (4-23)$$

改变光纤圈的角度相当于转动波片的偏振轴，可改变双折射的效果，实现偏振方位角控制。

机械式三环偏振控制利用光纤在外力作用下感生双折射原理制成。其中三个环分别等效为 $\lambda/4$、$\lambda/2$、$\lambda/4$ 三种波片，光波进过 $\lambda/4$ 波片转换为线偏振光，再由 $\lambda/2$ 波片调整偏振方向，最后经由 $\lambda/4$ 波片将线偏振光的偏振状态变成任意的偏振态。由双折射效应产生的延迟效果主要由光纤的包层半径、光纤环绕半径和光波波长所决定，经验证该控制器可产生全方位偏振态的变化，调整的偏振态可覆盖整个庞加球。

4.2.8 光纤 F-P 滤波器

典型的光纤 F-P（FFP）滤波器是通过在仔细对准的平行光纤端面上淀积高反射涂层，将光纤端面本身充当两块平行镜面，镜面之间的介质是空气（$n \approx 1$），将其固定在压电陶瓷上，通过外加电压使压电陶瓷产生电致伸缩作用来改变谐振腔的长度。因为有压电晶体的缘故，所以所要求的电压会相当高（大约为 200V）。当调节器件时，必须考虑压电换能器中的某些齿隙游移效应[17]。调整时间大约为毫秒量级，这对于电路切换的网络是足够的。由于具有几乎完美的旋转对称性的标准类型的光纤，就可以忽略了偏振相关性。可获得超过 150 的精细因子，并且传输损耗的最小典型值为 1～2dB。由于器件是基于光纤的，它们可以以很低的损耗插入到光纤传输系统中，可直接插入光接收机之前，其结构如图 4-26 所示。F-P 滤波器调谐范围宽，通带可以做得很窄，可以集成在系统内，减小了耦合损耗。

如图 4-27 所示，两平行放置的介质板，内表面镀高反射膜，形成镜面 M_1 和 M_2。两端的反射系数各为 r_1 和 r_2，透射系数各为 t_1 和 t_2，中间是折射率为 n 的介质，如中间是空气，则 $n = 1$。两镜之间的距离是 l。

一平面波垂直入射到镜 M_1，部分光反射，部分光进入 F-P 腔，在其中经多次反射与透射，在腔的左右两侧将各有一组光束输出。在左方输出端的光叫反射光，右方输出端的光

叫传输光。两列光都产生多光束干涉而呈谐振现象，具有频率选择特性。透射型光滤波器使用方便，因而讨论传输光。

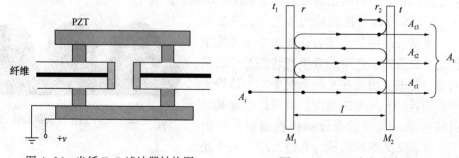

图 4-26 光纤 F-P 滤波器结构图　　　　图 4-27　F-P 腔光滤波器

设输入光的复数振幅为 A_i，在输入端以透射系数 t_1 进入 F-P 腔，当它传到 M_2 时，分成两部分：一部分透出腔外，幅度为 A_{t1}；一部分在 M_2 上反射，留在腔内再继续传播、反射、透射。透射波由复数振幅为 A_{t1}，A_{t2}，A_{t3}，…的光束组成。每束透射波比以前一束在相位上延迟：

$$\phi = k2l = 4\pi nl/\lambda_0 = 4\pi nlf/C \qquad (4-24)$$

而振幅则减小，需乘以因子 r_1r_2。令：

$$h = r_1 r_2 \exp(-j\phi) \qquad (4-25)$$

则：　　　　　　　$A_{t1} = A_i t_1 t_2 \exp(-j\phi)$，$A_{t2} = hA_{t1}$，$A_{t3} = h^2 A_{t1} \cdots$　　　(4-26)

依此类推。其中，ϕ 是 A_{t1} 对 A_i 产生的相位变化。透射光的复数振幅为各次透射光的叠加：

$$A_t = A_{t1} + A_{t2} + A_{t3} + \cdots = A_{t1}(1 + h + h^2 + \cdots) = \frac{A_{t1}}{1-h} = \frac{A_i t_1 t_2}{1-h}\exp(-j\phi) \qquad (4-27)$$

若反射系数和透射系数满足 $r_1 = r_2 = r$，$t_1 = t_2 = t$，则功率反射率与透射率各为 $R = r^2$，$T = t^2$。

由于是无损耗的情况，$R + T = 1$，则：

$$A_t = \frac{A_i T \exp(-j\phi)}{1 - R\exp(-j\phi)} \qquad (4-28)$$

输出光强为：

$$I_t = KA_t A_t^* = \frac{KA_i A_i^* T^2}{|1-R\exp(-j\phi)|^2} = \frac{KA_i A_i^* T^2}{(1-R)^2 + 4R\sin^2\dfrac{\phi}{2}} = \frac{I_i T^2}{(1-R)^2 + 4R\sin^2\dfrac{\phi}{2}} \qquad (4-29)$$

式中，K 是常数；$I_i = KA_i A_i^*$ 为入射光波的光强，W/m^2。

定义 F-P 腔的功率传输系数为：

$$\tau = \frac{I_t}{I_i} \qquad (4-30)$$

由式(4-29)得：

$$\tau = \frac{T^2}{(1-R)^2 + 4R\sin^2\frac{\phi}{2}} = \frac{1}{1+[4R/(1-R)^2]\sin^2\frac{\phi}{2}} \qquad (4-31)$$

将(4-24)代入, 得:

$$\tau = \frac{1}{1+(2F/\pi)^2\sin^2(2\pi nlf/c)} \qquad (4-32)$$

式中, $F = \pi\sqrt{R}/(1-R)$。式(4-32)是 F-P 腔光滤波器的频率响应, 其相响应曲线如图 4-28 所示, 曲线在某些点出现峰值, 在两峰值中间出现最小值, 呈现谐振现象。与 τ 的峰值相应的频率叫谐振频率。

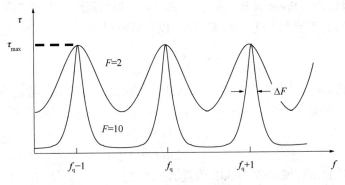

图 4-28 F-P 腔的频率响应

以入射光频率为变量, 透射率为因变量, 令腔长 $l = 0.56$mm, 反射系数 R 分别为 0.95、0.65、0.35、0.05 时, 绘出了 F-P 腔光滤波器的频率响应曲线(即滤波器的透射谱, 如图 4-29 所示)。

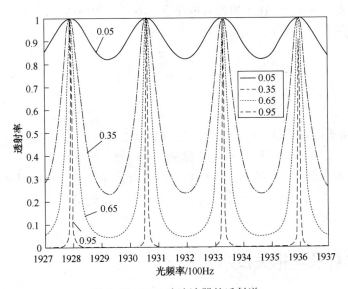

图 4-29 F-P 腔滤波器的透射谱

由式(4-32)可求出谐振波长 λ_{oq} 分别为:

$$f_{oq} = \frac{Cq}{2nl} \qquad \lambda_{oq} = \frac{2nl}{q} \tag{4-33}$$

$q = 1$, 2, 3, …, 表示不同的谐振级次。传输系数的最大值 τ_{max} 为 1, 最小值为:

$$\tau_{min} = \frac{1}{1+(2F/\pi)^2} \tag{4-34}$$

R 越大, 曲线越尖锐。当有损耗存在时, τ_{max} 减小, 不再为 1, τ_{min} 增大, 曲线变"钝"。

F-P 腔型光滤波器的特性参数。

(1) 自由谱域(Free Spectral Range): 相邻两谐振频的间距。由于 F-P 腔的多谐性, 使用时输入光波的谐宽不能大于这一频率范围, 以免造成混淆。

$$FSR = f_q - f_{q-1} = \frac{C}{2nl} \tag{4-35}$$

(2) 3dB 带宽 $\Delta\lambda$: 用来描绘 F-P 腔谐振曲线的锐度。它定义为传输系数降为最大值的一半时所对应的频带宽度。由式(4-36)可见功率反射系数越大, $\Delta\lambda$ 越窄。

$$\Delta\lambda = \frac{C(1-R)}{2\pi nl\sqrt{R}} \tag{4-36}$$

(3) 精细度: 自由谱域 FSR 与 3dB 带宽 $\Delta\lambda$ 之比。

在无损耗的情况下得到:

$$F = \frac{FSR}{\Delta\lambda} = \frac{\pi\sqrt{R}}{1-R} \tag{4-37}$$

可见 R 越大, 精细度越高。

(4) 峰值传输系数 τ_{max}: 在无损耗的情况下, 不管 R 为何值, $\tau_{max} = 1$, 即谐振频率上的光全通过。在有损耗的情况下, 精细度和峰值传输系数为:

$$F \approx \frac{\pi}{L+T} \tag{4-38}$$

$$\tau_{max} = \frac{1}{1+(L/T)^2} \tag{4-39}$$

式中, L 是功率损耗系数, 它是单程损耗功率与总功率之比, 根据能量守恒, $R+T+L=1$。由式(4-38)、式(4-39)可见, F、τ_{max} 都随损耗的增加而减小。

作为光纤传感系统的解复用器, 对 F-P 腔的要求首先是它的自由谱域必须大于多信道复用信号的频谱宽度, 以免信号重叠, 造成混乱。因而, 信道数越多, 信道间隔越宽, 要求 F-P 腔的自由谱域也越宽。

4.3 掺铒光纤及其相关技术

光纤传感技术的发展与光器件的发展密不可分, 由于光纤传感是以光波为载体, 光纤为媒质, 感知和传输外界被测信号的新型传感技术, 它的应用优势是传统的传感器所无法比拟的。因此，光纤传感系统的建造要用到光纤耦合器、隔离器、掺铒光纤、泵浦激光器、环行器和光纤环行镜等各种光器件。同时，由于光纤传感技术正在向时分复用、波分复用网络的方向发展，伴随光纤通信技术的发展，作为光纤通信设备的重要组成部分的光器件，也将成为光纤传感应用领域中不可缺少的器件。

4.3.1 掺铒光纤相关物理参数

掺铒光纤是将铒元素经过特殊工艺注入光纤芯中而形成的一种特殊光纤，其制作方法与常规光纤基本相同。由于 ASE 辐射及放大是由铒离子完成的，所以在掺铒光纤中铒离子的浓度应尽可能高。为了增加铒离子的浓度，即提高单位硅光纤体积中的铒离子的数目，制作时尽可能减少光纤的纤芯直径，为了更有效地利用掺铒光纤，不仅制作时减小纤芯直径，而且将大多数的铒离子集中在小纤芯的中心区域（如图 4-30 所示），在中心区域的铒离子的浓度变化范围从百万分之一百到两百。在市场上已有铒离子浓度高达 5000μg/g 的铒光纤。掺铒光纤的

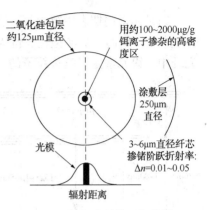

图 4-30 掺铒光纤的几何结构

包层和涂覆层的尺寸是很重要的。这些尺寸相对于多模和单模传输光纤是标准的，不同之处在于纤芯尺寸，对于多模光纤是 62.5μm 和 50μm，对于单模光纤是 8.3μm，掺铒光纤是 2.8~5.2μm。

因光纤在数值孔径上有所不同，在应用中，具有低数值孔径（NA）的掺铒光纤常用于制造具有高增益和高输出功率的 ASE 光源。具有较高数值孔径光纤的噪声相对较小，通常用作 EDFA，现已研制出具有数值孔径高达 0.29μm 的光纤。

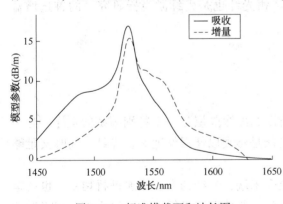

图 4-31 标准横截面和波长图

截止波长（Cutoff wavelength-nm）的规范确定了光纤在单模时能够支持的最小波长。峰值吸收波长（Peak absorption wavelength-nm）指产生最大吸收的波长，"标准横截面和波长"如图 4-31 所示，辐射或吸收的横截面是指一个光子通量有关的横截面区域（单位量纲为 m^2），对掺在硅光纤中的铒离子的典型值范围是 $0.1 \times 10^{-25} \sim 4.5 \times 10^{-25} m^2$，横截面的重要性是由于增益系数（1/m）等于横截面（m^2）乘粒子数反转密度（m^{-3}）。同时横截面可以将其看成

对铒离子将发射或吸收一个光子的概率的测量，一个铒离子跃迁所吸收或发射的光能数量等于入射光的强度乘以相应的横截面。峰值衰减（Peak attenuation-dB/m）指在峰值吸收波长上测得的衰减，有时将峰值吸收波长和峰值衰减两个参数结合起来作为一个来用，如指定峰值吸收在 1530nm，其衰减范围为 2.4~9.0dB/m。在 980nm 的衰减指的是在抽运光波长上的衰减，典型值是 2~7dB/m，但在 980nm 上也能找到衰减为 23dB/m 的光

纤。饱和功率(Saturation Power-mW)指的是输入饱和功率，其典型输出范围是12~16dB/m(16~40mW)。

4.3.2 掺铒光纤工作机理

铒是元素周期表中第68号元素，属于镧系稀土元素，其外层电子排布为$4s^24p^64d^{10}4f^{12}5s^25p^66s^2$。铒离子的典型化学价为正三价，相应的电子排布为$4s^24p^64d^{10}4f^{11}5s^25p^6$。在掺铒光纤中，铒元素是以三价粒子的形式存在的，其能级是由密集的分离能级组成的能带。这

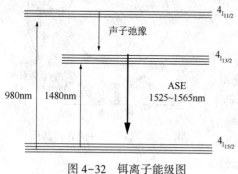

图4-32　铒离子能级图

些密集的能级是受斯塔克分裂影响而形成的能级簇，由于受温度影响，各个斯塔克能级都将展宽，形成一个近似连续的能带。当980nm或1480nm泵浦光通过光纤时，Er^{3+}粒子发生能级跃迁在$^4I_{13/2}$能级形成粒子数反转如图4-32所示。所不同的是980nm泵浦光将Er^{3+}粒子抽运到亚稳态能级，由于该能级很不稳定，粒子将很快回到$^4I_{13/2}$能级，而1480nm泵浦光直接将粒子抽运至$^4I_{13/2}$能级。在没有激励信号光的情况下，一部分将衰变回到基态，形成波长在1525~1565nm范围内的自发辐射。当自发辐射形成的荧光通过窄带可调谐滤波器后形成窄带光，再经过反馈进入掺铒光纤充当信号光，将引起$^4I_{13/2}$和$^4I_{15/2}$能态能的受激发射与受激吸收，当满足粒子数反转且受激发射大于受激吸收时，信号光将被放大，经过在增益介质——掺铒光纤中的多次传播放大便形成激光。反转程度越高，放大能力越强，输出激光功率越高。通过调节可调谐滤波器，便可以实现不同波长的激光输出。所以掺铒光纤也是光纤激光器研究中的首选增益介质。

4.3.3 掺铒光纤熔接问题

1. 光纤的切割

在光纤的切割过程中，不能损坏光纤，所以剥离涂敷层是一个特别精密的程序。光纤的生产者花费了很大的精力制造涂敷层，使之能足够硬以便很好地保护光纤，同时又足够的柔软以便于剥离。

剥离暴露了裸光纤。为了进行连接处理光纤末端，光纤的末端需要进行切割，也就是用专业的工具切割光纤以使末端表面平整、整洁，并使之与光纤的中心线垂直。切割对于接合质量是十分重要的，它可以减少连接损耗。任何未正确处理的表面都会引起由于末端的分离而产生的额外损耗，这一点可以在图4-33中体现出来。我们在实验中是利用金刚石刀片进行切割的。可以保证平均切割角度小于0.5°；事实上95%以上的切割角小于1°。这就意味着在末端表面的95%以上任何一点测量的切割角度不大于1°。为了去除光纤末端表面上的外来微粒，必须用专门的方法和布料来清洁光纤。我们在实验中采用棉花来清洁光纤。

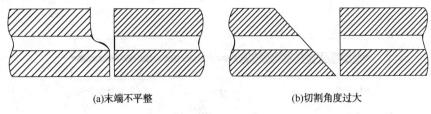

(a)末端不平整　　　　　　　　　(b)切割角度过大

图 4-33　由不良切割引起的连接损耗

光纤的接合主要有两种方式：机械连接与熔接。掺铒光纤的熔接技术是有效减少损耗的关键问题，由于在常规光纤和掺铒光纤之间有很大的直径不匹配(单模光纤的纤芯直径是 $8\sim10\mu m$，而掺铒光纤纤芯直径的范围是 $2.8\sim5.2\mu m$)，常规光纤熔接引入的损耗大约是 $0.01\sim0.07dB$，而对于掺铒光纤与常规光纤之间的熔接则要大许多，可达到 $0.8dB$。图 4-34为光纤熔接的示意图，(a)为单模光纤与单模光纤熔接示意图，(b)为单模光纤与掺铒光纤熔接的示意图。

光纤1　　　　　　　光纤2　　　　　　　　常规光纤　　　　　　掺铒光纤

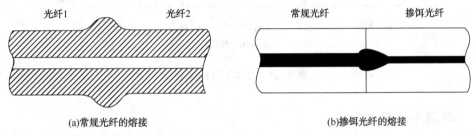

(a)常规光纤的熔接　　　　　　　　　　　　(b)掺铒光纤的熔接

图 4-34　单模光纤与掺铒光纤熔接的示意图对比

由纤芯直径不匹配引起的损耗由公式(4-40)来计算：
$$Loss_{core} = -10\lg_{10}\left[(a_2/a_1)^2\right]，其中 a_1 \geqslant a_2 \tag{4-40}$$
由数值孔径不匹配引起的损耗由公式(4-41)来计算：
$$Loss_{NA} = -10\lg_{10}\left[(NA_2/NA_1)^2\right]，其中 NA_1 \geqslant NA_2 \tag{4-41}$$
由模场直径(MFD)不匹配引起的损耗由公式(4-42)来计算
$$Loss_{MFD} = -10\lg_{10}\left[4/(w_2/w_1 + w_1/w_2)^2\right] \tag{4-42}$$
其中公式(4-40)的中的 a_1、a_2 为普通单模光纤和掺铒光纤的纤芯直径，μm，公式(4-41)NA_1、NA_2 为光纤的数值孔径，公式(4-42)中的 w_1、w_2 为光纤的模场直径，μm。

2. 光纤的熔接

为了减少接合损耗，主要提出了以下方法，其目的是为了减少纤芯直径(从而减少MFD)的不匹配。如图 4-35 所示为掺铒光纤的优化接合方案。下行渐细法是将常规光纤和掺铒光纤在熔接时均拉细，这样可更多地减少常规光纤的纤芯直径，从而减少了纤芯直径之间的不匹配[见图 4-35(a)]；上行渐细法也称为热扩散膨胀纤芯法(TEC)，该方法通过在光纤加热段扩散掺杂物来增加掺铒光纤的纤芯直径，如图 4-35(b)所示减少了 MFD 的不匹配；当使用过渡光纤时，虽减少了每个接头处的 MFD 不匹配，但增加了附加的接合损耗(这些方法只有在常规光纤和掺铒光纤具有相同的包层和涂覆层直径时才能实现)。下行渐细和上行渐细两种方法的使用可以比不使用时的 MFD 损耗减小 10 倍之多。

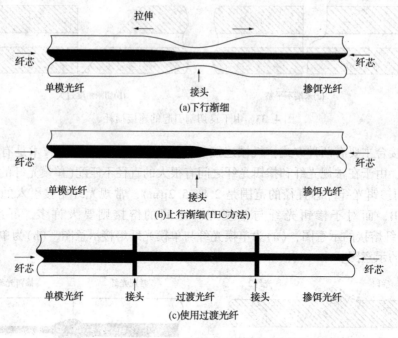

拉伸

纤芯　　　　　　　　　　　　　　　　　　　　纤芯

单模光纤　　　　　　　　　接头　　　　　　　掺铒光纤

(a)下行渐细

纤芯　　　　　　　　　　　　　　　　　　　　纤芯

单模光纤　　　　　　　　　接头　　　　　　　掺铒光纤

(b)上行渐细(TEC方法)

纤芯　　　　　　　　　　　　　　　　　　　　纤芯

单模光纤　　　接头　　过渡光纤　　接头　　掺铒光纤

(c)使用过渡光纤

图4-35　掺铒光纤的接合

4.3.4　掺铒光纤泵浦技术

为了使铒光纤能产生辐射，必须要完成粒子数反转，这意味着在高能级上要有比在下面能级更多的铒离子，为了获得粒子数反转，我们需要把铒离子抽运到较高能级，而抽运源用的激光器则是掺铒光纤光源究中的关键器件。掺铒光纤可以有 1480nm、980nm、800nm、650nm、514nm 等波长的泵浦源，均是吸收波长。980nm 和 1480nm 对应着无激发态吸收带，因而泵浦效率高。

1. 泵浦源的选择

泵浦源用激光器的选择标准是[25]：①泵浦效率高，泵浦效率影响泵浦功率的提高，泵浦功率越高所得到的调谐范围越大。②激发态吸收(ESA)效应要小。通常以 σ_{ESA}/σ_0 比值大小来衡量 ESA 的影响程度，其中 σ_{ESA}、σ_0 分别代表掺杂光纤的激发态吸收截面和基态吸收截面。显然比值 σ_{ESA}/σ_0 越小越好。最佳泵浦波长是 532nm 、980nm 和 1480nm。波长为 532nm 的泵浦光源可以选用 YAG 倍频固体激光器。但由于该光源体积庞大，只能在实验室使用。波长为 980nm 、1480nm 的泵浦光源可以选用大功率 LD，由于器件体积小、效率高，因此是理想的抽运光源。980nm 泵浦激光器与 1480nm 泵浦激光器相比，在转换效率、低噪声方面更具优势。因此，本实验选用 980nmLD 激光二极管作泵浦源。

2. 泵浦源的组成及其特性

典型抽运激光器模块包括一个发送抽运激光的激光二极管(LD)、一个监视 LD 性能的逆向光电二极管(PD)和一个带有控制和稳定激光器温度用的热电制冷器(TEC)。在图4-36(a)中给出了抽运光激光器组件的功能框图[4,5]。一个抽运光激光器组件也可以包含一个防止任何逆向光穿透激光二极管的内置隔离器和一个在温度、驱动电流和光反馈变动时"锁定"抽运光波长的波长稳定器。抽运光激光器组件的标准模块是一个 14 针的碟形密封装置。图 4-36(b)给出了典型的光耦合组件的装配示意图，图 4-36(c)为所用激光器组件实物图。表 4-2 为组件引线功能表。

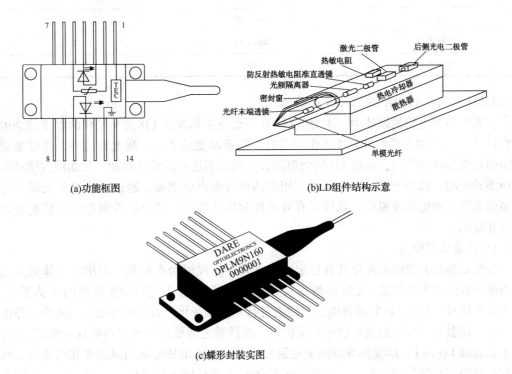

(a)功能框图   (b)LD组件结构示意

(c)蝶形封装实图

图 4-36　抽运光激光器组件

表 4-2　组件引线功能表

编号	功能	编号	功能
1	热能转换器(+)	8	不接
2	热敏电阻	9	不接
3	探测器(+)	10	激光器(+)
4	探测器(-)	11	激光器(-)
5	热敏电阻	12	不接
6	不接	13	接地端
7	不接	14	热能转换器(-)

　　在使用中应注意激光二极管的极限值如表 4-3 所示，一定不要超过，否则容易导致激光二极管的 PN 结击穿或解理面遭受破坏，导致 LD 性能下降或永久性损伤。另外激光二极管对静电很敏感，容易被静电击穿损坏。操作时注意采取防静电措施。

表 4-3　极限工作条件

极限值	参数值	单位
制冷器工作电压	4.5	V
制冷器工作电流	1.4	A
工作温度	−20～+70	℃
存储温度	−40～+85	℃
引线焊接温度	260	℃

3. LD 泵浦源的功率控制与温度控制

在光源控制电路的设计中，主要包括 LD 驱动电路和保证 LD 安全工作的温度控制电路的设计[26,27]。当激光器组件处于工作状态时，随着温度的变化，激光器材料的带隙能量变化将引起增益峰的漂移，单模 LD 的激射波长则出现不连续的模式跳动。然而模式跳动是我们所不希望的，因为当增益峰漂移时，相应的强度噪声会增加。通过消除光学反馈和仔细调节激光器驱动电流及温度，就可以有效地控制模式跳动，整个组件则能够提供更稳定的抽运光输出。

1）自动功率控制

要使泵浦激光器输出光强具有稳定性，首先要实现恒功率控制，利用半导体激光二极管内部封装的功率监控器（光电探测器），把光电探测器监控到的激光输出的光功率变化，作为反馈信号，控制 LD 的偏置电流，使之进行相应的变化，自动调节激光二极管工作电流的大小，使激光二极管的激光功率输出恒定。光纤激光器要求泵浦光功率保持恒定。但是，由于泵浦源 LD 的 PN 结发热导致阈值电流变化，引起输出特性随结温的变化而变化，从而使输出光功率也随着结温变化，另外，半导体激光器长期运行之后，也会老化。它的外微分量子效率将发生变化，并导致 LD 的输出特性发生变化，从而影响了 LD 输出光功率的恒定。为了稳定 LD 的输出光功率，简单有效的控制方法是调整驱动 LD 的直流偏置电流，即当 LD 的阈值电流发生变化时，其直流偏置电流随之发生相应的变化，以保持 LD 的输出光功率恒定不变。

半导体激光器自动功率控制电路原理图如图 4-37 所示。其工作原理如下：当半导体激光器所发出的激光强度变强时，流过光电二极管 PD（装在激光二极管的内部）的光电流也随着增加，加在减法运算器反相端的电压也随之升高。经过减法运算放大器电路处理后输出电压减小；减小的电压信号经由放大器放大后加在了电压电流转换型恒流电路上，并把它作为电压电流转换型恒流电路的基准电压 E_d，运算放大器 U_A 把取样电阻 R_1 上的压降与基准电压 E_d 进行比较，其微小差别将被放大，并通过控制晶体三极管的基极电流的减小来控制流过半导体激光器的电流，使之变小，从而使激光二极管发出的激光变弱。反过来，当激光二极管输出的激光强度变弱时，经过上述反馈网络以及控制电路，同样将使激光二极管的输出激光变强。因此，该电路就形成了一个闭环系统，最终使半导体激光器的输出光功率保持恒定。

2）自动温度控制

要使泵浦激光器输出光强具有稳定性，其次要实现恒温度控制，针对泵浦源 LD 对温度

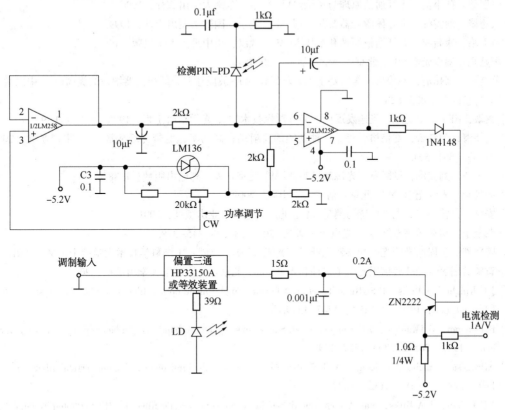

图 4-37 激光二极管的自动功率控制电路

的变化很敏感的特性，利用 LD 内部的热敏电阻的变化作为反馈信号。控制半导体制冷器的工作电流，实现自动温度控制，使其基本在恒温环境工作。

由于 LD 的特性对温度的变化很敏感，而且自动功率控制(APC)只是针对 LD 输出平均光功率的变化，采取的被动适应，并不能够从根本上解决 LD 老化带来的外微分量子效率恶化的问题，所以仅仅采用 APC 是不够的，还必须同时采用 ATC，效果才会明显。ATC 电路的作用是保持 LD 的工作温度基本恒定，即不受外界温度变化和 LD 本身发热效应的影响。因此可使 LD 的稳定性，安全性和寿命大大提高。LD 温度变化的反馈信号一般是由封装在 LD 组件内的热敏电阻取得的，热敏电阻与 R_{15}、R_{16}、W_2 构成桥式电路，它们的输出电压加到差分放大器的同相及反相输入端，在某温度(20℃)下电桥平衡。LD 温度的改变引起热敏电阻的电阻值发生改变，打破了电桥的平衡。其所在的电桥的输出经放大后引起控制温度的致冷器致冷电流相应变化，致冷器致冷或停止致冷，以保持 LD 的结温基本恒定。

参 考 文 献

[1] 马广文. 交通大辞典[M]. 上海：上海交通大学出版社，2005.

[2] 延凤平，任国斌，王目光，等. 光波导技术基础[M]. 北京：清华大学出版社，2019.

[3] 江毅. 高级光纤传感技术[M]. 北京：科学出版社，2009.

[4] Djafar K. Mynbaev. LowellL. Scheiner. Fiber-Optic Communications Technology [M]. 徐公权等译. 北京：机械工业出版社，2002.

［5］张明德，孙小苗．光纤通信原理与系统［M］．南京：东南大学出版社，1996.

［6］黄德修，刘雪峰．半导体激光器及其应用［M］．北京：国防工业出版社，1999.

［7］董天临，谈新权．光纤通信原理和新技术［M］．武汉：华中理工大学出版，1998.

［8］廖延彪．偏振光学［M］．北京：科学出版社，2003.

［9］蒙红云，高伟清，刘艳格，等．基于光纤环形镜的L-波段掺铒光纤放大器增益的提高［J］．中国激光，2004，31（7）：825-828.

［10］黎敏，田芊，廖延彪．飞速发展中的光纤陀螺技术［J］．光学精密工程，1998，6（3）：1-9.

［11］高伟清，蒙红云，刘艳格，等．一种新颖的反射结构高功率超宽带光纤光源［J］．中国激光，2004，31（5）：591-594.

［12］潘中浩，刘其沅，杨同友．光源和检测器［M］北京：人民邮电出版社，1988.

［13］廖延彪．光纤光学［M］．北京：清华大学出版，2000.

［14］安毓英，曾小东．光学传感与测量［M］．北京：电子工业出版社，2001.

［15］荣金于．塑料通信光纤［J］．光电子·激光．200，13（3）：315-318.

［16］陈登鹏．长周期光纤光栅和掺铒光纤超荧光光源［D］．合肥：中国科学技术大学博士论文，2001.

［17］黄章勇编著．光纤通信用光电子器件和组件［M］．北京：北京邮电大学出版社，2001.

［18］J C Knight T A Birks，P StJRussell，et al. All-silica single-mode optical fiber with photonic crystal cladding［J］. Opt. Lett，1996，21（19）：1547-1549.

［19］R FCregan，B JMangan，J C Knight，et al. Single-mode photonic band gap guidance of light in air［J］. Science，1999，285（5433）：1537-1539.

［20］AOrtigosa-Blanch，J C Knight W J Wadsworth，et al. Highly birefringent photonic crystal fibers［J］. Opt Lett，2000，25（18）：1325-1327.

［21］J C Knight，T A Birks，etal. A nomalous dispersion in photonic crystal fiber［J］. IEEE Photon Technol Lett，2000，12（7）：807-809.

［22］T A Birks，J C Knight，P St J Russell，et al. Endlessly single-mode photonic crystal fiber［J］. OptLett，1997，22（13）：961-963.

［23］L IShu guang，LU Xiao dong，HOU Lan tian，et al. The study of waveguide mode and dispersion property in photonic crystal fibers［J］. Acta Phys Sin，2003，52（11）：2811-2817（in Chinese）.

［24］LIU Zhao lun，LIU Xiao dong，NI Zheng Hua，et al. Research on high nonlinearity and flattened dispersion of photonic crystal fibers［J］. Laser and infrared，2006，36（1）：47-50（in Chinese）.

［25］王天枢，李军，郭玉彬，等．信噪比可调谐环形掺铒光纤激光器的研究［J］．激光杂志，2003，24（6）：25-26.

［26］黄德修，刘雪峰．半导体激光器及其应用［M］．北京：国防工业出版社，1999.

［27］潘中浩，刘其沅，杨同友．光源和检测器［M］．北京：人民邮电出版社，1988.

［28］延凤平，任国斌，王目光，等．光波技术基础［M］．北京：清华大学出版社，2019.

第5章　光纤光栅基本理论与特性研究

5.1　光纤光栅概述

5.1.1　光纤光栅

　　光纤光栅是利用光纤的光敏性制成的。光纤的光敏性是指激光通过掺杂光纤时，光纤的折射率随光强的空间分布发生相应变化的特性。在纤芯内形成的空间相位光栅，其作用实质就是在纤芯内形成一个窄带的(透射或反射)滤波镜或反射镜。利用这一特性可制造出许多性能独特的光纤器件。这些器件具有反射带宽范围大、附加损耗小、体积小、易与光纤耦合、可与其他光器件兼容成一体及不受环境尘埃影响等优异性能。因此，光纤光栅在光纤通信、光纤传感等领域有着广阔的应用前景[1-7]。

　　随着光纤传感器在各个领域的兴起与不断飞速发展，新型光纤传感器在性能、成本方面的需求越来越高，使得光纤传感器不断更新迭代。这种背景下的光纤布拉格光栅(Fiber Bragg grating，FBG)以其稳定性良好、结构灵活多变等特征赢得了各个研究领域的前沿科研人员极大的关注。在光信息处理、光纤通讯和光纤传感等方面，FBG已经被广泛地研究并应用。若从光栅的周期结构和折射率变化方面来区分，大致可将光纤光栅分成均匀光纤光栅和非均匀光纤光栅两类。FBG作为一种均匀光纤光栅，由于成熟的刻写技术，已经被广泛地应用于光纤传感测量领域。然而，对于非均匀光纤光栅，如莫尔光纤光栅(Moire fiber grating)、超结构光纤光栅(Superstructure fiber grating，SFG)、相移光纤光栅(Phase shift fiber grating，PSFG)和Chirped光纤光栅等，由于复杂的周期变化及刻写技术的限制并未得到广泛地制作与应用。

　　光纤光栅传感器具有独一无二的优势，除了易弯曲、可拉伸、耐温耐热等物理特性，还具有抗腐蚀、耐水性等化学特性，并且能够进行分布式测量以及可以作为独立的光纤传感元件对被测物体进行监测等[7-9]，因此成为光纤传感领域的新宠。波长调制机理作为光纤光栅传感的最大优势已经充分发挥了自身特性，完全不会因为光源光强、探测器老化、连接处损耗以及纤芯弯曲等其他不可控的因素而影响其传感特性，甚至可以实现多点分布式测量。近几年的光纤光栅传感器主要应用在工程测量中，为保证测量结果的精确性和重复性，传感器结构必须新颖且不受其他因素影响。目前，大型建筑物结构的实时监控需要分布式、多变量和多功能同时作用才能实现。而精度高、成本低的波长检测技术恰好解决了测量过程的信号解调问题，简直是天作之合。因此，为了更好的满足人们对光纤光栅的需求，我们有必要基于FBG成熟的刻写技术，设计并调整光路，制造出一些特殊的小尺寸、多功能和多参数测量的光纤光栅传感器件。这些具有特殊结构与功能的新型光纤传感器件将对其在光纤通信与传感检测等领域的应用具有重要的意义。

5.1.2 光纤光栅研究现状

均匀光纤布拉格光栅传感器因其具有体积小、抗干扰以及刻写技术成熟等优点，已经被广泛地应用于光纤传感领域。然而，FBG 光谱中的 3dB 带宽和很多明显的旁瓣在很大程度上限制了它在测量时的精确度。因此，人们通过技术改进制作出了一些具有特殊结构的光纤光栅，如相移光纤光栅（PSFG）和超结构光纤光栅（SFG）等。这种特殊光栅与 FBG 相比，最大的不同之处在于其纤芯折射率变化的周期发生了变化，故而又被称为非均匀光纤光栅。

PSFG 是一种应用较广的非均匀光纤光栅，它最典型的特征是当在光纤光栅的某个或者多个位置引入相位突变时，光纤光栅的反射谱中将会打开一个或多个带宽极窄的透射窗口。值得注意的是，引入相移的大小和位置完全决定了 PSFG 反射谱中透射窗口的位置和深度，因此可以灵活地设计出满足需要的光谱。当在光栅栅区中间位置引入相移量大小为 π 的相位突变时，PSFG 反射谱中的透射窗口刚好位于光谱的中间位置并且深度最深。此外，与 FBG 相比，PSFG 有其独特性，也有其相似性。对于大多数使用 FBG 的传感元件，都可以用 PSFG 来代替。PSFG 能够抑制或消除均匀 FBG 光谱中的旁瓣，因此可应用于密集波分复用系统、光纤激光器等。

由于 PSFG 独特的光谱特性，其还可以应用在窄带通滤波器、增益平坦和传感器等方面。然而，在光纤传感应用领域，目前 PSFG 仍处于大量的理论研究中。这是因为，在实验操作中，若想引入满足测量需求的相位（相移点位于光栅中间，相移量大小为 π 时光谱最好）还是比较难以实现的。

值得注意的是，PSFG 从根本上可以看作是两个具有一定间隔的相同光纤光栅，通常是同一光栅的两个空间分离的部分，它们之间有一个间隙，在光纤中形成[10]。因此，可以通过在光纤光栅栅区引入缺陷（如化学腐蚀、微加工或熔融拉锥等形成腔体）来破坏普通光纤光栅的均匀周期分布而引入相移，称为结构相移光栅，也可以说微结构光纤光栅。A. Iadicicco[11] 等人通过在光纤布拉格光栅的包层中引入凹槽，即缺陷，成功地制备出第一根具有微结构缺陷的光纤光栅；裴越[12] 等人提出将光纤光栅用湿法化学腐蚀，然后用于折射率传感；天津理工大学杨秀峰[13] 等人利用不同浓度的氢氟酸溶液对 FBG 进行选择性刻蚀，制作出具有两个谐振峰的新型光纤光栅，光纤包层被腐蚀后会使其折射率发生变化；PSFG 也可以采用无相位掩模的后处理方法制备，Uttamchandani 和 Othonos[14] 采用局部放电加热工艺制备了 PSFG。这些特殊的非均匀光栅是将微结构与普通光纤光栅集成到一起，大大拓宽了光纤光栅器件在传感方面的应用。所以，在总结已有的 FBG 的制作方法的基础上，通过调整光路以及改进成栅方法等制作一些具有多功能、小尺寸特点的新型 PSFG，对 PSFG 的大量制作及广泛应用具有重要的实践与研究意义。

在非均匀光纤光栅家族里，超结构光纤光栅（SFG）是另外一种新型光栅，因其结构紧凑、制作成本低以及特殊的滤波特性，在光纤传感与通讯领域有着广泛地应用。SFG 是由许多小段光栅以一定的间距级联而成，且折射率变化区域并不连续而是周期性间断的。SFG 反射光谱的明显特点是：具有梳状滤波形态的等距离出现的尖峰，并且总光栅长度越长，尖峰的带宽越窄，反射率越高。作为光纤传感元件，SFG 除了具有普通 FBG 的特点外，还有高灵敏度和宽带宽等特点，被广泛用作热敏、压敏和曲率传感器等。迄今，在工程建筑结构、航天航空、船舶航运和石油化工等产业领域，SFG 已经被大量应用[15,16]。通常 SFG 可以被黏附于材料表面或埋置于材料中。若将 SFG 黏附于材料表面，可通过解调系统来分析和处理 SFG 所携带的频移信息，从而实现对应力和温度的监测，可用于飞机的实时监测；当 SFG 被置于材料中时，也可通过解调系统的分析和处理，进而得到材料制造、结构组装以及材料使用过程中的内部参数变化，从而实现对材料参数的实时监控。由于 SFG 传感器具有许多独有的特点，如便于刻写、不需要连接器、机械装配及研磨工艺或者校准措施，另有尺寸小、成本低、可靠性高且便于阵列等长处，同时也可以实现对某一大型建筑不同部位的受力情况进行实时检测，故其将在一些公共事业，比如医疗、交通及国防工业等方面拥有光明的应用前景。

光纤光栅用作传感器件时，它会对温度、拉力、折射率等多个物理量响应。所以，多个物理量之间的交叉敏感问题便是首先要解决的问题。一般来说，测量两个物理量需要两个观测点。解决交叉敏感问题常见的措施有光栅-FP 级联法[17]、温度补偿法[18]、双参数同时测量法[19]、一次谐波法[20]、合成光纤光栅法[21]、改变光纤参数法[9]等。而 SFG 是一种理想的多参量传感器件，因为当对 SFG 同时施加温度和应力时，其反射率和波长将发生不同的响应特性。因此，仅使用 SFG 这一种传感器件，即可实现应变和温度的同时区分测量，有效避免了多个传感结构级联时存在的弊端。SFG 在解决交叉敏感问题方面，以及多参量区分测量方面具有重大的研究意义。

5.2 光纤光栅的种类

5.2.1 均匀光纤光栅

光纤光栅从本质上可以看作是在光纤纤芯内形成了一个窄带的滤光器或者反射镜。由于光纤光栅在传感领域的应用范围不断地拓展，其种类划分也不断增加。根据不同的分类方式可将光纤化分为不同的种类，常见的分类方式有根据光纤能传输的模式数目分类、根据周期长度分类以及根据材料分类等[6,8]。

根据纤芯折射率调制和空间周期改变将光栅分为均匀光纤光栅和非均匀光纤光栅。

均匀光纤光栅，指的是纤芯折射率调制大小(或者说纤芯折射率变化幅度)和空间周期改变(或者说纤芯折射率变化周期)都是沿着光纤的轴向不发生改变的光栅。这类均匀光纤光栅主要包括：

1. 光纤布拉格光栅(FBG)

FBG 是最早发展出来的光纤光栅，其主要特点是传播方向相反的模式之间发生耦合、折射率变化幅度和折射率变化周期(一般为 $0.1\mu m$ 量级)均为常数且光纤光栅的波矢方向与光纤纤芯的轴向保持一致。当光经过光纤布拉格光栅时，对满足布拉格相位匹配条件的光产生很强的反射；对不满足布拉格条件的光，由于相位不匹配，只有很微弱的部分被反射回来。它是一种反射型带阻滤波器件。在光纤激光器、光纤传感器、光纤波分复用/解复用等领域的研究与应用中，FBG 始终具有优势地位。该类光纤光栅在通讯和传感领域均有广泛的应用。光纤布拉格光栅的折射率分布及其透射和反射特性如图 5-1 所示。

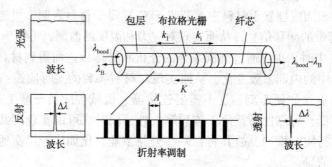

图 5-1　光纤布拉格光栅的折射率分布及其透射和反射特性

2. 长周期光纤光栅(LPG)

LPG 的主要特点是同向传输的纤芯模式和包层模式之间发生耦合，折射率变化幅度和折射率变化周期(一般为 $100\mu\text{m}$ 量级)一般比普通光纤光栅大。在 EDFA 的增益平坦和光纤传感中，LPG 具有重要的应用价值。

长周期光纤光栅是指栅格周期大于 $100\mu\text{m}$ 的光纤光栅，光栅波矢量方向也与光纤轴线一致，长周期光纤光栅的折射率调制方程与光纤布拉格光栅相似，不同的是调制周期。长周期光纤光栅的工作原理不同于布拉格光纤光栅，是一种透射型光栅，其功能是将光纤中传播的特定波长的光波耦合到包层中损耗掉。长周期光纤光栅在光纤通信系统中有着重要的应用，可作为光栅模式转换器和旋光滤波器，是一种理想的掺铒光纤放大器增益平坦元件，由于长周期光纤光栅的耦合特性对外界环境因素非常敏感，它在光纤传感领域也有着广泛的应用。

图 5-2　闪耀光纤光栅的折射率分布

3. 闪耀光纤光栅(BFG)

闪耀光纤光栅的光栅周期与折射率调制深度均为常数，但其光栅波矢量方向却不是与光纤轴线相一致，而是与其成一定的角度，如图 5-2 所示。闪耀光纤光栅不但引起反向导波模耦合，而且还将基阶模耦合至包层模中损耗掉。利用闪耀光纤光栅的包层模耦合形成的带宽损耗特性，可将其应用于掺铒光纤放大器的增益平坦，当光栅法线与光纤轴向倾角较小时，还可将闪耀光栅用作空间模式耦合器。

对于普通 FBG，若将其应用到一些精度要求较高的光器件中如波分复用器或密集波分复用器时，其反射谱中主峰两侧的旁瓣，将严重影响光器件的信道隔离度。用一些特定的函数对光纤光栅的折射率调制幅度进行调制即对光纤光栅进行切趾，可以很好地消除旁瓣。光纤光栅被切趾之后即为切趾光纤光栅。

5.2.2　非均匀光纤光栅

与均匀光纤光栅定义相反，非均匀光纤光栅指的是纤芯折射率调制大小（或者说纤芯折射率变化幅度）和空间周期改变（或者说纤芯折射率变化周期）沿着光纤的轴向发生了改变的光栅，这类光纤光栅主要有：

1. 相移光纤光栅（PSFG）

PSFG 指的是由于在折射率周期性变化的光纤光栅中间的某个位置或者多个位置引入了折射率调制的突变即相位突变，导致光栅光谱中产生一个或者多个透射窗口，是一种透射型滤波器件。PSFG 在滤波、波分复用、单频光纤激光器以及光纤增益平坦等领域得到了广泛的应用。

相移光纤光栅是指在光纤布拉格光栅的某些点，通过一些方法破坏其周期的连续性而得到的，每个不连续连接都会产生一个相移。相移光纤光栅的主要特点是能够在其布拉格反射带中打开透射窗口，使光栅具有更高的波长选择性，在波分复用通信系统中的波长解复用器方面有着潜在应用价值。相移型长周期光纤光栅具有丰富的谱特征，通过选择合适的相移点位置与相移量，能够使长周期光纤光栅更好地满足掺饵光纤放大器增益平坦的需要。

2. 超结构光纤光栅（SFG）

SFG 也被称为取样光纤光栅，这种光纤光栅的周期一般与 FBG 的周期处于同一量级，是将许多段具有相同参数的均匀光纤光栅按照相同的间距级联构成。但是 SFG 与 FBG 却具有明显不同的特性，这是因为 SFG 与 FBG 具有不同的物理结构。在 SFG 中存在三种耦合方式：前向传播纤芯模与后向传播纤芯模之间的反向耦合、包层模式与包层模式之间的反向耦合、包层模式与包层模式之间的同向耦合。FBG 被周期性调制之后，SFG 会将前向传导的纤芯基模耦合到一系列的后向传输的基模上，从而产生一系列带宽极窄的反射谱；同时，SFG 可以被看作是周期为 d 的长周期光纤光栅，因此它会将前向传输的基模耦合到包层模，产生一系列带宽较宽的透射谱。利用其光谱特征，SFG 可以用作光纤温度-应力双参量的测量，光纤梳状滤波器、光纤激光器及信号处理等领域。

3. 啁啾光纤光栅

啁啾指的是纤芯折射率调制大小（或者说纤芯折射率变化幅度）和空间周期改变（或者说纤芯折射率变化周期）沿光纤轴向逐渐增加（或减小）而形成的一种特殊的光纤光栅。不同波长的入射光在啁啾光纤光栅中传播时，将会在光栅轴向的不同位置被反射，其光谱主要的特征是反射谱较宽。啁啾光纤光栅可以被用作色散补偿器。啁啾光纤光栅的周期不是常数而是沿轴向单调变化的，如图 5-3 所示。由于不同的栅格周期对应于不同的反射波长，啁啾光纤光栅能够形成很宽的反射带。线性啁啾光栅能够产生大而稳定的色散，其带宽足以覆盖

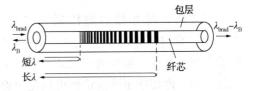

图 5-3　啁啾光纤光栅的折射率分布

整个脉冲的谱宽，被广泛用于波分复用光纤通讯系统中的色散补偿元件。

5.2.3 折射率调制深度不同型光纤光栅

依据光纤光栅的成栅机理来分类,紫外光辐射诱导折射率调制形成的 FBG 可分为以下四种[7,22]。

1. Ⅰ型光栅

即最普通常见的光栅,可以成栅在任何类型的光敏光纤上,其要特点是其导波模的反射谱跟透射谱互补,几乎没有吸收或者包层耦合损耗;另一特点是容易被"擦除",即在比较低的温度(200℃左右)下光栅会变弱或消失。

2. ⅠA型光栅

ⅠA型光栅又称再生光栅,载氢光纤被激光辐射后就会产生Ⅰ型光栅,继续增加曝光时间,Ⅰ型光栅随即会被擦除而形成第二个光栅,也就是ⅠA型。此种光栅的主要特点是耐高温(500℃左右)性能比Ⅰ型光栅较好。

3. Ⅱ型光栅

Ⅱ型光栅主要成栅于高掺锗[15%(摩尔)]光敏光纤或者硼锗共掺光敏光纤上,曝光时间较长。成栅机制与Ⅰ型光栅不同。其写入过程可以理解为:曝光开始不久,纤芯中形成Ⅰ型光栅,随着曝光时间的增加,此光栅被部分或者完全擦除,然后再产生第二个光栅,即形成Ⅱ型光栅。其温度稳定性优于Ⅰ型光栅,直到500℃附近才能观察到光栅的擦除效应,此特点令此类光栅较之Ⅰ型光栅更适合于在高温下使用,如高温传感等。

4. Ⅲ型光栅

由单个高能量的光脉冲(大于 $0.5J/cm^2$)曝光形成的。成栅杠 L 可理解为能量非均匀的激光脉冲被纤芯石英强烈放大造成纤芯物理损伤的结果。光学显微镜下的Ⅲ型光栅显示出在包层和纤芯交界面处有明显损伤,这也是与其他类型的光栅不同之处,表明在此处光强绝大部分被就地吸收了。Ⅲ型光栅具有极高的温度稳定性,在800℃环境中放置24h后其反射率无明显变化,在1000℃环境中放置4h后大部分光栅才消失,这个特点使Ⅲ型光栅可以工作在极其苛刻的温度环境中。另一个突出的优点是Ⅲ型光栅可以用单脉冲写成,只需要极短的时间,这有利于在线大批量写光栅。

5.3 光纤光栅的折射率分布

光波在光纤光栅中的传播主要有耦合模理论、傅立叶变换理论、传输矩阵理论等[23-25]。耦合模理论可以得到光在各种不同类型的光纤光栅中的传播规律,特别是均匀周期的布拉格光栅。但在研究复杂结构的光纤光栅时,例如啁啾光栅、相移光栅,分析过程十分繁琐。而传输矩阵理论则可以把复杂的光纤光栅结构分解为许多微小、简单的子光栅求解,非常适合计算机实现自动设计;傅立叶变换理论是通过傅立叶变换谱密度函数的方法来求解光栅折射率分布函数并分析其光学性质,该理论是模拟反射率光纤光栅光谱性质的有利工具,但对于高反射率光纤光栅存在较大误差。由于耦合模理论具有物理意义明确、直观等优点,因此用耦合模理论推导光纤光栅的形成条件。

光敏性光纤布拉格光栅的原理是由于光纤芯区折射率周期变化造成光纤波导条件的改变，导致一定波长的光波发生相应的模式耦合，使得其透射光谱和反射光谱对该波长出现奇异性。假设光纤为理想的阶跃型光纤，并且折射率沿轴向均匀分布；光纤包层为纯石英，且由紫外光引起的折射率变化忽略不计，则对于整个光纤曝光区域，其折射率分布可表示为[26]：

$$n(r, \varphi, z) = \begin{cases} n_1[1+F(r, \varphi, z)] & |r| \leqslant a_1 \\ n_2 & a_1 \leqslant |r| \leqslant a_2 \\ n_3 & |r| \geqslant a_2 \end{cases} \tag{5-1}$$

式中，$F(r, \varphi, z)$ 为光致折射率变化函数，具有如下特性：

$$F(r, \varphi, z) = \frac{\Delta n(r, \varphi, z)}{n_1} \tag{5-2}$$

$$|F(r, \varphi, z)|_{\max} = \frac{\Delta n_{\max}}{n_1} \quad (0 < z < L) \tag{5-3}$$

$$F(r, \varphi, z) = 0 \quad (z > L) \tag{5-4}$$

式中，a_1 为光纤芯半径；a_2 为光纤包层半径，m；n_1、n_2 分别为纤芯初始折射率和包层折射率，RIU；$\Delta n(r, \varphi, z)$ 为光致折射率变化，RIU；$\Delta n_{\max}$ 为折射率最大变化量，RIV。采用傅立叶级数的形式对折射率周期变化和准周期变化进行分解，可将光致折射率变化函数表示为：

$$F(r, \varphi, z) = \frac{\Delta n_{\max}}{n_1} F_0(r, \varphi, z) \sum_{q=-\infty}^{\infty} a_q \cos\{[k_g q + \varphi(z)]z\} \tag{5-5}$$

式中，$F_0(r, \varphi, z)$ 表示由于纤芯对紫外光的吸收作用而造成的光纤横向截面曝光的不均匀性，或其他因素造成的光栅轴向折射率调制不均匀性，并有 $|F_0(r, \varphi, z)|_{\max} = 1$，这些不均匀性将会影响到传输光波的偏振及色散特性；$k_g = 2\pi/\Lambda$ 为光栅的传播系数，Λ 为光栅周期；q 为非正弦分布时进行傅立叶展开得到的谐波阶数，它将导致高阶布拉格波长的反向耦合；a_q 为展开系数；$\varphi(z)$ 为表示周期非均匀性的渐变函数。结合式(5-1)和式(5-5)，可以得到光栅区的实际折射率分布为：

$$n(r, \varphi, z) = n_1 + \Delta n_{\max} F_0(r, \varphi, z) \sum_{q=-\infty}^{\infty} a_q \cos\{[k_q q + \varphi(z)]z\} \tag{5-6}$$

式(5-6)即为光纤布拉格光栅的折射率调制函数，它给出了光纤光栅的理论模型，也是分析光纤光栅特性的基础。尽管在实际制作中很难保证折射率变化严格遵循周期变化，但一般情况下近似将光纤光栅折射率变化作为均匀分布处理。在这种情况下，上式变为 $n(z) = n_1 + \Delta n_{\max} \cos\left(m\frac{2\pi}{\Lambda}z\right)$。

5.4 光纤光栅的传输特性分析

均匀介质的圆形光波导中的光场分布可由 Maxwell 方程加边界条件精确求解，正交归一化的本征化解所描述的光波场分布称为光波导的本征模。考虑到耦合模与微扰源之间的相互作用应该满足"谐振"要求，在耦合模方程中提取出"两个耦合模式"的一阶微分方程组，再根据边界条件得到解析解[27-34]。

在无电荷、无铁磁体存在的情况下，在介质中传输的光波电场满足波动方程：

$$\nabla^2\vec{E}=\mu_0\varepsilon_0\frac{\partial^2\vec{E}}{\partial t^2}+\mu_0\frac{\partial^2\vec{P}}{\partial t^2} \tag{5-7}$$

式中，$\vec{E}$ 为光波的电场强度，V/m；$\vec{P}$ 为电极化强度，C/m²；μ_0 为磁导率，H/m；ε_0 为真空介电常数，F/m；$\varepsilon_r=1+\chi$ 为相对介电常数。式(5-7)即为均匀介质中的光波导方程。在无微扰的均匀介质中，光波的横向电场的本征模满足如下波动方程式：

$$\nabla^2\vec{E}_{t,m}=\mu_0\varepsilon_0\varepsilon_r\frac{\partial^2}{\partial t^2}\vec{E}_{t,m} \tag{5-8}$$

式中，t 表示横向电场；m 表示第 m 个本征模。假设光波在介电常数（折射率）弱微扰的波导中传输，可以把电极化强度分成两项。

$$\vec{P}=\vec{P}_0+\vec{P}_1 \tag{5-9}$$

式中，$\vec{P}_0$ 为无微扰项；$\vec{P}_1$ 为有微扰项。其中：

$$\vec{P}_0=\varepsilon_0\chi\vec{E}_t \tag{5-10}$$

将式(5-9)代入式(5-2)得：

$$\nabla^2\vec{E}_t=\mu_0\varepsilon_0\varepsilon_r\frac{\partial^2}{\partial t^2}\vec{E}_t+\mu_0\frac{\partial^2}{\partial t^2}\vec{P}_{1,t} \tag{5-11}$$

在弱微扰的介质中，可认为光波场的本征模保持不变，在光波导中传输的光波的横向电场都可以看成是这些本征模的线性叠加，因此：

$$\vec{E}_t=\frac{1}{2}\sum_1^l\{A_m(z)\vec{e}_{t,m}\exp[i(\omega t-\beta_m z)]+cc\}+\int_0^\infty A_\rho(z)\vec{e}_{t,\rho}\exp[i(\omega t-\beta_m z)]\mathrm{d}\rho \tag{5-12}$$

式中，$\vec{e}_{t,m}$ 为 LP 导波模或包层模；$\vec{e}_{t,\rho}$ 为辐射模；$A_m(z)$ 和 $A_\rho(z)$ 为相应的振幅；cc 表示前一项的复共轭。

将式(5-51)代入式(5-50)，得

$$\nabla^2\left\{\frac{1}{2}\sum_{m=1}^l[A_m(z)\vec{e}_{t,m}\exp[i(\omega t-\beta_m z)]+cc]+\int_0^\infty A_\rho(z)\vec{e}_{t,\rho}\exp[i(\omega t-\beta_m z)]\mathrm{d}\rho\right\}$$

$$-\mu_0\varepsilon_0\varepsilon_r\frac{\partial^2}{\partial t^2}\left\{\frac{1}{2}\sum_{m=1}^l[A_m(z)\vec{e}_{t,m}\exp[i(\omega t-\beta_m z)]+cc]+\int_0^\infty A_\rho(z)\vec{e}_{t,\rho}\exp[i(\omega t-\beta_m z)]\mathrm{d}\rho\right\}$$

$$=\mu_0\frac{\partial^2}{\partial t^2}\vec{P}_{1,t} \tag{5-13}$$

将 $\nabla^2=\nabla_t^2+\frac{\partial^2}{\partial z^2}$ 代入式(5-13)考虑到本征模 $\xi_{t,m}$ 满足均匀介质的光波导方程，并且忽略导波向辐射模的耦合，则把式(5-13)简化为：

$$\frac{\partial^2}{\partial z^2}\left\{\frac{1}{2}\sum_{m=1}^{l}\left[A_m(z)\vec{e}_{t,m}\exp[i(\omega t-\beta_m z)]+cc\right]+\int_0^{\infty}A_\rho(z)\vec{e}_{t,\rho}\exp[i(\omega t-\beta_m z)]\,\mathrm{d}\rho\right\}$$

$$=\mu_0\frac{\partial^2}{\partial t^2}\vec{P}_{1,t}$$

(5-14)

在光波长范围内，振幅 $A_m(z)$ 变化较慢，则有：

$$\frac{\mathrm{d}^2 A_m}{\mathrm{d}z^2}<<\beta_m\frac{\mathrm{d}A_m}{\mathrm{d}z}$$

(5-15)

所以：

$$\sum_{m=1}^{l}\left\{-i\beta\frac{\mathrm{d}A_m}{\mathrm{d}z}\vec{e}_{t,m}\exp[i(\omega t-\beta_m z)]+cc\right\}=\mu_0\frac{\partial^2}{\partial t^2}\vec{P}_{1,t}$$

(5-16)

式(5-16)两侧乘上本征模的复共轭，然后对波导横截面积分，利用正交关系得：

$$\frac{\mathrm{d}A_m^{(-)}}{\mathrm{d}z}\exp[i(\omega t+\beta_m z)]-\frac{\mathrm{d}A_m^{(+)}}{\mathrm{d}z}\exp[i(\omega t-\beta_m z)]+cc=-\frac{i}{2\omega}\int_{-\infty}^{\infty}\int_{-\infty}^{\infty}\frac{\partial^2}{\partial t^2}\vec{P}_{1,t}\cdot\vec{e}_{t,m}^{*}\,\mathrm{d}x\mathrm{d}y$$

(5-17)

式中，振幅的上脚标 $(-)$ 和 $(+)$ 分别表示沿 $-z$ 和 $+z$ 轴方向传输的光波。式(5-17)就是处理模式间相互作用的耦合模方程。

$$\vec{P}_{1,t}=\varepsilon_0\Delta\varepsilon(x,y,z)\vec{E}_t$$

(5-18)

将式(5-18)和式(5-12)代入式(5-17)，并忽略与辐射模的耦合，得到：

$$\frac{\mathrm{d}A_m^{(-)}}{\mathrm{d}z}\exp[i(\omega t+\beta_m z)]-\frac{\mathrm{d}A_m^{(+)}}{\mathrm{d}z}\exp[i(\omega t-\beta_m z)]+cc$$

(5-19)

$$=-i\left\{\sum_{\kappa=1}^{l}A_j^{(-)}K_{\kappa,m}\exp[i(\omega t+\beta_j z)]+\sum_{\kappa=1}^{l}A_\kappa^{(+)}K_{\kappa,m}\exp(\omega t-\beta_j z)+cc\right\}$$

式中，

$$K_{k,m}=\frac{\omega\varepsilon_0}{2}\int_{-\infty}^{\infty}\int_{-\infty}^{\infty}\Delta\varepsilon(x,y,z)\vec{e}_{t,k}\cdot\vec{e}_{t,m}^{*}\,\mathrm{d}x\mathrm{d}y$$

(5-20)

式(5-19)是耦合模方程，式(5-20)为 k，m 两本征模间的耦合系数。式(5-19)右侧可以看成是驱动向前和向后传输模式的微扰源。一个具有时间和空间周期的驱动源作用一个光波，它们之间必须具有相同的时间和空间频率，否则作用的时间或空间平均效果为零，这就是所谓的"谐振"。

本论文研究所采用的光纤布拉格光栅是一种均匀周期正弦型光栅。在忽略光栅横截面上折射率分布的不均匀性，即取 $F_0(r,\varphi,z)=1$，且不存在高阶谐波（即 $q=1$），周期非均匀函数 $\varphi(z)=0$ 时，可得均匀周期性光栅结构中所引起的折射率微扰为[35]：

$$\Delta n(r)=\Delta n_{\max}\cos\left(\frac{2\pi}{\Lambda}z\right)$$

(5-21)

在通常情况下，光栅周期 Λ 约在 $0.2\sim0.5\mu m$，$\Delta n_{\max}$ 约为 $10^{-5}\sim10^{-3}$ 量级，光栅长度 L 约为 $1\sim2mm$，这样 $\Delta=(n_1-n_2)/n_1<<1$，满足弱导条件。图 5-4 所示为均匀光纤光栅示意

图，在光纤光栅的光栅区的耦合主要发生在沿相反方向传播的两个导模之间，因此由周期性波导中正向导模与反向导模之间的耦合理论可得，后退波 A_s^- 和前进波 A_s^+ 之间通过周期性波导耦合时，其相位失配因子为：

$$\Delta = \beta_s - (-\beta_s) - \frac{2\pi}{\Lambda} \tag{5-22}$$

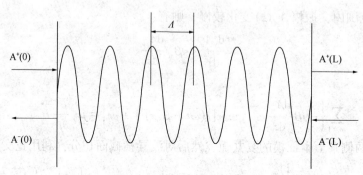

图 5-4　均匀光纤光栅示意图

若令 $\Delta\beta = \beta_s - \pi/\Lambda$，$\Delta\beta = 0$，$\beta = \pi/\Lambda$

$$\lambda_B = 2n_{eff}\Lambda \tag{5-23}$$

则发生谐振。式（5-23）称为谐振方程，λ_B 为布拉格波长 μm。则两个波之间的耦合方程可简化为：

$$\frac{dA_s^-}{dz} = KA_s^+ \exp(i2\Delta\beta \cdot z) \tag{5-24}$$

$$\frac{dA_s^+}{dz} = K^* A_s^- \exp(-i2\Delta\beta \cdot z) \tag{5-25}$$

式中，耦合系数 $K = i\pi\Delta n/\lambda_B$，1/m。设光栅长度为 L，由于在光栅的起始区，前向波尚未发生与后向波的耦合，所以必存在 $A_s^+(0) = 1$，而在光栅的结束区域，由于折射率微扰不复存在，也不可能产生新的后向波，所以必存在 $A_s^-(L) = 0$，以此边界条件求解出耦合波方程可得：

$$A_s^+(z) = \exp(-i\Delta\beta z)\frac{-\Delta\beta\sinh[S(z-L)] + iS\cosh[S(z-L)]}{\Delta\beta\sinh(SL) + iS\cosh(SL)} \tag{5-26}$$

$$A_s^-(z) = \exp(i\Delta\beta z)\frac{iK\sinh[S(z-L)]}{\Delta\beta\sinh(SL) + iS\cosh(SL)} \tag{5-27}$$

式中：

$$S = \sqrt{K^2 - \Delta\beta^2} \tag{5-28}$$

由此可以得出光纤光栅的反射率 R 和透射率 T 分别为：

$$R = \frac{|A_s^-|^2}{|A_s^+|^2}\Big|_{z=0} = \frac{K^2\sinh^2(SL)}{\Delta\beta^2\sinh^2(SL) + S^2\cos^2(SL)} \tag{5-29}$$

$$T = \frac{|A_s^+|_{z=L}^2}{|A_s^-|_{z=0}^2} = \frac{S^2}{\Delta\beta^2\sinh^2(SL) + S^2\cosh^2(SL)} \tag{5-30}$$

当完全满足相位匹配条件即 $\Delta\beta=0$ 时，可到光纤光栅的最大反射率和最小透射率：

$$R_{max} = \tanh^2(SL) = \tanh^2\left(\frac{\pi\Delta n_{max}}{\lambda_B}L\right) \tag{5-31}$$

$$T_{min} = \cosh^{-2}(SL) = \cosh^{-2}\left(\frac{\pi\Delta n_{max}}{\lambda_B}L\right) \tag{5-32}$$

且由相位匹配条件 $\Delta\beta=0$，令 $\beta_s=\dfrac{2\pi n_{eff}}{\lambda_0}$，可得光栅布拉格方程（条件）为：

$$\lambda_B = 2n_{eff}\Lambda \tag{5-33}$$

式中，n_{eff} 为光纤芯区的有效折射率，RIU，Λ 为光栅周期，nm，λ_0 为入射光波长，nm。由前面推导可知，在布拉格光栅中，满足布拉格条件的入射光将被反射，而与布拉格波长失调的入射光，其反射率会降低，实际上当有好几个波长的光在光纤布拉格光栅中传播时，布拉格波长的光将被强反射而其他波长的光将继续传播。

由光纤布拉格光栅的半峰值带宽（FWHM）的定义：$R\left(\lambda_B\pm\dfrac{\Delta\lambda_H}{2}\right)=\dfrac{1}{2}R(\lambda_B,\ L)$，可近似得到其带宽为：

$$\Delta\lambda_B = \lambda_B\sqrt{\left(\frac{\Delta n_{max}}{2n_{eff}}\right)^2+\left(\frac{\Lambda}{L}\right)^2} \tag{5-34}$$

对于弱光栅（$KL<1$）情况，其反射带宽可近似为：$\Delta\lambda_B=\lambda_B^2/2n_{eff}L$，即弱光栅的带宽与光栅长度呈反比；而对于强光栅（$KL>1$）情况，其反射带宽则近似为：$\Delta\lambda_B=4\lambda_B^2K/\pi n_{eff}$，即强光栅的带宽直接与耦合系数呈正比，而与光栅长度无关。上面介绍的光纤布拉格光栅反射率 R、布拉格波长 λ_B 和带宽 $\Delta\lambda_B$ 等几个重要参数，对于光纤布拉格光栅的制作及其应用都具有非常重要的意义。

5.4.1　均匀 FBG 理论模型

与光纤光栅的耦合模理论分析法相比，传输矩阵法具有简单、精确、快速并且能够对任意参数进行仿真的特点，非常适合用来对光纤光栅进行定性分析，因此得到了广泛的应用。传输矩阵法的基本思想是：将长度为 L 的光栅等分成若干（M 段）小段，每一小段光栅均可以用一个 2×2 的矩阵表示，然后将这 M 个矩阵相乘即可得到整个光栅的传输矩阵，进而计算其传输特性。光纤光栅的传输矩阵是基于耦合模理论分析法推导出来的，此方法对分析任何种类的光纤光栅都适用，尤其是非均匀光纤光栅的理论分析。

如图 5-5 所示，FBG 内的光波传输模式，假设光从无穷远处射入 $\left[R(-\dfrac{L}{2})=1\right]$，且除光栅栅区外无任何反射 $\left[S(\dfrac{L}{2})=0\right]$。

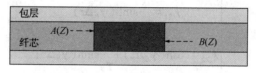

图 5-5　FBG 的输入与输出

对式(5-34)分别对 z 求二阶导数可得：

$$\begin{cases} \dfrac{\mathrm{d}^2 R(z)}{\mathrm{d}z^2} = (k^2 - \hat{\sigma}^2) R(z) \\[4mm] \dfrac{\mathrm{d}^2 S(z)}{\mathrm{d}z^2} = (k^2 - \hat{\sigma}^2) S(z) \end{cases} \tag{5-35}$$

式(5-35)的通解为：

$$\begin{cases} R(z) = A_1 \sinh(\gamma_B z) + A_2 \cosh(\gamma_B z) \\ S(z) = B_1 \sinh(\gamma_B z) + B_2 \cosh(\gamma_B z) \end{cases} \tag{5-36}$$

式中，A_1、A_2、B_1、B_2 可以取任意数值，$\gamma_B = \sqrt{k^2 - \hat{\sigma}^2}$。因此，式(5-35)将化简为：

$$\frac{\mathrm{d}R}{\mathrm{d}z} = i\hat{\sigma}R(z) + ikS(z) = \gamma_B \left[A_1 \cosh(\gamma_B z) + A_2 \sinh(\gamma_B z) \right] \tag{5-37}$$

解得：

$$\begin{cases} A_1 = -R(z)\sinh(\gamma_B z) + \dfrac{i\hat{\sigma}R(z) + ikS(z)}{\gamma_B}\cosh(\gamma_B z) \\[5mm] A_2 = R(z)\cosh(\gamma_B z) - \dfrac{i\hat{\sigma}R(z) + ikS(z)}{\gamma_B}\sinh(\gamma_B z) \end{cases} \tag{5-38}$$

如图 5-5 所示，当光传输到光栅 $z+\Delta z$（Δz 很小）处时，则有：

$$\begin{cases} R(z+\Delta z) = R(z)\left[\cosh(\gamma_B \Delta z) + \dfrac{i\hat{\sigma}}{\gamma_B}\sinh(\gamma_B \Delta z)\right] + S(z)\dfrac{ik}{\gamma_B}\sinh(\gamma_B \Delta z) \\[5mm] S(z+\Delta z) = S(z)\left[\cosh(\gamma_B \Delta z) - \dfrac{i\hat{\sigma}}{\gamma_B}\sinh(\gamma_B \Delta z)\right] - R(z)\dfrac{ik}{\gamma_B}\sinh(\gamma_B \Delta z) \end{cases} \tag{5-39}$$

由于 FBG 为反射型光器件，所以光在 FBG 中的传输场应沿着 z 轴负方向。因此可以得到每一小段光纤光栅的传输矩阵为：

$$F = \begin{bmatrix} F_{11} & F_{12} \\ F_{21} & F_{22} \end{bmatrix} \tag{5-40}$$

其中：

$$\begin{cases} F_{11} = \cosh(\gamma_B \Delta z) - \dfrac{i\hat{\sigma}}{\gamma_B}\sinh(\gamma_B \Delta z) \\[5mm] F_{12} = -\dfrac{ik}{\gamma_B}\sinh(\gamma_B \Delta z) \\[5mm] F_{21} = \dfrac{ik}{\gamma_B}\sinh(\gamma_B \Delta z) \\[5mm] F_{22} = \cosh(\gamma_B \Delta z) + \dfrac{ik}{\gamma_B}\sinh(\gamma_B \Delta z) \end{cases} \tag{5-41}$$

故光通过每一小段光纤光栅可以表示为：

$$\begin{bmatrix} R_i \\ S_i \end{bmatrix} = F_i \begin{bmatrix} R_{i-1} \\ S_{i-1} \end{bmatrix} \tag{5-42}$$

式中，R_i，S_i 分别表示经过第 i 段光纤光栅后的两个模式的振幅；F_i 表示第 i 段光纤光栅的传输矩阵。而对于 FBG，它是一种均匀光纤光栅，其传输矩阵具有分段不变性。因此，整个光纤光栅的传输矩阵为：

$$\begin{bmatrix} R_M \\ S_M \end{bmatrix} = F_M \cdot F_{M-1} \cdots F_2 \cdot F_1 \begin{bmatrix} R_0 \\ S_0 \end{bmatrix} \tag{5-43}$$

均匀 FBG 的反射系数为：

$$\rho = S_M / R_M \tag{5-44}$$

反射率为：

$$r = |\rho^2| = |S_M / R_M|^2 = |F_{21}/F_{11}|^2 \tag{5-45}$$

5.4.2　PSFG 理论模型

相移光纤光栅虽然是一种非均匀光纤光栅，但是其折射率变化是分段连续的。根据传输矩阵法的基本思想，当将长度为 L 的光纤光栅等分成 M 小段后，可以将每一小段光纤光栅看作是一个均匀光纤光栅并且用一个 2×2 的矩阵表示，然后将这 M 个矩阵相乘即可得到所研究的整个非均匀光纤光栅的传输矩阵[36]。对于非均匀光栅，当 M 越大即光纤光栅被分的越细，每段长度越短，得到的总传输矩阵就越精确。

为了表示方便，设输入为 $A(z_i)$、$B(z_i)$，输出为 $A(z_{i+1})$、$B(z_{i+1})$，z_i 处有一相移点，其总相移量为 φ_i，如图 5-6 所示。

图 5-6　PSFG 的输入与输出

其耦合模方程为：

$$\begin{cases} \dfrac{\mathrm{d}A}{\mathrm{d}z} = jkBe^{j(-2\delta z + \phi_i)} \\ \dfrac{\mathrm{d}B}{\mathrm{d}z} = -jk^* Ae^{j(2\delta z - \phi_i)} \end{cases} \tag{5-46}$$

式中，$\beta = \dfrac{2\pi n_{eff}}{\lambda}$ 是传播常数。下面解式(5-46)，式(5-46)中第一个方程两边同乘 $e^{j\delta z - j\varphi_i}$ 后，对 z 求导可得：

$$\begin{cases} \dfrac{\mathrm{d}^2 A}{\mathrm{d}^2 z}+j2\delta\,\dfrac{\mathrm{d}A}{\mathrm{d}z}-kk^*A=0 \\[3mm] \dfrac{\mathrm{d}^2 B}{\mathrm{d}^2 z}-j2\delta\,\dfrac{\mathrm{d}B}{\mathrm{d}z}-kk^*B=0 \end{cases} \tag{5-47}$$

令 $s^2=kk^*-\delta^2=k^2-\delta^2$，则式(5-47)的解为：

$$\begin{cases} A_i=\mathrm{e}^{-j\delta z_i}\left(C_1\mathrm{e}^{sz_i}+C_2\mathrm{e}^{-sz_i}\right) \\[2mm] B_i=\mathrm{e}^{-j\delta z_i}\left(C_3\mathrm{e}^{sz_i}+C_4\mathrm{e}^{-sz_i}\right) \end{cases} \tag{5-48}$$

将式(5-47)代入耦合模方程式(5-46)可得：

$$\begin{cases} \left[(s-j\delta)C_1-jke^{j\varphi_i}C_3\right]\mathrm{e}^{sz}+\left[-(s+j\delta)C_2-jke^{j\varphi_i}C_4\right]\mathrm{e}^{-sz}=0 \\[2mm] \left[(s+j\delta)C_3+jke^{-j\varphi_i}C_1\right]\mathrm{e}^{sz}+\left[-(s-j\delta)C_4+jke^{-j\varphi_i}C_2\right]\mathrm{e}^{-sz}=0 \end{cases} \tag{5-49}$$

显然，对于式(5-49)，e^{sz} 和 e^{-sz} 前面的系数应为 0，于是得到：

$$\begin{aligned} &\frac{C_1}{C_3}=\frac{b}{1-a}e^{j\varphi_i}=\frac{1+a}{-b}e^{j\varphi_i} \\[3mm] &\frac{C_4}{C_2}=\frac{b}{1-a}e^{-j\varphi_i}=\frac{1+a}{-b}e^{-j\varphi_i} \end{aligned} \tag{5-50}$$

式中，$a=j\dfrac{\delta}{s}$，$b=j\dfrac{k}{s}$。把式(5-50)代入式(5-48)得：

$$\begin{cases} C_1=\dfrac{1}{2}\left[(1+a)\,\mathrm{e}^{j\delta z_i}A_i-be^{-j\delta z_i}e^{j\varphi_i}B_i\right]\mathrm{e}^{-sz_i} \\[3mm] C_2=\dfrac{1}{2}\left[(1-a)\,\mathrm{e}^{j\delta z_i}A_i-be^{-j\delta z_i}e^{j\varphi_i}B_i\right]\mathrm{e}^{sz_i} \\[3mm] C_3=\dfrac{1}{2}\left[-be^{j\delta z_i}e^{-j\varphi_i}A_i+(1-a)\,\mathrm{e}^{-j\delta z_i}B_i\right]\mathrm{e}^{-sz_i} \\[3mm] C_4=\dfrac{1}{2}\left[be^{j\delta z_i}e^{-j\varphi_i}A_i+(1+a)\,\mathrm{e}^{-j\delta z_i}B_i\right]\mathrm{e}^{sz_i} \end{cases} \tag{5-51}$$

将(5-51)代入式(5-46)可得耦合模方程的解为：

$$\begin{bmatrix} A(z_{i+1}) \\ B(z_{i+1}) \end{bmatrix}=F_{z_i z_{i+1}}\begin{bmatrix} A(z_i) \\ B(z_i) \end{bmatrix} \tag{5-52}$$

其中 $F_{z_i z_{i+1}}=\begin{bmatrix} s_{11} & s_{12} \\ s_{21} & s_{22} \end{bmatrix}$ 称为每一段光纤光栅的传输矩阵，且：

$$\begin{cases} s_{11}=\left\{\cosh\left[s(z_{i+1}-z_i)\right]+j\dfrac{\delta}{s}\sinh\left[s(z_{i+1}-z_i)\right]\right\}\mathrm{e}^{-j\delta(z_{i+1}-z_i)} \\[3mm] s_{12}=j\dfrac{k}{s}\sinh\left[s(z_{i+1}-z_i)\right]\mathrm{e}^{-j\delta(z_{i+1}+z_i)}e^{j\varphi_i} \\[3mm] s_{21}=-j\dfrac{k}{s}\sinh\left[s(z_{i+1}-z_i)\right]\mathrm{e}^{j\delta(z_{i+1}+z_i)}e^{-j\varphi_i} \\[3mm] s_{22}=\left\{\cosh\left[s(z_{i+1}-z_i)\right]-j\dfrac{\delta}{s}\sinh\left[s(z_{i+1}-z_i)\right]\right\}\mathrm{e}^{j\delta(z_{i+1}-z_i)} \end{cases} \tag{5-53}$$

所以对于由 M 小段的均匀光纤光栅组成的 PSFG，前一段的输出即为后一段的输入，则整个 PSFG 的传输矩阵为：

$$\begin{bmatrix} A(z_M) \\ B(z_M) \end{bmatrix} = F_M \cdot F_{M-1} \cdots F_2 \cdot F_1 \begin{bmatrix} A(z_1) \\ B(z_1) \end{bmatrix} \tag{5-54}$$

因此可以得到相移光纤光栅的反射率和透射率分别为：

$$R = \left| \frac{B(z_i)}{A(z_i)} \right|^2 = \left| \frac{s_{21}}{s_{22}} \right|^2 \tag{5-55}$$

$$T = 1 - R = \left| \frac{A(z_{i+1})}{A(z_i)} \right|^2 = \left| s_{11} - \frac{s_{12} \cdot s_{21}}{s_{22}} \right|^2$$

相移区的传输矩阵为：

$$P = \begin{bmatrix} e^{-j\varphi_i} & 0 \\ 0 & e^{j\varphi_i} \end{bmatrix} \tag{5-56}$$

5.4.3　SFG 理论模型

如图 5-7 所示，超结构光纤光栅是由多段长度为 a 的具有相同参数的光纤光栅以相同的间距(b)级联而成的周期为 $d(a+b)$ 的非均匀光纤光栅，其制作方法已在 1.2 节叙述。

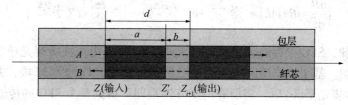

图 5-7　SFG 的输入与输出

设激光器发出的紫外激光束照射到振幅掩模板表面的光场是单位振幅相位为零的平面波(忽略传输过程光波损耗)，则光经过振幅掩模板和相位掩模板后的光场分布为[37]：

$$E(x) = 1 \cdot t_1(x) \cdot t_2(x) \tag{5-57}$$

式中，$t_1(x)$ 和 $t_2(x)$ 分别表示光经过振幅掩模板和相位掩模板的透过率,%：

$$t_1(x) = \begin{cases} 0 & -\dfrac{d}{2} \leqslant x \leqslant \dfrac{a}{2} \\ 1 & -\dfrac{a}{2} \leqslant x \leqslant \dfrac{a}{2} \\ 0 & \dfrac{a}{2} \leqslant x \leqslant \dfrac{d}{2} \end{cases} \tag{5-58}$$

$$t_2(x) = \begin{cases} e^{j\varphi_1} & \left| x + \dfrac{(2j+1)\Lambda}{2} \right| < \dfrac{\Lambda}{2} \\ e^{j\varphi_2} & \left| x - \dfrac{j\Lambda}{2} \right| < \dfrac{\Lambda}{2} \end{cases} \tag{5-59}$$

式中，d 表示振幅掩模板的周期(也成为取样周期)；a 表示振幅掩模板的齿宽，$j=0$，±1，±2，$\pm3\cdots\cdots$；L 表示 SFG 总长度；φ_1、φ_2 分别表示光波经过相位掩模板的齿和槽时产生的相位延迟。将式(5-57)展开为：

$$E(x) = \sum_{n=-\infty}^{+\infty} A_n e^{\frac{2\pi nx}{d}} \cdot \sum_{m=-\infty}^{+\infty} C_m e^{\frac{2\pi mx}{\Lambda}} \tag{5-60}$$

式中，$A_n = \int_{-\frac{d}{2}}^{\frac{d}{2}} t_1(x) e^{-j\frac{2\pi nx}{d}} dx$；$C_m = \int_{-\frac{\Lambda}{2}}^{\frac{\Lambda}{2}} t_2(x) e^{-j\frac{2\pi mx}{\Lambda}} dx$。式(5-60)即为紫外激光经过周期性方波调制相位掩模板后的光场分布。

对于 SFG 这种非均匀光纤光栅，同样用传输矩阵法对其光波传输特性进行分析。在光波传播过程中，光纤光栅的作用是：传输光信号中振幅为 $A(z)$ 的前向传输模式被耦合到具有相同传播常数的振幅为 $B(z)$ 的后向传输模式中，设 U_z 为第 j 个模式的传播常数，则其耦合模方程为：

$$\begin{cases} \dfrac{dA}{dz} = -jA - jBk\left\{ e^{j(2U_z-\frac{2\pi z}{\Lambda})} + e^{j(2U_z-\frac{2\pi z}{d})} + e^{j(2U_z-\frac{2\pi z}{\Lambda_+})} + e^{j(2U_z-\frac{2\pi z}{\Lambda_-})} \right\} \\ \dfrac{dB}{dz} = jB + jAk\left\{ e^{-j(2U_z-\frac{2\pi z}{\Lambda})} + e^{-j(2U_z-\frac{2\pi z}{d})} + e^{-j(2U_z-\frac{2\pi z}{\Lambda_+})} + e^{-j(2U_z-\frac{2\pi z}{\Lambda_-})} \right\} \end{cases} \tag{5-61}$$

由图 5-7 可知，SFG 中存在光栅区和非光栅区两种结构，且所有光栅区长度相同，非光栅区长度也相同。基于传输矩阵法的基本思想，将整个光栅分为 M 段，并求出每段的矩阵(包括光栅区和非光栅区)后，将所有的矩阵连乘即可得到整个 SFG 的传输矩阵。

用传输矩阵法分析 SFG 时需要考虑因子 $e^{\pm i\beta z}$，于是光纤的前向模式和后向模式为[38]：

$$\begin{bmatrix} C \\ D \end{bmatrix} = \begin{bmatrix} e^{j\beta z} & 0 \\ 0 & e^{-j\beta z} \end{bmatrix} \begin{bmatrix} A \\ B \end{bmatrix} \tag{5-62}$$

式中，C 和 D 分别表示光纤的前向和后向纤芯模态；A 和 B 满足耦合模方程。如图 5-7 所示，设第 i 段光纤光栅的坐标为 Z_i 和 Z_i'。于是在 Z_i 处：

$$\begin{bmatrix} A(z_i) \\ B(z_i) \end{bmatrix} = \begin{bmatrix} e^{-j\beta z_i} & 0 \\ 0 & e^{-j\beta z_i} \end{bmatrix} \begin{bmatrix} C(z_i) \\ D(z_i) \end{bmatrix} \tag{5-63}$$

在 Z_i' 处：

$$\begin{bmatrix} A(z_i') \\ B(z_i') \end{bmatrix} = F \begin{bmatrix} A(z_i) \\ B(z_i) \end{bmatrix} \tag{5-64}$$

式中 $F = \begin{bmatrix} F_{11} & F_{12} \\ F_{21} & F_{22} \end{bmatrix}$，其中：

$$\begin{cases} F_{11} = \left\{ \cosh\left[s(z_i'-z_i)\right] + \dfrac{i\delta}{s}\sinh\left[s(z_i'-z_i)\right] \right\} e^{-i\delta(z_i'-z_i)} \\[2mm] F_{12} = \dfrac{ik}{s}\sinh\left[s(z_i'-z_i)\right] e^{-i\delta(z_i'+z_i)} \\[2mm] F_{21} = -\dfrac{ik}{s}\sinh\left[s(z_i'-z_i)\right] e^{i\delta(z_i'+z_i)} \\[2mm] F_{22} = \left\{ \cosh\left[s(z_i'-z_i)\right] - \dfrac{i\delta}{s}\sinh\left[s(z_i'-z_i)\right] \right\} e^{i\delta(z_i'-z_i)} \end{cases} \quad (5\text{-}65)$$

将式(5-65)代入式(5-64)可得：

$$\begin{bmatrix} A(z_i') \\ B(z_i') \end{bmatrix} = F \begin{bmatrix} e^{-j\beta z_i} & 0 \\ 0 & e^{j\beta z_i} \end{bmatrix} \begin{bmatrix} C(z_i) \\ D(z_i) \end{bmatrix} \quad (5\text{-}66)$$

于是可得 Z_{i+1} 处矩阵即光波通过第 i 段光栅后：

$$\begin{bmatrix} C(z_{i+1}) \\ D(z_{i+1}) \end{bmatrix} = \begin{bmatrix} e^{j\beta z_i} & 0 \\ 0 & e^{-j\beta z_i} \end{bmatrix} \begin{bmatrix} A(z_{i+1}) \\ B(z_{i+1}) \end{bmatrix} = F' \begin{bmatrix} C(z_i) \\ D(z_i) \end{bmatrix} \quad (5\text{-}67)$$

式中 $F' = \begin{bmatrix} F_{11}' & F_{12}' \\ F_{21}' & F_{22}' \end{bmatrix}$，其中：

$$\begin{cases} F_{11}' = \left\{ \cosh\left[s(z_i'-z_i)\right] + \dfrac{i\delta}{s}\sinh\left[s(z_i'-z_i)\right] \right\} e^{-i\delta(z_i'-z_i)} e^{i\beta(z_{i+1}-z_i)} \\[2mm] F_{12}' = \dfrac{ik}{s}\sinh\left[s(z_i'-z_i)\right] e^{-i\delta(z_i'+z_i)} e^{i\beta(z_{i+1}+z_i)} \\[2mm] F_{21}' = -\dfrac{ik}{s}\sinh\left[s(z_i'-z_i)\right] e^{i\delta(z_i'+z_i)} e^{-i\beta(z_{i+1}+z_i)} \\[2mm] F_{22}' = \left\{ \cosh\left[s(z_i'-z_i)\right] - \dfrac{i\delta}{s}\sinh\left[s(z_i'-z_i)\right] \right\} e^{i\delta(z_i'-z_i)} e^{-i\beta(z_{i+1}-z_i)} \end{cases} \quad (5\text{-}68)$$

则通过整个光纤光栅(M 段)后的传输矩阵为：

$$\begin{bmatrix} C_M \\ D_M \end{bmatrix} = F'^M \begin{bmatrix} C(z_i) \\ C(z_i) \end{bmatrix} \quad (5\text{-}69)$$

因此可以得到超结构光纤光栅的反射率和透射率分别为：

$$R = \left| \frac{D(z_i)}{C(z_i)} \right|^2 = \left| \frac{F_{21}}{F_{22}} \right|^2$$
$$T = 1 - R = \left| \frac{A(z_{i+1})}{A(z_i)} \right|^2 = \left| F_{11} - \frac{F_{12}\cdot F_{21}}{F_{22}} \right|^2 \quad (5\text{-}70)$$

5.4.4 结构相移光栅理论模型

对于 PSFG 和 SFG 等这种非均匀光栅而言，可将其可以看作是一种腔式光纤光栅，即在一根单模光纤上以一定间隔写入的两个或多个中心波长相同的子光栅构成，子光栅之间的间隔构成一个腔[37]。所以其结构从根本上讲是两个空间分离的相同光栅，它们之间存在的间隙可以看作是一个 Fabry-Perot（FP）腔。因此本节着重分析光栅-FP 腔的传输特性，为我们后面制作新型非均匀的光纤光栅提供理论基础。

光栅-FP 腔的结构示意图如图 5-8 所示，通过在光栅中间制造缺陷形成 FP 腔。两段光栅结构相同，将光栅区的长度设为 L，h 表示两小段光栅之间的距离，那么可以用 $H=h-L$ 表示光纤 FP 腔的理论腔长。光信号在光栅-FP 腔中传输时，传输光将会受到两个小段光栅的影响，当正反两个方向的传输光再经过干涉叠加作用，会使得结构相移光栅呈现出新的光谱特性。

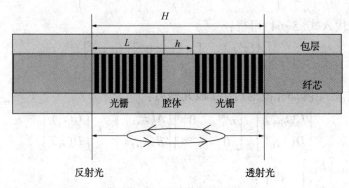

图 5-8　结构相移光栅示意图

对于这种结构相移光栅，其光谱特性也可以用传输矩阵法进行理论分析。首先分析单个均匀光纤光栅，以左边长度为 L 的光纤光栅为例，其传输矩阵与式（5-42）类似[40]：

$$\begin{bmatrix} R_0 \\ S_0 \end{bmatrix} = F \begin{bmatrix} R_L \\ S_L \end{bmatrix} \tag{5-71}$$

式中：$F = \begin{bmatrix} F_{11} & F_{12} \\ F_{21} & F_{22} \end{bmatrix}$，

$$\begin{cases} F_{11} = \cosh(sL) - i\dfrac{\Delta\beta}{s}\sinh(sL) \\[2mm] F_{12} = -\dfrac{ik}{s}\sinh(sL) \\[2mm] F_{21} = \dfrac{ik}{s}\sinh(sL) \\[2mm] F_{22} = \cosh(sL) + i\dfrac{\Delta\beta}{s}\sinh(sL) \end{cases} \tag{5-72}$$

式中 $s^2 = k^2 - \Delta\beta^2$；$\Delta\beta = \beta - \beta_0 = 2\pi n_{eff}\left(\dfrac{1}{\lambda} - \dfrac{1}{\lambda_B}\right)$；$\lambda$ 为入射光波波长，$\lambda_B = 2\Lambda n_{eff}$ 为光纤光栅布拉格波长。

然后，研究分析由两段光纤光栅所组成的 FP 腔的光波传输特性。对于未曝光区域，即

腔长为 h 光纤段，由于会受到多光束传输模式的影响，进而会产生相位延迟，故相移矩阵为式(5-56)，相移大小为 $\varphi_i = 2\beta(H-L)$。因此，可以得到总的传输矩阵为：

$$M = F \cdot P \cdot F \tag{5-73}$$

于是，整段光栅-FP腔的传输矩阵为：

$$\begin{bmatrix} R_0 \\ S_0 \end{bmatrix} = M \begin{bmatrix} R_H \\ S_H \end{bmatrix} \tag{5-74}$$

光栅-FP腔的振幅反射系数、反射率和透射率分别为：

$$r = \frac{M_{21}}{M_{11}} \tag{5-75}$$

$$R = |r|^2 \tag{5-76}$$

$$T = 1 - R \tag{5-77}$$

5.4.5　光纤光栅的多层结构模拟方法

多层模法可应用于所有均匀光纤光栅，且一定的划分的层数即可达到相应的精度。该方法是将光栅的半周期看成薄膜堆栈中的一层，分别计算其反射和透射场，依次用矩阵表示，然后像传输矩阵法一样将一长串矩阵相乘。由于光栅的周期数极多，在几厘米内通常可达 10^5 甚至更多，这种方法的计算极为复杂。

在布拉格光纤光栅的基础上，利用多层模法分析，可以认为相移光纤光栅的折射率变化是分段连续的，它的折射率变化用分段函数来表示：

$$\Delta n_1(z) = n_1 \sigma(z) \left\{ 1 + \cos\left[\frac{2\pi}{\Lambda}z + \phi_i(z) \right] \right\}, \; i \geq 1 \tag{5-78}$$

式中，$\varphi_i(z)$ 为第 i 个相移点的总相移量。根据FBG耦合理论，可得到相移光纤光栅的耦合模方程为：

$$\frac{dA}{dz} = jB\kappa \cdot \exp\left[j(-2\delta z + \phi_i) \right] \tag{5-79}$$

$$\frac{dB}{dz} = -jA\kappa^* \cdot \exp\left[j(2\delta z - \phi_i) \right]$$

将上述方程组的解用矩阵形式表示，可以得到：

$$\begin{bmatrix} A(z_{i+1}) \\ B(z_{i+1}) \end{bmatrix} = \begin{bmatrix} s_{11} & s_{12} \\ s_{21} & s_{22} \end{bmatrix} \begin{bmatrix} A(z_i) \\ B(z_i) \end{bmatrix} = T_{z_i z_{i+1}} \begin{bmatrix} A(z_i) \\ B(z_i) \end{bmatrix} \tag{5-80}$$

矩阵 $T_{z_i z_{i+1}}$ 称为相移光纤光栅的传输矩阵，矩阵元素包含了光波在光纤光栅中的传输特性。传输矩阵的意义是：通过在一段均匀光纤布拉格中引入 i 个相移，将光栅分为了 $i+1$ 段，而光波在每一段的传输过程可以运用上述传输矩阵来表达。由相移光纤光栅的传输矩阵，得到其反射率和透射率。

在常用的一些方法中，传输矩阵法具有直观、快捷、准确性高的特点，用来分析复杂结构的光栅。而多层模法计算太复杂，一般很少采用。

5.5 光纤光栅光谱模拟分析

前面已经运用数学分析法完整的分析了普通均匀 FBG、PSFG 和 SFG 的光波传输特点，接下来便利用 Matlab 软件设置合适的参数，来模拟分析以上几种光纤光栅的反射光谱。

5.5.1 均匀 FBG 光谱模拟分析

普通均匀 FBG 的反射谱和透射谱如图 5-9 所示，参数设置为：光栅长度 $L = 2$mm，光纤纤芯有效折射率 $n_{eff} = 1.46$，中心波长 $\lambda_B = 1547$nm。

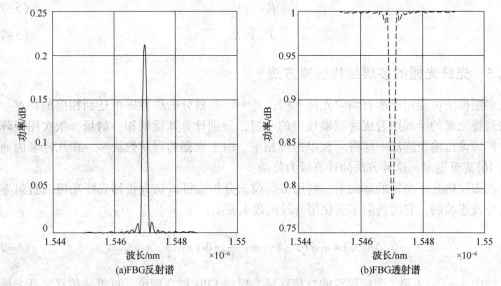

(a)FBG反射谱   (b)FBG透射谱

图 5-9 FBG 光谱的 Matlab 模拟

5.5.2 PSFG 光谱模拟分析

根据引入的相位突变的个数可以将相移光纤光栅分为单相移光纤光栅和多相移光纤光栅，且影响相移光纤光栅光谱的因素有很多，例如相移量大小、相移点位置、光栅长度以及折射率调制深度等。但是鉴于本文将制作的是具有空间结构的特殊相移光纤光栅（即相移主要由制作的一个腔体而引入），因此主要模拟相移量大小（制作的腔体的长度）及光栅长度（制作的腔体在光栅的位置）对单相移光纤光栅光谱的影响，为后面实验制作提供理论依据。

如图 5-10 所示，对 PSFG 传输光谱进行模拟，参数设置如下：光栅长度为 $L_1 = 0.5$mm，$L_2 = 1.2$mm，光纤纤芯有效折射率 $n_{eff} = 1.46$，中心波长 $\lambda_B = 1550$nm。

接着模拟相移量大小对单相移光纤光栅反射谱的影响，如图 5-11 所示。从图中可以看出，当相移大小为 0，$\pi/2$，$3\pi/2$ 和 π 时，随着相移量的增加，透射窗口逐渐向左移动，

且当相移大小为 π 时，透射窗口位于反射谱中间位置。因此，可以通过改变引入的相移量的大小，进而改变相移光纤光栅的光谱。为本文后面制作结构相移光栅提供理论依据：为了获得较好的相移光纤光栅光谱，且便于观察反射谱的变化特点，在制作结构相移光栅传感器时，应尽量将腔体制作于光栅栅区约中间位置。

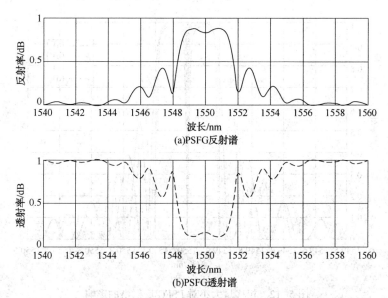

图 5-10　PSFG 光谱的 Matlab 模拟

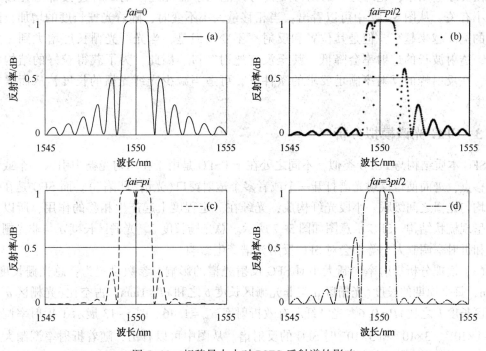

图 5-11　相移量大小对 PSFG 反射谱的影响

腔体位于光栅栅区不同位置时，便会将整段光栅按照不同的比例分割，因此接下来模拟分析光栅长度对 PSFG 反射光谱的影响。如图 5-12 所示，是光栅长度分别为 $a=0.25\text{mm}$，$b=0.5\text{mm}$，$c=0.75\text{mm}$ 和 $d=0.9\text{mm}$ 时的 PSFG 的反射光谱，引入的相移量大小为 π。

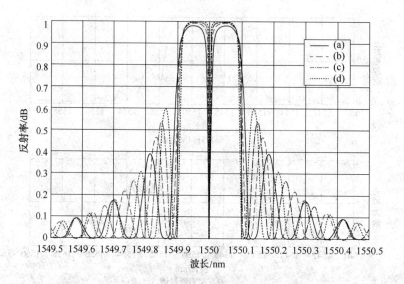

图 5-12　相移量大小对 PSFG 反射谱的影响

在实际应用中，光纤光栅的刻写及其与其他光学器件之间的耦合连接都与光栅长度的大小有关。从图 5-12 中可以看出：当相移量大小不变时，随着光栅长度的增加，透射窗口的宽度越来越窄，但是其位置和反射率不变。但是，当光纤光栅长度增大到一定长度时，透射波长的透射率会降低，甚至没有透射窗口。因此，为了获得较好的结构相移光谱，在反射峰的反射率满足要求的条件下，可适当减少光纤光栅的长度，从而增加通带宽度。

5.5.3　SFG 光谱模拟分析

SFG 本质结构与 PSFG 类似，不同之处在于 PSFG 是由于在均匀光栅中引入一个或者多个相移点，进而使得反射光谱打开一个或者多个透射窗口(光谱"凹陷")。而 SFG 是在每两小段均匀光栅之间级联一小段光纤构成，光纤在一定程度上起产生相移的作用，所以其反射谱呈现梳状结构。SFG 示意图如图 5-7 所示。总光栅长度 L、光栅区长度 a 与非光栅区长度 b 和折射率调制大小等都会对 SFG 反射光谱产生影响。

(1) 模拟分析折射率调制大小对 SFG 反射光谱的影响。参数设置为：总光栅长度 $L=50\text{mm}$，每个周期的长度(光栅区 a 与非光栅区长度 b 之和)$T=1\text{mm}$，占空比(光栅区 a 与非光栅区长度 b 之比)$P=0.6$，光纤纤芯有效折射率 $n_{eff}=1.46$。图 5-13 展示了折射率调制分别为 1×10^{-5}、3×10^{-5} 和 5×10^{-5} 时 SFG 的反射谱。从图中可以看出，随着折射率调制大小的增加，SFG 光谱反射率也在增加，同时光谱带宽变宽，但是相邻两个波峰之间的距离和波峰个数没有发生变化。

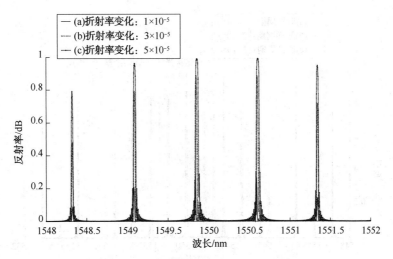

图 5-13　折射率调制大小对 SFG 光谱的影响

（2）模拟分析总光栅长度 L 大小对 SFG 反射光谱的影响。参数设置为：$T = 1$mm，$P = 0.6$，折射率调制大小为 3×10^{-5}，$n_{eff} = 1.46$。图 5-14 展示了总光栅长度 L 分别为 10mm、30mm 和 50mm 时 SFG 的反射谱。从图中可以看出，随着总光栅长度的增加，SFG 光谱反射率和光谱带宽变小，同时旁瓣的影响也变弱。

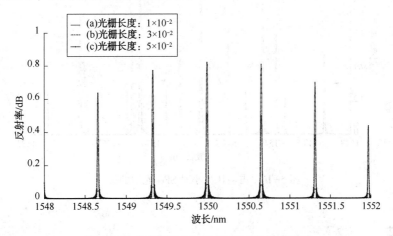

图 5-14　总光栅长度大小对 SFG 光谱的影响

（3）模拟分析每个周期的长度 T 变化时对 SFG 反射光谱的影响。参数设置为：$L = 50$，$P = 0.6$，折射率调制大小为 3×10^{-5}，$n_{eff} = 1.46$。图 5-15 展示了每个周期的长度 T 分别为 1mm、2mm 和 3mm 时 SFG 的反射谱。从图中可以看出，随着每个周期的长度 T 的增加，SFG 反射光谱发生漂移，且相邻两个波峰之间的距离变小。

（4）模拟分析占空比大小对 SFG 反射光谱的影响。参数设置为：$L = 50$，$T = 1$mm，折射率调制大小为 3×10^{-5}，$n_{eff} = 1.46$。图 5-16 展示了占空比大小分别为 0.2、0.4 和 0.6 时 SFG 的反射谱。从图中可以看出，随着占空比的增加，SFG 光谱反射率、光谱带宽和相邻两个波峰之间的距离都变大。

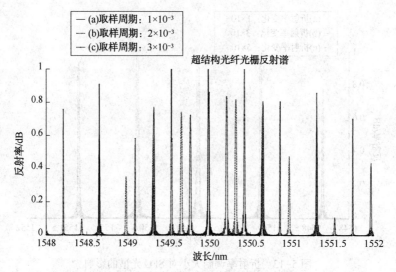

图 5-15　取样周期大小对 SFG 光谱的影响

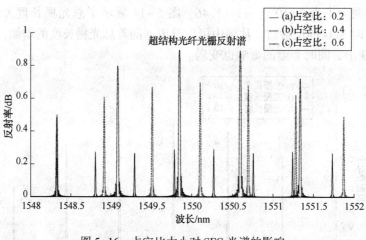

图 5-16　占空比大小对 SFG 光谱的影响

5.6　小结

本章对光纤光栅的基本理论和光学特性进行了理论和仿真研究，介绍了几种常用的光纤光栅刻写技术方法，重点对基于相位掩模的光纤光栅刻写方法进行了研究分析和优缺点比较。主要涉及以下方面内容：

通过物理模型、种类以及描述光纤光栅光学特性的物理方法，理论研究分析了均匀和非均匀光纤光栅的光谱特性。基于 FBG 的传输理论，采用传输矩阵法对光纤布拉格光栅、相移光纤布拉格光栅、超结构光纤布拉格光栅和光纤法布里珀罗腔的传输光谱特性进行了模拟研究。

首先，对光纤光栅进行了概述，介绍了什么是光纤光栅和光栅的种类，以及光纤光栅的折射率分布特性及其对应的光学特性，分析了光纤光栅传的研究现状与发展趋势。对光纤光栅的传输理论进行了介绍与分析，包括在光纤光栅的耦合模理论基础上，建立了光纤布拉格光栅、相移光纤光栅、超结构光纤光栅和结构相移光纤光栅的传输理论模型。

其次，通过传输矩阵法，使用 Matlab 软件对 PSFG、SFG 以及结构相移光栅的传输光谱进行了仿真研究；理论分析了这些非均匀光纤光栅的传感特性。

最后，对光纤光栅的刻写技术与方法进行了研究，介绍了几种常用的光纤光栅刻写方法，包括干涉法、掩膜法和逐点刻写法等，并对光源、光路的选择与设计等进行了分析，设计了用于相移光纤光栅和超结构光纤光栅的系统光路。

参 考 文 献

[1] Djafar K. Mynbaev. Lowell L. Scheiner 著. Fiber-Optic Communications Technology(光纤通信技术)[M]，徐公权译. 北京：机械工业出版社，2002.

[2] 廖延彪. 偏振光学[M]. 北京：科学出版社，2003.

[3] Meng Hongyun, Gao Weiqing, Liu Yange et al. Gain enhancement of L-band erbium-doped fiber amplifiers based on fiber loop mirror[J]. Chin. J. Laser(中国激光)，2004，31(7)：825-828(in Chinese).

[4] 黎敏，田芊，廖延彪. 飞速发展中的光纤陀螺技术[J]. 光学精密工程，1998，6(3)：1-9.

[5] 高伟清，蒙红云，刘艳格，等. 一种新颖的反射结构高功率超宽带光纤光源[J]. 中国激光，2004，31(5)：591-594.

[6] 李晓兰. 新型相移光纤光栅的设计及传感特性研究[D]. 天津：南开大学，2012.

[7] 李川，张以谟. 光纤光栅：原理、技术与传感应用[M]. 北京：科学出版社，2005.

[8] 孙永熙. 基于相移光纤光栅的传感特性研究[D]. 南京：南京师范大学，2014.

[9] 肖熙，周晓军. 光纤光栅传感器温度和应变交叉敏感的研究现状[J]. 红外，2008，(03)：7-10.

[10] 牛嗣亮，饶伟，姜暖，等. 光纤布拉格光栅及其构成的法布里-珀罗腔的相位谱特性研究[J]. 光学学报，2011，31(08)：68-75.

[11] Iadiciccoa A，Cusano A，Cutoloa A. Thinned fiber Bragg gratings as high sensitivity refractive index snsor[J]. IEEE Photonics Technology Letters. 2004，16(4)：1149-1151.

[12] 裘越，陈哲敏. 基于相移布喇格光纤光栅的折射率传感实验研究[J]. 计量学报，2011，32(2)：126-130.

[13] 杨秀峰，张春雨，童峥嵘，等. 一种新型光纤光栅温度传感特性的实验研究[J]. 中国激光，2011，38(04)：147-150.

[14] Uttamchandani D，Othonos A. Phase shifted Bragg gratings formed in optical fibres by postfabrication thermal processing [J]. Optics Communications，1996，127(4-6)：200-204.

[15] 孙庆华，温昌金，李学文. FBG 的毛细锌管封装及温度传感特性[J]. 应用激光，2018，38(04)：678-681.

[16] 曹莹，顾铮. 级联光纤光栅的发展及应用[J]. 光学技术，2011，37(01)：49-56.

[17] W. C. Du，X. M. Tao，H. Y. Tam. Fiber bragg grating cavity sensor for simultaneous measurement of strain and temperature [J]. IEEE Photonics Technology Letters，1999，11(1)，105-107.

[18] 邵军，李武，姜涛，等. 光纤光栅温度补偿技术研究[J]. 科技资讯，2011，(28)：34-35.

[19] 冻志银，谢芳，李敏. 光纤 F-P 解调的双参数光纤光栅传感系统[J.]压电与声光，2010，32：732-734.

[20] Kalli K，Brady GP，Webb DJ. Possible approach for the simultaneous measurement of temperature and strain via first and second order diffraction from Bragg grating sensors [C]. Optical Fiber Gratings and Their Applica-

tions, IEE Colloquium on. IET, 1995.

[21] Patrick H J, Williams G M, Kersey A D, et al. Hybrid fiber bragg grating/long period fiber grating sensor for strain/temperature discrimination [J]. IEEE Photonics Technology Letters, 1996, 8(9): 1223-1225.

[22] 孙磊. 光纤光栅的制作及应用研究[D]. 天津: 南开大学, 2004.

[23] HKogelnik, W Shank. Coupled wave theory of distributed feedback laser[J]. Appl. Phy., 1972, 43(16): 2327-2335.

[24] TErdogan. Fiber grating spectra[J]. Lightwave Technol., 1997, 15(8): 1277-1294

[25] G PAgrawal, A H Bobeck. Modeling of distributed feedback semiconductor lasers with axially-varying parameters[J]. Quantum Electron, 1988, 24(2): 2407-2414.

[26] 廖延彪. 光纤光学. [M]. 北京: 清华大学出版社, 2000. 3.

[27] G. P. Agrawl, S. Rdic. Phase-shifted fiber Bragg gratings and their application for wavelength demultlplexing [J]. IEEE Photonics Technology Lett, 1994, 6(8): 995~997.

[28] Liang Dong, B. Ortega and LReekie. Coupling characteristics of cladding modes in tilted optical fiber Bragg gratings [J]. Appl. Opt, 1998, 37(22): 5099-5105.

[29] T. Touam, X. M. Du, M. A. Fardad, et al. Sol-gel glass waveguides with Bragg grating [J]. Opt. Eng, 1998, 37(4): 1136-1142.

[30] M. K. Lee, G. R. Little. Study of radiation modes for 45-deg tilted fiber phase gratings [J]. Opt. Eng, 1998, 37(10): 2687-2698.

[31] C Martinez and P Ferdinand. Analysis of phase shifted fiber Bragg gratings written with phase plates[J]. Appl. Opt, 1999, 38(15): 3223-3228.

[32] U. Bandelow, U. Leonhardt. Light propagation in one-dimensional lossless dielectrica: transfer matrix method and coupled mode theory [J]. Opt. Commun, 1993, 101(1, 2): 92-99.

[33] J. Skaar, K, M, Risvik. A genetic algorithm for the inverse problem in synthesis of fiber gratings [J]. J of Lightwave Techno, 1998, 16(10): 1928-1932.

[34] 贾宏志. 光纤光栅传感器的理论和技术研究[D]. 西安: 中国科学院西安光学精密机械研究所, 2000.

[35] 陈敏秀. 光纤布拉格光栅法布里—珀罗滤波器及其在可调谐窄线宽光纤激光器中应用的研究[D]. 厦门: 厦门大学, 2009.

[36] 蔡璐璐, 吴飞, 王玉田. 相移光纤光栅的反射谱特性分析[J]. 中国激光, 2009, 36(08): 2070-2075.

[37] 吕且妮, 罗文国, 葛宝臻, 等. 超结构光纤 Bragg 光栅制作模型及其耦合模理论[J]. 光电子·激光, 2002, 13(09): 926-929.

[38] G. Guo. Superstructure Fiber Bragg Gratings for Simultaneous Temperature and Strain Measurement[J]. Optik, 2019, 182: 331-340.

[39] 颜玢玢. 特殊结构光纤光栅理论与应用技术[D]. 北京: 北京邮电大学, 2010.

[40] 郭璇, 毕卫红, 刘丰. 保偏微结构光纤光栅 F-P 腔折射率传感特性分析[J]. 光电工程, 2012, 39(04): 102-107.

第6章 掺铒光纤荧光光源及其传感应用研究

6.1 掺铒光纤荧光光源

在光纤传感测试系统中，一般都需要时间相干性低的宽带光源[1,2]。早期商用的宽带光源大多为超辐射发光二极管（SLD），但其寿命较短、波长稳定性差、输出功率低，并且由于空间相干性差，与单模光纤的耦合也受到限制。随着掺稀土元素光纤技术的日趋成熟，以及抽运方法的快速发展，出现了光纤 ASE（Amplified spontaneous emission）光源，也称为宽带光源（Broadband source，BBS）或掺铒光纤超荧光光源（Erbium-doped fiber superfluorescent source，EDSFS）。它是利用掺杂光纤在激光抽运作用下，产生的介于荧光与激光之间的一种过渡状态，称为放大的自发辐射（ASE），自 1987 年以来便被认为是最理想的光源，因此在通信和传感领域得到了广泛应用[3-9]。与传统的超辐射发光二极管宽带光源（SLD）相比，目前商用的掺铒光纤超荧光光源具有时间相干度低、温度稳定性强、荧光谱线宽、输出功率高、温度稳定性好、受环境影响小、使用寿命长、与光纤完全兼容等优点，在光纤及光纤光栅传感、光纤陀螺、EDFA 测量、DWDM、光纤探测器、光谱测试以及低成本接入网等领域得到了广泛的应用，已成为光纤光栅传感测量中的主要光源。但随着分布式多点复用传感网络系统及大容量密集波分复用光纤通信网络的发展，要求掺铒光纤超荧光光源具有更宽的荧光谱宽、较高的输出功率以及良好的稳定性，以满足系统对光源的需求，应用场合对光源的要求主要表现在带宽、平均波长、稳定性、平坦度以及输出功率等参量上。

由于 C-波段的带宽资源主要集中在 1520~1570nm[10-15]，为满足将来人们对通信容量及带宽的更大需求，随着光通信的不断发展，尤其是 DWDM 系统正在不断开拓 L-波段[16-18]（1570~1620nm）的资源，分布式光纤及光纤光栅传感的研究逐步深入。为解决大范围、密集分布传感点的应用和测量量程与分布点数之间的矛盾关系，则需要高功率、宽带宽的光源，对于带宽的要求使得 L-波段光源及相关器件的研究便显得越来越迫切，积极拓展 L-波段的资源便成为研究的热点，并提出了多种结构的掺铒光纤超荧光光源。同时也更多地考虑在两个波段同时工作（即在一根光纤中输出 C+L-波段光）的高功率宽带超荧光光源，因此使得 C+L-波段光源越来越成为研究的焦点[19-23]。但都存在输出功率不太高、增益谱平坦度不够理想、稳定性较差等问题，这同时也是掺铒光纤超荧光光源研究中需要解决的主要技术难题。

本部分工作主要围绕提高光源的输出功率和稳定性，改善输出光谱的平坦度，同时拓宽光源的波长带宽方面展开的。对光源的结构、工作原理、泵浦方式、光纤长度及输出光谱特性等进行了相关研究。

6.1.1 超荧光产生的基本原理

当掺铒光纤被抽运时，随着抽运光功率的变化，掺铒光纤可处于三种不同的状态：①当抽运功率较低时，$n_2 < n_1$，粒子数正常分布，掺杂光纤中只存在自发辐射荧光，其中 n_1 为基态能级粒子数，n_2 为激发态能级粒子数。②随着抽运功率的增强，n_2 逐渐增加，自发辐射的粒子数逐渐增加，它们之间的相互作用也逐渐加强。当 $n_2 > n_1$ 以后，粒子数呈反转分布，在极强的相互作用下，粒子发光的"个性化"特征逐渐向相关一致的"共性"转化，单个粒子独立的自发辐射逐渐变为多个粒子协调一致的受激辐射，这种由于掺杂光纤对自发辐射的放大所产生的辐射称为"放大的自发辐射"。当抽运光足够强，在掺杂光纤中特定方向上的"放大的自发辐射"将大大加强，这种加强了的辐射称为"超荧光"。③若抽运光很强，掺杂光纤中辐射放大增益完全抵消了系统的损耗，此时，将形成自激振荡而产生激光[24]。这种利用放大的自发辐射原理制作的无谐振腔的掺铒光纤放大器称为掺铒超荧光光纤光源。光纤超荧光的产生是基于光纤中放大的自发辐射过程，因而具有输出功率高，温度稳定性好，有一定的相干性和较宽的光谱线宽等诸多优点。

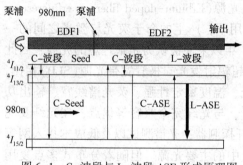

图 6-1　C-波段与 L-波段 ASE 形成原理图

图 6-1 是 ASE 形成的原理示意图，掺铒光纤在泵浦光作用下，铒离子吸收 980nm 或 1480nm 等波长抽运光后，铒离子发生能级跃迁形成粒子数反转，在诱导光作用下产生放大的自发辐射形成超荧光。在铒光纤的近端产生的是 C-波段的 ASE，可以作为二次抽运源被后端铒光纤中离子再次吸收，从而形成 L-波段的 ASE 谱。C-波段与 L-波段的 ASE 都是由能级 $^4I_{13/2} \rightarrow ^4I_{15/2}$ 的跃迁产生的，但与 C-波段 ASE 不同的是，L-波段的 ASE 是由 $^4I_{13/2}$ 和 $^4I_{15/2}$ 主能级的斯塔克分裂能级的低能级之间的跃迁产生的。由于 L-波段放大自发辐射用到的是铒离子增益带的尾部，其发射和吸收系数都比 C-波段小 3~4 倍。因此，通常的掺铒光纤为了获得较大功率的 L-波段 ASE，需要较长的掺铒光纤，带来了如降低抽运光转换效率等很多不利的影响，同时出现各种非线性现象。因此，用于 L-波段的掺铒光纤通常是选用高掺杂、低损耗的掺铒光纤。

6.1.2 超荧光光源的基本结构

根据超荧光和抽运光传播方向的异同以及光纤两端的反射特性，通常可将掺铒光纤超荧光光源分为单程前向（SPF）、单程后向（SPB）、双程前向（DPF）和双程后（DPB）向四种基本结构，如图 6-2 所示，图中平光纤端面为反射性的，斜光纤端面为非反射性的。在这些结构中，ASE 在前向（与抽运光同向）和后向（与抽运光反向）两个方向上产生，单程结构只利用了一个方向的自发辐射，而双程结构则有效地利用了两个方向的自发辐射，并且使得一方向的辐射光成为产生另一方向上辐射光的二次泵浦光，所以双程结构的光源要比单程结构的光源具有更高的转化效率和较低的抽运光功率[23]。单程后向结构由于实现简单并且不容易形成激光而被广泛采用[24]，而且通过优化光纤的长度，输出的超荧光的波长具有不依赖于抽运功率的稳定性；单程前向虽结构简单易于实现，但输出功率小于形成激光，这是光源所不希望的；双程前向结构是在单程前向结构基础上在非反射端加了一块反射镜，不仅降低了抽运阈值，提高了抽运光的利用率即抽运效率，并且具有较好的热稳定性；双程后向结构是在远离抽运端加了一块反射镜，与单程后向结构一样具有输出的超荧光波长，且不依赖抽运功率的稳定性，该结构不仅具有双程前向结构所具有的特点而且具有比双程前向结构更高的输出功率和更好的平均波长，因此掺铒光纤超荧光光源的结构设计与研究中已被广泛应用[25-30]。

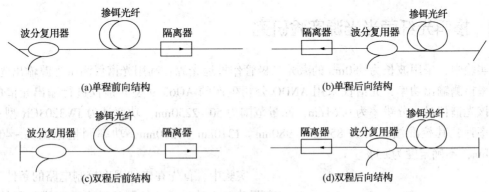

图6-2　超荧光光源的基本结构

6.1.3　掺铒光纤光源的理论模型

对于掺铒光纤光源可用等效的三能级系统来描述其物理过程。将光源的信号频谱分成 N 个区域，则光源的性质完全由 $2N+1$ 束光沿掺铒光纤的演化情况决定，即前、后向传播的光信号功率 $P_s^{\pm}(z, \nu_i)(i=1, 2, \cdots, N)$，前向传播的抽运光功率 $P_p(z)$。考虑抽运光和信号光在光纤中都以 LP_{01} 模传播，则它们沿掺铒光纤的演化遵从下列传播方程[13]

$$\frac{\mathrm{d}P_s^{\pm}(z, v_{s, i})}{\mathrm{d}z} = \pm \iint_{S_\infty} \overline{\varphi}_s(r, \phi, v_{s, i}) T \mathrm{d}r \mathrm{d}\phi \mp \gamma_{s, i} P_s^{\pm}(z, v_{s, i}) \qquad (6-1)$$

其中，
$$T = \{\sigma_e(v_{s,i}) n_u(z, r, \phi) - \sigma_a(v_{s,i})[n_1(z, r, \phi) + n_{ab}(r)]\}$$
$$P_s^{\pm}(z, v_{s,i}) + 2\sigma_e(v_{s,i}) n_u(z, r, \phi) h v_{s,i} \Delta v_{s,i} \quad (i=1, 2, \cdots, N)$$

$$\frac{\mathrm{d}P_p(z)}{\mathrm{d}z} = - \iint_{s_\infty} \mathrm{d}r \mathrm{d}\phi \overline{\varphi}_p(r, \phi) r \{\sigma_a(v_p) \times [n_1(z, r, \phi) + n_{ab}(r)]$$
$$+ \sigma_{esa} n_p(z, r, \phi)\} P_p(z) - \gamma_p P_p(z) \qquad (6-2)$$

式中，v_i、v_s、v_p 分别表示第 i 束光频、信号光频和抽运光频；σ_a 和 σ_e 分别为掺铒离子的吸收和发光截面；σ_{esa} 为铒离子的激发态吸收截面；$\overline{\varphi}_{sp}$ 分别为信号光和抽运光模式的归一化功率分布函数；$\gamma_{s,p}$ 为光纤的本底吸收系数；n_{ab} 是掺铒光纤中的铒离子对密度。铒离子的激光上能级、下能级及抽运能级的粒子数密度，即 n_u、n_1 和 n_p 可以从速率方程求

得[31]。(6-2)式的边界条件为

$$P_s^+(0, v_{s,i}) = 0 \tag{6-3}$$

$$P_s^-(L, v_{s,i}) = R_{s,i} P_s^+(L, v_{s,i})(i = 1, 2, \cdots, N) \tag{6-4}$$

$$P_p(0) = P \tag{6-5}$$

式中，L 为掺铒光纤长度；$R_{s,i}$ 为反射镜对频率为 $v_{s,i}$ 的信号光的反射率。假设 Er 离子在光纤芯层内均匀分布，数值模拟中用到的有关掺铒光纤和反射镜的主要参量为：纤芯半径，折射率差 Δn，数值孔径 NA，Er 离子密度 nt，在波长 $1.53\mu m$ 处的小信号吸收率，在抽运波长处的小信号吸收率；离子相对浓度 nab/nt，光纤本底吸收率 γ_p、γ_s，反射镜的最大反射率 R，便可对掺铒光纤超荧光光源进行理论模拟与分析计算。

6.2　掺铒光纤荧光光源实验研究

实验中，采用波长为 980nm 的激光二极管作抽运光源，利用光谱仪测试光源输出光谱，光功率检测输出功率，光谱仪采用 ANDO 公司生产的 AQ6319 型光谱仪进行输出光谱的纪录，该光谱仪最小分辨率为 0.01nm，测量范围为 50~2250nm。功率计为 JW3203CR 型手持式功率计，其校准波长可为 850nm、980nm、1310nm、1550nm，功率测量范围为 −40 ~ + 200dBm，不确定度为 ±5%。

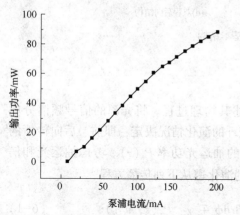

图 6-3　抽运激光二极管输出随电流变化

实验中，首先在未加温度控制电路的条件下改变驱动电流对泵浦源的尾纤输出功率进行了检测，泵浦电流与输出功率关系如表 6-1 所示。最大输出功率为 140mW，中心波长为 979.04nm，允许最大抽运电流为 300mA，激光二极管尾纤输出功率随抽运电流(从阈值电流点起)变化如图 6-3 所示。当驱动电流大于 10mA 时，开始有功率输出，而且随着驱动电流的增大，LD 输出功率基本呈线性增加，当达到 150mA 后逐渐趋于饱和。为了保护二极管实验中只测到 200mA，但足以显示该激光二极管的功率特性和最佳工作区，但同时也显示出由于未加温度控制电路，LD 输出功率起伏较大，实验所得数据也是某一瞬时值，主要因为随着输出功率的增加，LD 的热效应变得不可忽视，所以在光源的研制中必须设计使用高效的温控电路降低泵浦源输出功率的不稳定度已实现掺铒光纤荧光光源输出的高度稳定性。

表 6-1　泵浦电流与 980 泵浦源输出功率表

泵浦电流/mA	输出功率/mW	泵浦电流/mA	输出功率/mW	泵浦电流/mA	输出功率/mW
10	1.1	80	38.8	150	71.8
20	7.4	90	44.8	160	75.8
30	10.6	100	49.8	170	78.8

泵浦电流/mA	输出功率/mW	泵浦电流/mA	输出功率/mW	泵浦电流/mA	输出功率/mW
40	16.8	110	54.8	180	82.8
50	22.8	120	60.8	190	85.8
60	28.8	130	64.8	200	87.8
70	33.8	140	67.8		

通过使用自行设计的温度控制电路，重复以上实验内容，用功率计监测 LD 输出功率，实验结果发现 LD 输出功率的波动性明显降低，可以满足实验的要求，为高稳定光源的研制准备了必要的条件。

6.2.1 单级单程 C-波段光源的实验研究与分析

1. 实验装置

图 6-4 是实验采用的单程结构原理图，用 980nm 激光二极管作抽运光源，抽运光源尾纤最大输出功率为 140mW，中心波长为 979.04nm，阈值电流为 27.8mA，允许最大抽运电流为 300mA，激光二极管尾纤输出功率随抽运电流(从阈值电流点起)变化，如图 6-3 所示，基本上呈线性关系变化。所用的掺铒光纤购自中国电子科技集团天津 46 所，光纤编号为 XP0003(Er05)-3E，掺铒浓度为 700×10^{-6}，截止波长为 853.5nm，在 1200nm 处的本底损耗 $\leq$ 50dB/km，在 980nm 处的峰值吸收系数为

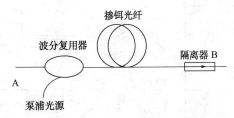

图 6-4 单级单程前向结构 ASE 光源

4.5dB/m，数值孔径≥0.2，模场直径为 6.68μm，图中隔离器的作用主要是避免端面反射所产生的激光影响。

2. 实验研究与分析

在大量实验基础上，实验中首先选取了 7m 长的掺铒光纤为研究对象，测出了在不同泵浦电流下的荧光输出谱和光谱功率。如图 6-5 所示，(a)图为 B 端(A 端空置)在 140mA、200mA 和 260mA 同驱动电流下的光谱图，(b)图为 A 端(B 端空置)在同样条件下的测量结果。

由图 6-5 可见，在掺铒光纤长度和泵浦电流一定的情况下，前向输出的功率要大于后向输出的功率(如 200mA 时，B 端为 9.8mW，A 端为 6.4mW)；当增加泵浦电流时，无论是前向(B 端)输出还是后向(A 端)输出，其光谱对应功率水平均相应提高，但 B 端提高的幅度大于 A 端，而且其 1530nm 附近的光谱变得越来越突起，在功率增加的同时光谱变得很不平坦。这主要源于所选掺铒光纤的长度有些短，致使泵浦光不能被充分吸收和泵浦源附近的荧光不能作为二次泵浦源以提高掺铒光的发光效率，所以荧光能量主要集中在 1531nm 附近 10nm 范围内。

在以上研究的基础上，为了提高光源的输出功率，同时改变输出光谱的平坦度，经过实验优化最终将掺铒光纤的长度定为 10m，在同样条件下，测出 B 端与 A 端输出光谱，如

图 6-6 所示。

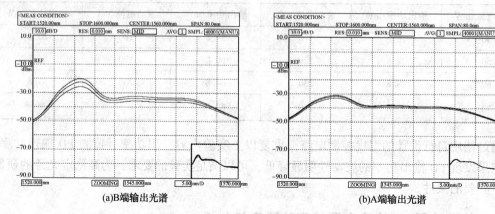

(a)B端输出光谱　　　　　　　　(b)A端输出光谱

图 6-5　单程结构输出光谱(7m,泵浦电流 140mA、200mA、260mA)

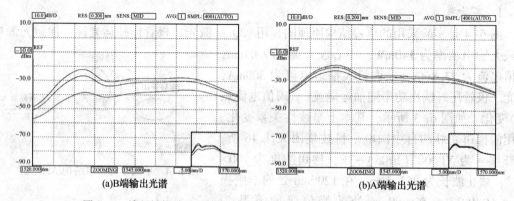

(a)B端输出光谱　　　　　　　　(b)A端输出光谱

图 6-6　单程结构输出光谱(10m,泵浦电流 140mA、200mA、260mA)

由图 6-6 可见,当采用 10m 长光纤以后,其后向光谱功率水平提高了 3dB 以上,但光谱的形状与平坦度没有明显的变化,而其前向输出光谱与 7m 光纤比较时却发生了明显的变化,1531nm 附近的光谱变得平缓了,而且 1540~1565nm 范围内的光谱功率水平提高了,整个 C-波段范围内的光谱变得平坦了,在 200mA 时,光谱平坦度小于 5dB,其 3dB 带宽可达 32nm,总功率为 13.2mW,这充分证明了前面分析的合理性和采取方案的可行性,为高功率、高平坦、宽带宽光源的研制奠定了基础。

实验中,还将掺铒光纤的长度优化为 30m,结果测得光源后向输出端(A 端)产生的 ASE 光仍为 C-波段荧光,而前向输出端(B 端)测到的 ASE 光为 L-波段光,分别测得 A 点 (C-波段)的典型光功率达 28.5mW,平均波长为 1544.05nm,其光谱谱形如图 6-7(a)所示,其中以 1550nm 为中心的 3dB 带宽为 34nm;测得 B 点(L-波段)光功率最高达 8.4mW,其光谱谱形如图 6-7(b)所示,在 1575~1620nm 之间的光功率高达 5mW。在实验中得到的 C-波段最高光源输出功率可达 32mW。

同时通过实验分析可得,当光纤减短时,L-波段的光功率有一定程度的增加,但主要的增加偏向于更短的波长方向,长的波长方向上的光功率增加速度较慢使得输出光谱更加不平坦,平均波长向短波方向漂移;当光纤增长时,L-波段的输出光谱平坦度虽然增加,

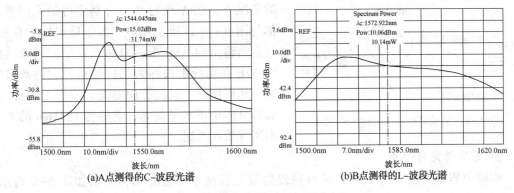

(a)A点测得的C-波段光谱   (b)B点测得的L-波段光谱

图6-7 单程结构输出光谱(30m，泵浦电流260mA)

但功率减小比较迅速，显得比较微弱。

由此可分别将其作为C-波段光源和L-波段光源以充分利用C-波段的高功率特性，在对平坦度要求不高的情况下，在A点先接一个光衰减器，再可通过一个C/L波分复用器将其与B处的光合到一根光纤简单组合及调整即可得到从C+L-波段(1525~1620nm)的宽带光输出。

3. 结论

本节分析研究了单程结构的掺铒光纤ASE光源的特性，通过实验得到如下结论：①无论采用单程前向或后向输出方式，通过优化光源设计中所用光纤长度和抽运功率，可以提高输出功率和改善光谱平坦度。②通过优化，仅利用10m掺铒光纤，实现了后向输出光谱平坦度小于2dB，3dB带宽可达32nm，总功率为13.2mW，前向输出光谱功率提高，为放大器结构的光源研究奠定了基础。③利用30m掺铒光纤，得到了输出光功率高达32mW3dB带宽34nm的C-波段荧光和L-波段荧光(1575~1620nm之间的光功率高达5mW)。可满足光纤光栅传感、光纤陀螺、器件测试、信号解调等要求高功率的场合。④长光纤前向与后向输出光谱特性比较的结果表示，可用一根光纤及一个二极管制作得到C+L-波段光源，但是存在的问题是C-波段与L-波段功率匹配性差。

6.2.2 单级双程C-波段光源的实验研究与分析

通过前文的实验发现[如图6-5、图6-7(b)]，在铒光纤的近端产生的C-波段ASE光谱存在明显的不平坦特性，主要是在1531nm附近有一个峰值造成整个范围不平坦或是可利用的平坦带宽大大变窄，限制了光源在平坦度要求很高的场合的应用。若将此峰值平坦化后，即可实现在高平坦C-波段(35~40nm)的宽带宽ASE输出，使用方便，适用范围扩大。目前主要有两类方法[32-36]：一类是从增益介质方面入手，设法改进掺铒光纤的材料组成、特性和结构；另一类就是设计光谱特性与输出光谱形成EDFA的增益突起几近相反的滤波器来补偿光谱之间的差异。

1. 实验装置

实验采用如图6-8所示装置，实验中使用了7.5m长的光纤，主要采用调节抽运激光二极管的输出功率及光纤参数之间的关系来实现高平坦度的C-波段ASE输出。在不用反射镜

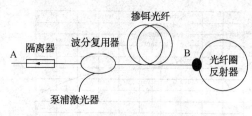

图 6-8　单级双程后向结构 ASE 光源

的情况下，在 A 点与 B 点分别测得的光谱谱形都与图 6-7(a) 所示相似，由于反射镜的存在，将前向输出的 ASE 重新引回光纤中，重新返回的 ASE 在光纤中被称为二次抽运源，再次被吸收，从而加强了长波方向的光，使得 1531nm 右面部分的功率水平提高，能够与 1531nm 的光基本实现较好匹配。

2. 实验研究与分析

实验中当抽运功率为 70mW 时得到较为理想的高平坦度输出，光谱如图 6-9 所示，此时总功率为 7.68mW，3dB 带宽达 35.3nm(从 1526.88nm 到 1562.16nm)，平均波长为 1545.88nm，与这一带宽范围的算术中心 1544.22nm 相差 1.26nm，说明此时的谱形在 1531nm 附近已不存在明显峰值，基本能够满足既要求高功率且又要求较高平坦度的场合。

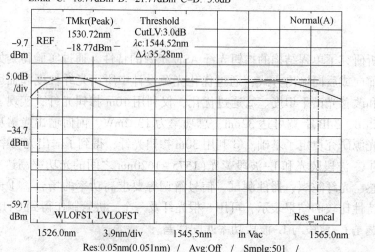

图 6-9　实验得高平坦输出光谱

在不用反射镜的情况下增加抽运功率，则光谱谱形基本以图 6-7(a) 图形状整体向上平移，功率水平增加，但 1531nm 波峰及附近的增加速度相对要快，进一步削弱了光谱平坦度；当抽运功率大幅度减小时，输出功率将随之减小，由于反射镜的反射，致使输出的平均波长向长波方向偏移，典型变化从图 6-10 中可看出在 1557nm 处逐渐出现一个峰值，此时测得功率为 3.6mW(所用抽运功率为 34mW)，平均波长为 1547.0nm。当只有抽运功率变化，且在小范围内减小时，输出光谱的谱形基本保持不变(图 6-9 中抽运功率为 68mW，图 6-10 为 34mW，两图的对比可看出谱形的变化情况比抽运变化要缓慢得多)，功率的变化幅度也不大，说明此种结构的光源在一定范围内有较高的光谱平坦度及功率稳定度。

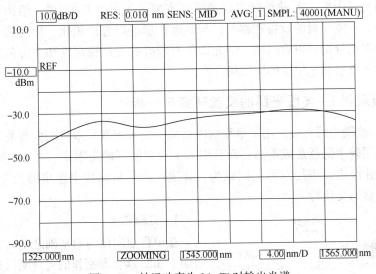

图 6-10 抽运功率为 34mW 时输出光谱

同时，仍然采用此段光纤进行实验，单程前向结构时得到的光输出为 9.735mW，平均波长为 1536.72nm，光谱图见图 6-11（a），当加上光纤环形反射镜构成双程前向结构时，所得到的光谱如图 6-11（b）所示，光功率为 15.01mW，平均波长为 1541.86nm，可以看出，双程前向结构相比单称前向结构不仅提高了光效率，而且也在一定程度上改善了光谱的平坦度（使 1531nm 右侧波长的功率水平提高，平均波长从 1536.72nm 偏移到 1541.86nm，更加接近于带宽内的算术中心波长），只是相比之下，图 6-11 采用单程前向结构测得的光输出后向结构中的双程比单程对光谱平坦度的改善更加明显。而且，前向与后向两种方案比较，后向比前向效率更高，更加适合于用来制作 C-波段的高功率高平坦度光源。

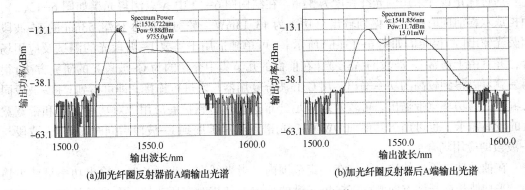

(a)加光纤圈反射器前A端输出光谱　　　　　(b)加光纤圈反射器后A端输出光谱

图 6-11 双程前向结构输出光谱

3. 结论

利用普通 3dB 耦合器制作的光纤圈反射器作反射镜，从而实现双程后向结构中采用 7.5m 掺铒光纤在 68mW 抽运光功率的情况下，得到了此时总功率为 7.68mW，3dB 带宽达 35.28nm（从 1526.88～1562.16nm），平均波长为 1545.881nm 的高平坦度超荧光输出；而双程前向虽可得到 15.01mW 的功率输出，但光谱不平坦，1531nm 处波峰明显，不能满足要求高平坦的场合。因此，此种单级双程光源基本覆盖了整个 C-波段，结构简单，便于实现、调节容易，不需昂贵的设备和器件，与其他谱形平坦方法相比，抽运源具有更高的利用效率，同时对比分析可得后向结构的光源具有较好的光谱稳定度和一定范围的功率稳定度，尤其适合于要求高平坦度的应用场合。

6.2.3 单级双程 L-波段光源的实验研究与分析

简单的 L-波段光源直接采用了单程前向结构，或采用双级双程前向等复杂的结构，不是泵浦功率利用效率低就是成本高，而且引入了更多的不确定因素。本节将在单程结构基础上进行了优化改进，采用双程前向结构，并进一步分析结构中输出随光纤及光纤长度、抽运功率等参量的变化特征。

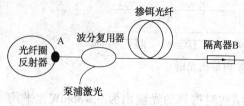

图 6-12　单级双程前向结构 ASE 光源

1. 实验装置

在单程前向结构的基础之上，在后向输出端增加了 3dB 耦合器制作的光纤圈反射器充当反射镜，实现了双程前向结构如图 6-12 所示，其中掺铒光纤作为增益介质，后向部分产生的高功率 C-波段光被重新引回光纤中，再次经过掺铒光纤的放大吸收，不仅提高了光源的利用效率，而且提高了光源的稳定性。实验中仍然采用 980nm 激光二极管作抽运源，中心波长为 979.04nm，阈值电流为 27.8mA。所用铒光纤掺铒浓度大于 1900×10^{-6}，型号为 EDF/CL/H，实验中的光纤连接全部采用熔接机进行熔接，以尽可能减小端口连接带来的损耗，提高光源中抽运源的利用效率。

2. 实验研究与分析

通过优化设计采用的光纤长度为 32m，在结构图 6-12 中 A 点测得光谱如图 6-13(a)，而构成双程前向时在 B 点得到输出总功率为 13.13mW、平均波长为 1578.53nm 的 L-波段超荧光输出[测得光谱如图 6-13(b)所示]。可单独适用于需要 L-波段光的测试及应用场合，并且由于通常 C-波段的 ASE 光(在前面的几节集中介绍的为 C-波段光的研究方法)很容易就可以得到较高的功率输出，用 C/L 波分复用器与之进行连接，即可得到 C+L-波段同时输出的高功率宽带输出。可较好地满足分布式光纤传感扩展应用中对功率分配和带宽宽度的较高需求，也可用于其他如 DWDM，光谱测试等扩展到 L-波段后同时需要 C-波段与 L-波段的应用场合。

在抽运功率不变的情况下，在一定范围内，当光纤进一步增长时，输出功率呈减小趋势，平均波长向长波方向漂移，输出光谱的平坦度却相对有所改善；在光纤长度不变的情况下，随着抽运功率的减小，输出也向长波长方向漂移，输出功率减小，同时输出光的稳定性也变差。光纤反射圈的使用不仅提高了光源的利用效率(在不加光纤圈反射器时的稳定输出为 6.6mW)，而且提高了光源的功率稳定特性，同时使得光源输出的平均波长偏移，平坦度也较不用时有所改善。

3. 结论

采用双程前向结构，优选掺铒光纤长度为 32m，实现了输出功率为 13.13mW，平均波

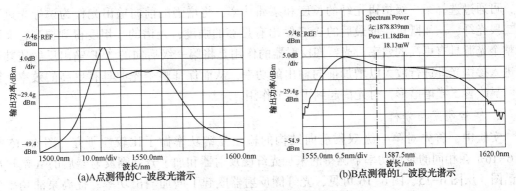

(a)A点测得的C-波段光谱示　　　　　(b)B点测得的L-波段光谱示

图 6-13　单级双程结构的测试光谱

长为 1578.53nm 的 L-波段荧光输出，证实了反射圈可以提高抽运光的利用效率并改善光源输出的谱形、功率和稳定度，讨论了光源结构中的光纤长度、抽运功率等参量对光源的功率、平均波长、稳定性等方面性能的影响。此光源可满足分布式光纤光栅传感系统对功率和带宽两方面的需求，也可用于其他测试领域。

6.2.4　双级双程 L-波段光源的实验研究与分析

在 L-波段的光源研究中，已经有人提出双级双程结构并得到了分析，且在一些场合得到了应用，本节设计一种可实现 L-波段输出的双级双程结构光源。

1. 实验装置

实验装置如图 6-14 所示，两个中心波长为 979.04nm、阈值电流为 27.8mA、最大输出功率为 200mW 的 980nm 激光二极管作泵浦源，所用低浓度铒光纤，掺铒浓度为 700×10^{-6}，截止波长为 853.5nm，在 1200nm 处的本底损耗 ≤50dB/km，在 980nm 处的峰值吸收系数为 4.5dB/m，数值孔径 ≥0.2，模场直径为 6.68μm。高浓度掺铒光纤的铒浓度大于 1900×10^{-6}，光纤模场直径为 0.20μm，截止波长为 960nm，980nm 处的峰值吸收为 8.6dB/m，1530nm 附近峰值吸收为 14.2dB/m。

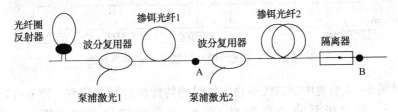

图 6.14　双级双程前向输出 L-波段高功率超荧光光源

该结构的实验装置的工作原理：第一级后端输出的 ASE(C-波段)荧光，经光纤圈反射器(FLR)反射进入铒光纤(EDF1)，通过铒光纤的吸收放大将提高 A 端的输出光功率。由于第一段铒光纤仅为 7m，输出光集中在 C-波段。具有较大功率的 C-波段 ASE 通过波分复用器(WDM)进入长为 32m 的第二级铒光纤(EDF2)成为二次泵浦源；因此，短波长范围内的 ASE 光被铒离子重新吸收，再次发射的 ASE 光将主要集中在长波长范围内，这种现象可以通过对不同泵浦功率下光源的前向输出光谱对比看出。实验中第一级采用的是双程前向结构，可通过选择第一级掺铒光纤的长度和泵浦功率，将增强的前向输出光作为诱导光进入第二段光纤，从而既可保证最后的 ASE 输出有足够的强度，光谱的平坦度得到提高，又可使整个光源具有更高的效率。光纤圈反射器的作用是将第一级后向的 ASE 输出反射使其重新进入掺铒光纤进行放大以增加前向输出的功率，从而保证整个光源具有更高的效率，同时明显改善了光谱谱形，对光谱起到了调节作用。

2. 实验研究与分析

实验中，首先对第一级双程前向结构的输出光谱功率做了比较性研究，图 6-15 与图 6-16 是在相同的泵浦功率下测得的未加光纤圈反射器和加了光纤圈反射器后的 A 端输出光谱图。从图 6-15、图 6-16 可见，光纤圈反射器既起了增加输出功率、提高泵浦功率效率的作用，又起到了调节、平坦输出光谱的作用。同时实验发现，随着泵浦功率的增加，在不加光纤圈反射器时，A 端输出光谱基本保持图 6-15 形状向上平移，只是 1531nm 峰值附近增加相对较快；在加了光纤圈反射器后，A 端光谱均保持图 6-16 所示形状，功率水平有所提高，平坦度没有太大的变化。因此，在第一级的后向增加光纤圈反射器，会有效地提高进入第二级的光功率，进而将对第二级光谱起到很好的调节作用。说明在该结构的光源设计中采用光纤圈反射器的必要性及所起到的作用。

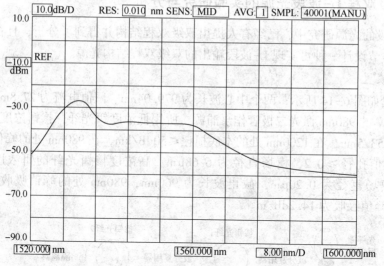

图 6-15 未加光纤圈反射器前 A 端输出光谱

同时，对图 6-14 装置中第二级单独工作时的特性也进行了研究。图 6-17 是在没有第一级的情况下，第二级泵浦功率为 50mW 时 B 点的输出光谱，其 3dB 中心波长为 1565.428nm，功率仅为 6.05mW（7.82dBm），而且光谱平坦程度很差。若增加泵浦功率，虽然 1575~11620nm 功率水平稍有提高，但远不及 1555~1570nm 提高程度，泵浦功率越高输出光谱平坦度越差，主要因为 L-波段放大的自发辐射用到的是铒离子增益带的尾部，其发射和吸收系数都比 C-波段小好几倍。因此作为设计高功率、高平坦度的 L-波段荧光光源，应充分利用 C-波段的光谱功率来提升 L-波段的光谱功率，所以实验中采用双级双程的结构设计，以实现重复利用 C-波段辐射谱，进而获得大功率且具有较好平坦度的 L-波段 ASE 光谱。

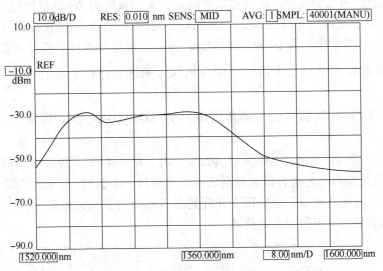

图 6-16 加光纤圈反射器后 A 端输出光谱

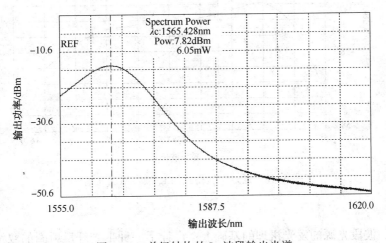

图 6-17 单级结构的 L-波段输出光谱

在此种双级双程结构的荧光光源中，当仅改变第二级光纤长度时，输出光功率随着长度的增加而减小，平均波长向长波方向偏移，平坦度得到改善；仅改变第二级泵浦光功率时，输出光功率随着泵浦功率的增加而增加，平均波长向短波方向偏移，平坦度变差，说明短波方向的增长速度高于长波方向的增长速度；当仅改变第一级的泵浦功率时，输出光的功率随泵浦光的功率的增加而增加，同时波长偏向于长波方向；当仅改变第一级光纤长度时，输出光功率随着长度的增长而减小，但平均波长偏向于长波方向，光谱的平坦度随着长度的增加得到明显的改善；同时光纤圈反射器的反射率对此种结构的光源也有较大影响，光纤圈反射率高，不仅提高了泵浦光的利用效率，而且使得平均波长偏向于长波方向，还明显改善了光源的平坦度，同时提高了光源输出的稳定性。

由于光源的输出功率及光谱的平坦程度除了与泵浦功率有关外还与掺铒光纤的长度等

因素有关，因此经过实验优化，最终在第两级分别采用长度为 7m 的低浓度铒光纤（EDF1）和长度为 31m 的高浓度铒光纤（EDF2），泵浦功率均约为 78mW，在 B 端测得输出光的光谱如图 6-18 所示，其中功率为 19.86mW（12.98dBm）。通过光谱仪分析得到的平均波长（理论上光源平均波长 $\bar{\lambda}$ 是以功率谱密度作为加权因子进行加权平均的方式来定义的，$\bar{\lambda} = \dfrac{\int P(\lambda) \lambda \mathrm{d}\lambda}{\int P(\lambda) \mathrm{d}\lambda}$，$P(\lambda)$ 是输出信号的功率谱密度）为 1577.421nm、3dB 带宽为 30.095nm，在 1570~1620nm 之间的荧光谱的功率 $\geqslant 13.46$mW。由于在 C-波段实现高功率相对容易，所以可将 C-波段荧光光源与之组合得到较高功率的宽带（C+L-波段）超荧光光源。因此，该结构的掺铒光纤荧光光源可以广泛应用于光纤光栅传感检测系统的光源设计中，不仅实现高功率，而且具有较为平坦的荧光增益谱。

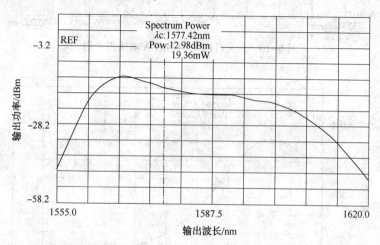

图 6-18　通过实验得到的 L-波段输出光谱

3. 结论

在分析 L-波段光源的发光机理的基础上，设计了一种带光纤反射圈的双级双程前向输出 L-波段光源，并采用两种不同浓度的掺铒光纤（第一级为 7m 低浓度铒光纤，第二级为 31m 高浓度铒光纤）实现了一种输出功率高达 19.86mW、中心波长为 1577.421nm 的光源。通过实验详细分析了此光源结构中各级光纤长度、泵浦功率及光纤圈反射器等参量对光源的输出功率、平均波长、平坦度等性能的影响以及采用此种光源结构设计的必要性和在改善输出光谱方面的作用，对光源的设计具有一定的参考意义。

6.2.5　双级双程 C+L-波段光源的实验研究与分析

随着光纤传感技术的发展，掺铒光纤荧光光源在光纤光栅传感系统中得到了应用，基本能满足系统对光源带宽的要求。但随着波分复用技术在组建网络化多点分布式光纤光栅传感系统中的应用，在充分利用 C-波段（1525~1565nm）带宽资源的同时，积极拓展 L-波段（1570~1610nm）带宽资源成为研究热点。先后提出了多种能同时输出 C+L-波段光的掺铒光纤荧光光源结构，这些光源虽然可以满足传感系统对带宽的要求，但存在增益谱平坦度不够理想、输出功率不高或稳定性差等问题。在多光栅复用传感系统中使用，使得传感信号峰值功率整体偏低且不均衡，这将给信号检测与解调带来一定的技术难度，同时信号的不稳定也将降低解调系统的可靠性。所以在增加光源的带宽同时，提高光源的输出功率、平坦度和稳定性是掺铒光纤超荧光光源应用中需要解决的关键问题。通过对双级双程结构掺铒光纤荧光光源优化，提高了光源的输出带宽、光谱平坦度和输出功率，可以解决多光纤光栅复用系统对光源带宽、功率以及平坦度性能指标的要求，降低信号远距离传输与解调的难度。

1. 实验装置

在掺铒光纤荧光光源研究基础上，设计采用图 6-19 所示的双级双程后向输出光源结构。其中，A 点左侧为光源的第一级（单级双程后向输出结构），A 点右侧为光源的第二级（单级单程后向输出结构），组合构成双级双程后向输出光源结构。EDF 为掺铒光纤，WDM 是波分复用器，Pump LD 是提供泵浦光的激光器（中心波长为 980nm），FLM 是由 3dB 耦合器制成的光纤圈反射器，ISO 是光隔离器，作用是限制光的传播方向，避免光谐振产生激光。

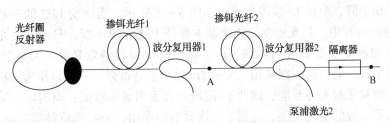

图 6-19　双级双程后向输出 L-波段高功率超荧光光源实验装置

实验装置图如图 6-20 所示，两个中心波长为 979.04nm、阈值电流为 27.8mA、最大输出功率为 200mW 的 980nm 激光二极管作泵浦源，所用低浓度铒光纤掺铒浓度为 700×10^{-6}，截止波长为 853.5nm，在 1200nm 处的本底损耗 $\leqslant50$dB/km，在 980nm 处的峰值吸收系数为 4.5dB/m，数值孔径 $\geqslant0.2$，模场直径为 6.68μm。高浓度掺铒光纤的铒浓度大于 1900×10^{-6}，光纤模场直径为 0.20μm，截止波长为 960nm，980nm 处的峰值吸收为 8.6dB/m，1530nm 附近峰值吸收为 14.2dB/m。实验优化光纤长度分别为 7.5m 和 32m。

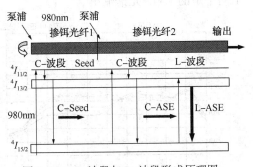

图 6-20　C-波段与 L-波段形成原理图

掺铒光纤在泵浦光作用下，铒离子发生能级跃迁形成粒子数反转，在诱导光作用下产生放大的自发辐射形成超荧光。图 6-20 是 C-波段与 L-波段 ASE 在掺铒光纤中的形成原理示意图，在 EDF1 中的铒离子吸收 980nm 泵浦光产生的 C-波段 ASE 将作为诱导光经双程结构进入第二级，从而提高第二级的功率、调整 L-波段的输出谱形及光源的稳定性。第二级

EDF2 中的铒离子吸收 980nm 泵浦光后，首先在掺铒光纤的近端产生 C-波段的 ASE，产生的 C-波段 ASE 部分光再被掺铒光纤后端吸收，将作为二次泵浦源从而产生 L-波段的 ASE。由于 L-波段放大的自发辐射用到的是铒离子增益带的尾部，其发射和吸收系数都比 C-波段小 3~4 倍，因此 L-波段光源的效率都比同等条件下的 C-波段要小很多。通过第一级光纤圈反射器的作用将第一级后向 ASE 输出反射重新进入掺铒光纤进行放大以增加前向输出的功率，从而保证整个光源具有更高的效率，同时改善光谱谱形，在重复利用 C-波段辐射谱的同时获得大功率的 C+L-波段 ASE 光。

2. 实验研究与分析

图 6-19 的 A 端输出光谱的特性在双程后向光源的研究中已经作了详尽的研究，此结构中采用双级结构主要是为了在增强 C-波段输出的同时提高 L-波段的输出功率，使 C-波段和 L-波段在功率上达到很好的匹配。

实验中，首先研究了 LD2 在不同泵浦功率下的 B 端输出光谱功率随 LD1 泵浦功率间的关系。实验发现：当 LD2 的驱动电流保持恒定时，增加 LD1 的驱动电流，B 端输出功率也将增加，输出光谱的中心波长将向长波方向移动，其光谱由 C-波段的形状逐渐变成 C+L-波段光谱直至 C-波段与 L-波段达到很好的功率匹配，若继续增加 LD1 的驱动电流，光谱 C 波功率段将很快下降，形成 L-波段光谱，如图 6-21 所示。当改变 LD2 的驱动电流，在调节 LD1 驱动电流过程中，其光谱变化规律基本保持上述规律不变，只是输出光功率整体下降，没有 LD1 电流等于 280mA 时的高。这主要因为 L-波段的发光效率远小于 C-波段，但 LD1 的泵浦功率较小时，第一级输出的 C-波段功率不是很强，不足以作为二次泵浦源光让第二级光纤的铒粒子被充分泵浦，因此 L-波段的光发出效率就低；但当增大第一级的泵浦功率时，进入第二级的荧光增强，起到了二次泵浦的作用，ASE 光将被第二级有效地吸收，因此相应的 C-波段功率降低，L-波段功率上升，在某一状态下达到很好的功率匹配就产生了高平坦的 C+L-光谱输出。

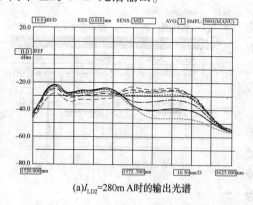 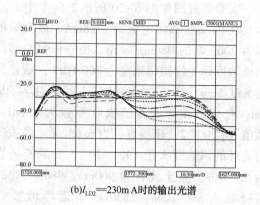

(a) $I_{LD2}=280$mA 时的输出光谱　　　　(b) $I_{LD2}=230$mA 时的输出光谱

图 6-21　双级双程后向结构光源输出光谱

（$I_{LD1}=50$mA、60mA、70mA、80mA、90mA、100mA、120mA）

当 LD1 驱动电流达到 90~100mA 时（泵浦功率约为 45~50mW），如图 6-22 所示输出的 C+L-段光谱具有较高的平坦度和输出功率，其光谱带宽达 80nm（1525~1605nm），中心波长为 1564.5nm，输出功率为 35.8mW。

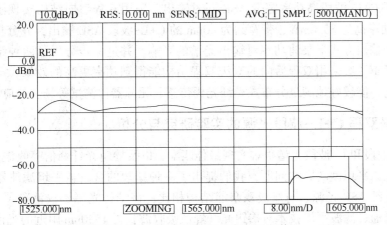

图 6-22　双级双程后向结构光源输出的高平坦光谱($I_{LD2} = 280mA$)

当第一级抽运功率保持不变，第二级抽运功率减小时，由于第一级中的 ASE 及光纤全反射器的均衡作用，故在一定范围内输出光的变化比较小，稳定性比较好。如图 6-23 所示，当 LD1 分别处于 50mA 和 100mA 时，改变 LD2 的驱动电流按 230mA、260mA 和 280mA 变化时，光源输出光谱基本保持原形状不变，功率虽有变化但变化不大，这足以说明第一级中光纤全反射器对 ASE 具有均衡作用，使在一定范围内输出的光变化比较小，具有比较好的稳定性。

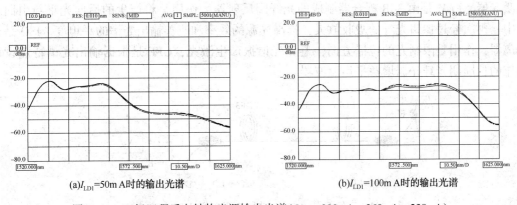

(a)I_{LD1}=50mA时的输出光谱　　　　　　　　　　(b)I_{LD1}=100mA时的输出光谱

图 6-23　双级双程后向结构光源输出光谱($I_{LD2} = 280mA$、260mA、230mA)

当第一级 LD1 采用双程前向时，亦可实现 C+L-波段光谱输出，只是当第一级的结构采用不同时，实验中获得相同输出两级的抽运光功率的大小及分配也有所不同。当第一级采用双程后向时，要实现较大功率的 C+L-波段光输出，两级抽运光中第一级 LD1 的功率较小，第二级 LD2 功率较大时才可获得较好的功率匹配；当第一级采用双程前向结构时，两级的功率比较接近，LD2 只要稍微大一点即可。但在两种方案对比情况下，两种方案所用抽运光的总功率大致相同，但第一级采用双程后向时，抽运光的抽运效率更高，光谱总体平坦特性也稍微优于前一种方案，是一种更为理想的结构。

3. 结论

设计了一种带光纤圈反射器的双级双程结构的 C+L-光源，通过实验优化了两级的光纤长度，实现了 C+L-波段高功率宽带 ASE 同时输出。采用双程后向结构实现了中心波长为 1564.5nm、功率高达 35.8mW、带宽约为 80nm 的 C+L-波段 ASE 输出，并分析了在第一级采用不同结构输出方式下泵浦功率对输出光谱的影响。并进一步分析了两种结构间的对比特点，得出了第一级采用双程后向的双级双程结构能得到功率更高的效果，平坦度等也略优于双程前向，能较好地满足分布式光纤光栅传感、无源器件测试等场合的应用。

6.2.6　三级双程 C+L-波段光源的实验研究与分析

针对 C-波段和 L-波段光谱很难实现最佳匹配，以及掺铒光纤峰值吸收波长 1530nm 附近的波峰对光谱平坦度的影响问题，我们提出了一种新颖的含增益平坦滤波器的三级双泵浦结构掺铒光纤 ASE 光源。与双级双泵浦结构相比，该结构光源不仅消除了 1570nm 附近的突起，而且通过滤波平坦技术对掺铒光纤峰值吸收波长为 1530nm 附近的光谱凸起进行平坦化处理，在保持输出功率满足使用要求的情况下，使得光源输出光谱具有非常好的平坦度。这样的光源在多光纤光栅波分复用传感系统中应用，可实现传感信号峰值功均衡性，是进一步远距离放大传输和降低信号解调技术难度的关键。

1. 实验装置与基本原理

在已有研究基础上，设计了如图 6-24 所示的加有平坦滤波器的三级双泵浦 C+L-波段掺铒光纤 ASE 光源结构。其中 EDF1 和 EDF3 是较高浓度的长度分别为 11.5m、6.5m 的光纤，EDF2 是较低浓度的长 53m 的掺铒光纤；WDM 是波分复用器，980nm LD 是提供泵浦光的激光器。FLM 是由 3dB 耦合器制成的光纤圈反射器，作用是将产生的后向光重新引回光纤中，再次经过掺铒光纤的吸收放大，提高光源的效率和改善输出光谱的平坦度。ISO 是光隔离器，作用是限制光的传播方向，避免光谐振产生激光，GFF 是根据输出光谱特点设计制作的长周期光纤光栅增益平坦滤波器。

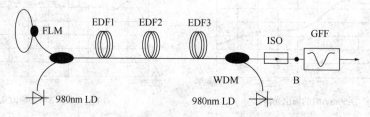

图 6-24　三级双泵浦 C+L-波段掺铒光纤 ASE 光源结构图

在图 6-24 结构中，在 EDF1 产生的 C-波段 ASE 将作为诱导光经第一级的双程结构进入 EDF2，从而提高第二级的功率和调整第二级的输出谱形，由于第二级 EDF2 长度较长、铒离子掺杂浓度较低，几乎被完全吸收产生平坦度很高的 L-波段 ASE 光。第三级 EDF3 中的铒离子吸收二级泵浦 980nm 抽运光后，产生功率较高的后向 C-波段 ASE 光，该 C-波段 ASE 光与前两级产生的 L-波段 ASE 光匹配后进入平坦滤波器，经过对光谱的平坦化后就可以输出具有高平坦度的 C+L-波段 ASE 光。由于输出光谱的形状受两个 LD 泵浦功率和各级激光纤长度影响，通过调节 LD1 或 LD2 的功率，优化三级掺铒光纤的种类与长度，可以实现光源输出 C+L-波段光谱，消除 1570nm 附近的突起。加滤波器的目的仅仅是进一步消除掺铒光纤在 1530nm 附近的吸收峰对光谱平坦度的影响。

2. 光源性能测试与分析

在图6-24所示结构中，三段掺铒光纤长度是经过实验优化确定的，调节LD1和LD2泵浦功率大小分别为70mW和120mW时，从B端输出光谱如图6-25所示。光谱功率为15.73mW（11.96dBm），中心波长为1566.43nm，光谱3dB带宽为77.26nm，覆盖1527.80~1605.06nm。尽管在1543.00nm至1583.00nm范围内，光谱平坦度小于0.65dBm，但整个3dB带宽内的光谱平坦度却达到1.98dBm，这主要是因为1530nm处光谱有明显的突出导致。如果去掉第三级EDF3，该结构光源将成为传统的两级双泵浦结构ASE光源，尽管改变两级双泵结构中两级泵浦功率大小能实现C+L-波段的光谱输出，光谱功率可达18.36mW（12.64dBm），但其平坦度明显不高（如图6-26所示），3dB带宽覆盖1563.91~1593.37nm，带宽仅为29.46nm，主要是因为在1570nm的处光谱凸起，使得整个C+L-波段光谱平坦度大于4.50dBm。

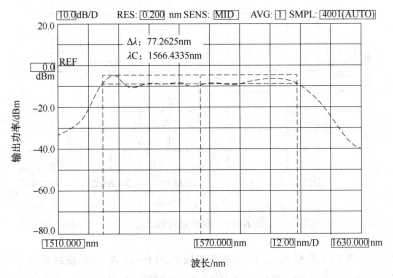

图6-25　未滤波的三级双泵结构输出光谱

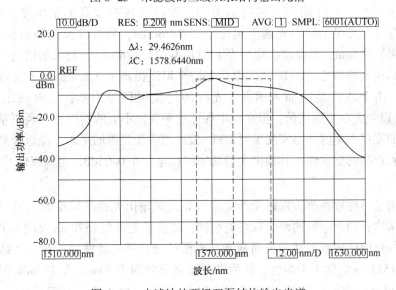

图6-26　未滤波的两级双泵结构输出光谱

从测试结果可见，三段掺铒光纤结构可以有效改善1570nm处光谱突起对平坦度和带宽的影响，使得1570nm附近的平坦度降到了0.65dBm。但由于1532nm处本征峰的存在，严重影响了整个光谱范围内的平坦度。为了进一步消除1530nm处光谱凸起的影响，我们研制了基于长周期光纤光栅的能够匹配补偿光源输出光谱的平坦滤波器。首先，通过采用数字滤波器的设计方法，对光谱平坦滤波器透过谱迭代算法[12]的优化，最大限度地减小了滤波器引入的损耗以及平坦后光谱在选定波长范围边界处的不连续性。再根据理论计算的增益补偿谱，选择购置了中心波长在1532nm附近的长周期光纤光栅(光谱如图6-27所示)。并对其进行了封装保护，降低了温度和应变的影响效应。

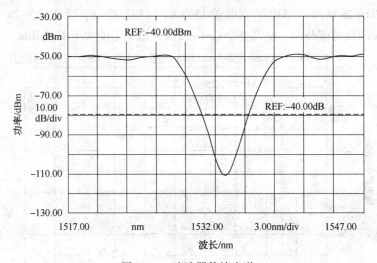

图 6-27　滤波器传输光谱

将制成的长周期光纤光栅增益平坦滤波器接入图6-24所示装置结构中，当LD1和LD2的泵浦功率仍为70mW和120mW时，光源输出光谱如图6-28所示。1532nm波长附近的光谱凸起基本被滤平，光源输出光谱覆盖C+L-波段且具有较高的平坦度，在1526.52~1607.87nm范围内实现了输出光谱平坦度小于0.76dBm，局部波长范围内优于0.48dBm，3dB带宽达到81.35nm，光源输出功率为13.11mW(11.17dBm)。与未加增益平坦滤波器的两级双泵浦结构光源相比，C+L-波段内的光谱平坦度提高了3.85dBm，3dB带宽同时增加了51.89nm。由于滤波器的插入损耗、光纤的连接损耗等因素，光源输出功率减小了2.62mW。虽以损失功率为代价，但在基本保证功率变化不大的情况下，利用基于长周期光纤光栅制作的宽带平坦滤波器实现了对C+L-波段超荧光光源的平坦。经过长期测试，光源输出光谱具有较高的稳定性，其输出光谱功率的稳定性在0.05dBm范围以内。

3. 结论

论文报道了一种旨在改善掺铒光纤宽带荧光光源输出光谱平坦度的三级双泵浦结构宽带光源，其结构有别于一般的两级双泵浦结构，改善了光源在1570nm处的不平坦性。在此基础上，进一步设计研制了基于长周期光纤光栅的增益平坦滤波器，在三级结构光源中改善了光源在1532nm处的不平坦性。在两级泵浦功率分别为70mW和120mW时，光源输出光谱功率为13.11mW(11.17dBm)，光谱3dB带宽覆盖1526.52~1607.87nm，在81.35nm

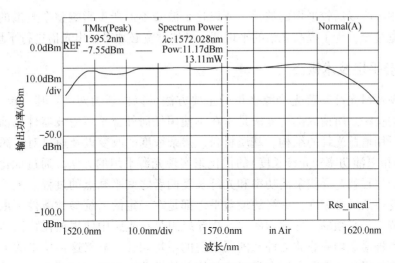

图6-28　C+L-波段光谱

的带宽内平坦度达到了0.76dBm，局部波长范围内光谱平坦度小于0.48dBm，实现了C+L-波段宽带高平坦超荧光光谱输出。该种光源在光纤传感系统、光纤陀螺以及光纤无源器件测试等方面有着重要的应用价值。

6.3　ASE 光源光谱的平坦化研究

掺铒光纤光源的主要指标有：输出功率、带宽、平坦度以及波长稳定性。人们对各种结构的掺铒光纤光源进行了详细的研究发现：在大多数情况下，光源的输出光谱轮廓是不平坦的，在1532nm附近存在波峰，在1540nm后是一个平台，峰值和平台之间功率差异达8dB左右，其严重影响了整个光谱的平坦度和带宽。在光纤传感系统中，如果掺铒光纤光源平坦度不高，不仅不利于分布式光纤光栅传感系统多点测量的实现，而且也不利于光纤光栅传感系统的精确解调；在通信系统中，除要求 EDFA 有足够高的增益外，在波分或频分复用系统中，还要求 EDFA 有足够的带宽，不平坦的 EDFA 增益谱不但极大地限制了可用的增益带宽，而且会导致严重误码率，因此有必要对宽带光源的输出光谱进行平坦化处理，把峰值压平是掺铒光纤宽带光源研究中的一项重要工作。

现在国内外报导的主要有以下几种方法：①利用滤波器进行增益平坦化，包括闪耀光栅法[37]、复合光栅滤波法[38]、长周期光栅法[39]、Mach-Zehnder 滤波器法[40]、光纤环形镜（Fiber-loop Mirror）法[41]等。②通过利用特种光纤，实现增益平坦化。譬如，1996 年，Shine-Kuei 等人[42]在两段掺铒光纤中加入一段掺钐（Sm）光纤，使放大器在 1529~1559nm 波长范围内的增益变化小于 0.5dB；2000 年，Yi Bin Lu 等人[43]利用双芯光纤，在 520~1560nm 波长范围内，实现增益波动小于 0.7dB。③掺铒光纤吸收法[44]，在没有泵浦光作用下的 EDF 具有与 EDFA 增益谱相反的吸收特性，因此可以利用它来实现 EDFA 的增益平坦化。

我们发现 C-波段超荧光光源的输出光谱中有一个明显的波峰，由于这个波峰的存在，通常只能利用波峰以后较平坦的波段，所以这个波峰不但严重影响整个光谱的平坦度，也导致光谱带宽过窄，为了提高光谱的平坦度、增加谱宽必须对输出光谱进行平坦化处理。

6.3.1 光谱平坦技术概述

目前实现掺铒光纤超荧光光源平坦的主要方法可以概括为两类：其一是内部均衡法，其二是外部均衡法。所谓内部均衡法是指在不使用任何外部平坦滤波器件的前提下，通过对光纤光源所用增益光纤的结构、基质材料、掺杂浓度的改变以及通过对光源结构和系统参量(主要是指泵浦功率和光纤长度)的优化来实现光源平坦的方法。通过优化系统参量实现光源平坦的过程就是寻找泵浦功率和光纤长度两者之间平衡点的过程。无论是改变光纤基质还是改变掺杂成分浓度，最终的增益平坦都是在一定的系统参数条件下取得的，即对系统参数的调节是必须的。外部均衡法的指导思想是在光路中使用损耗特性与光源的增益特性相反的各种增益均衡滤波器件来削弱增益的不均匀性。显然这种技术的关键在于平坦滤波器所具有的损耗特性和光源自身对应的增益特性能够精确的实现匹配。具有代表性的光滤波器有：长周期光纤光栅(LPG)、多层介质干涉膜滤波器(DIF)、马赫-曾德尔干涉仪(MZI)型滤波器等。

6.3.2 发光光纤结构参数调整

1. 高掺铝铒纤的增益平坦

EDFA 理论和实验研究发现，在掺铒光纤中共掺杂铝元素可有效地改善 EDFA 的增益平坦度，且掺杂高浓度的铝能有效地平坦 EDFA 在 C-波段的增益峰，从而增大其平坦增益带宽。其原因主要是掺铝有助于减少铒离子之间的团聚作用，使铒离子在 EDF 中分布更加均匀，因此目前共掺铝的 EDF 在实际应用中已经被广泛采用[45,46]。

2. 氟化物基掺铒光纤放大器(EDFFA)

近几年的研究发现，采用氟化物光纤制成的 EDFFA 具有更大的平坦增益带宽，其增益平坦性优于掺铒石英光纤放大器(EDSFA)。把被 EDFFA 和 EDSFA 放大的典型 ASE 谱对比，证实 EDFFA 在 1532~1560nm 波长范围内展示了较平坦的增益，其增益不平坦度在 1.5dB 之内，在 1534~1542nm 波长范围内的增益差甚至小于 0.2dB，而 EDSFA 增益差为 l.5dB 的波长范围是 1536~1560nm。但是，氟化物光纤的制造及其可靠性方面还存在一些问题，尤其是受噪声系数的限制。氟化物光纤在 980nm 泵浦时，EDFFA 具有较高的噪声系数，而掺铒石英光纤在 980nm 泵浦时，噪声系数却可以达到量子极限值。因此，为使 EDFFA 具有较低的噪声系数，还需解决泵浦问题[47]。

3. 碲化物基掺铒光纤放大器(EDTFA)

日本学者已研制出一种新型的碲(Te)基 EDFA，其在 1530~1610nm 的波长范围内的增益不平坦度小于 l.5dB，小信号增益大于 20dB，当输入信号为 0dBm 时可获得输出信号功率为 18.5dBm 的均衡放大。所用的碲化物基光纤相对折射率差为 15%，基质在 1.3μm 的损耗为 0.2dB/m，掺铒浓度和截止波长分别为 2000×10⁻⁶ 和 1.2μm。碲化物基光纤预制棒采用传统的熔炼浇注技术，比石英光纤预制棒的 MCVD 制作技术简单得多，成本低，周期短。采用 TEC 技术可以大大降低碲化物基光纤和石英光纤之间的损耗。另外，EDTFA 中的掺铒光纤长度较短，所用高功率激光二极管和其他无源器件较少，所以结构比较简单，制作成本与普通放大器接近。到目前为止，掺铒碲化物基光纤放大器被认为是最有前途的光放大器[48,49]。

4. 双芯光纤

有些专家致力于研究通过改变掺铒光纤的几何结构来均衡增益[50,51]。一种采用双芯掺铒光纤制作的无源全光信道均衡的 EDFA 已经获得了成功。双芯光纤的两个纤芯均为 Er^{3+} 掺杂，其芯子主要成分为 SiO_2、Al_2O_3 和 GeO_2，在 1530nm 处有一个 6dB/m 的吸收峰，所有不同波长的信号和泵浦功率从同一纤芯入射，在沿双芯光纤传播的同时交叉耦合，其空间耦合周期与波长有关，于是这些信号从空间上被分开，分别与不同的铒离子相互作用，所以各个波长的信号在纵向空间上解耦合后增益互不相干。进入 21 世纪后，澳大利亚的一些研究人员又改进了原有的双芯掺铒光纤，他们采用一个纤芯掺杂而另一个不掺杂的双芯铒纤，其主要原理是通过调整两个铒纤的空间结构从而把掺铒纤芯中原本高增益波长区域的光耦合进入非掺杂纤芯中，从而达到在没有增益均衡滤波器的条件下获得较高且平坦的增益，经过不断的优化，这种铒纤已经被证实不仅可以用于传统的 C-波段 EDFA，而且在 L-波段以及 C+L-波段也有其用武之地。

6.3.3 光源结构和参数优化

无论是 C-波段、L-波段，还是 C+L-波段的掺铒光纤超荧光光源都有很多种结构形式，不同结构光源的输出光谱的性能指标会有优劣之分；同样的光源结构、不同的泵浦波长、不同的泵浦功率以及不同的掺铒光纤长度都会使输出光谱有所改变，所以通过优化光源结构和系统参数，可以提高输出光谱的性能指标。

对于 C+L-波段掺铒光纤光源，通过优化设计，提出了三级双泵浦 C+L-波段掺铒光纤光源结构，此光源输出光谱的平坦度较其他结构更理想。本节介绍此光源结构中系统参数的优化过程，说明通过优化系统参数(包括三段掺铒光纤 EDF1、EDF2 和 EDF3 的长度，两级泵浦源的功率 P_1，P_2)可以实现提高输出光谱平坦度的目的。

实验中利用 ANDO 公司生产的 AQ6319 型光谱仪(最小分辨率为 0.01nm，测量范围为 50~1700nm)进行输出光谱的纪录，该光谱仪拥有多个通道，利用不同的通道分别采样不同条件下的输出光谱，最后可以将不同通道采样得到的光谱显示在同一坐标系中，方便对其进行对比分析。因为光源结构中的第一级和第三级主要是用来产生 C-波段的光，根据现有的研究基础，确定 EDF1 和 EDF3 的长度应在 10m 左右，因此初步选择 EDF1 长度为 10m，EDF3 长度为 7m，同时选定两个泵浦源的功率 P_1 为 66mW，P_2 为 138mW，第二级光纤吸收第一级产生的 C-波段光，从而最终在第二级光纤的末端产生 L-波段的光，由于第二级光纤的掺铒浓度较低，估计 EDF2 的长度较长，首先选择 EDF2 长度为 30m，之后依次增加为 45m、55m、65m，利用光谱仪观察输出光谱的变化情况，得到的输出光谱的波形变化如图 6-29 所示。

从图 6-29 可以看出：当 EDF2 的长度为 30m 时，采样得到的光谱如图 6-29 中 A 曲线所示，第一级产生的前向 C-波段光完全被吸收，第三级产生的前向 C-波段光也被吸收，但由于 EDF2 较短 L-波段的光还未完全形成，所以最终输出的光主要集中在 1565nm 波长附

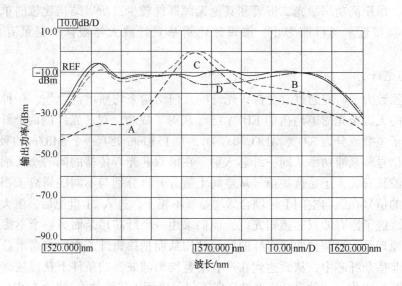

图 6-29　随 EDF2 长度的变化输出光谱的变化

近；随着 EDF2 长度的增长，L-波段光谱逐渐向上抬起，同时输出的 C-波段的光变强，但 1565nm 波段附近仍然存在一个波峰；继续增加 EDF2 的长度，当 EDF2 的长度为 53m 时，输出光谱的 C-波与 L-波段达到平衡，输出的 C+L-波段 ASE 光谱较平坦。再增加 EDF2 的长度到 65m 时，C-波段与 L-波段的光谱都有所下降，且 L-波段前面部分波形下降较明显，造成 C-波段与 L-波段之间出现凹陷，这主要是因为 EDF2 过长造成饱和的 L-波段光被吸收而产生了损耗。

最终选定 EDF1、EDF2 和 EDF3 的长度分别为 11.5m、53m 和 6.5m。改变两级抽运光功率，观察泵浦源功率对输出光谱的影响：首先，断开第一级泵浦源使其输出功率 P_1 为 0mW，改变第二级功率，当二级泵浦功率分别为 65mW，85mW，105mW，125mW，145mW 时，采样得到输出光谱波形的变化，如图 6-30 所示。从图 6-30 中可以看出：断开第一级泵浦源，只有第二级泵浦源工作时，无论 P_2 的大小如何变化，只采样得到了 C-波段的 ASE 光。随着 P_2 的增大，C-波段光谱逐渐增高，当 P_2 大于 125mW 时，再增大 P_2，输出波形的变化幅度很小，这是由 EDF 的饱和效应造成的。

然后，断开第二级泵浦源使其输出功率 P_2 为 0mW，接通第一级泵浦源，当一级泵浦功率分别为 60mW、80mW、100mW、120mW、140mW 时，采样得到的输出光谱波形的变化情况，如图 6-31 所示。

从图 6-31 中可以看出：断开第二级泵浦源，只有第一级泵浦源工作，无论 P_1 大小如何变化，只采样得到了 L-波段的 ASE 光。随着 P_1 的增大，L-波段光谱逐渐增高，当 P_1 大于 140mW 时，再增大 P_2，输出波形的变化幅度很小，说明 EDF 已经趋于饱和。

将两级泵浦源同时接通，固定第一级泵浦源的功率 P_1 为 65mW，改变第二级泵浦源功率 P_2，使其分别为：60mW、90mW、130mW、150mW，利用光谱仪观察输出光谱波形的变化，采样得到的波形图如图 6-32 所示。

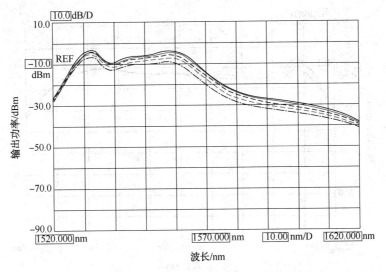

图 6-30　$P_1 = 0\text{mW}$，随 P_2 变化输出光谱波形的变化

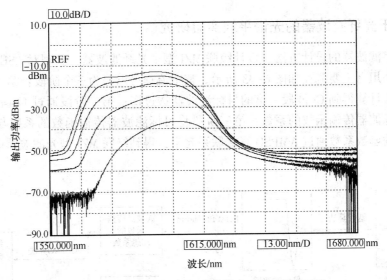

图 6-31　$P_2 = 0\text{mW}$，随 P_1 变化输出光谱波形的变化

从图 6-32 中可以看出：两级泵浦源同时工作，当一级泵浦源的输出功率 P_1 固定为 65mW 时，改变二级泵浦源的功率 P_2，随着 P_2 的增大，输出光谱的 C-波段光谱不断变高，而 L-波段光谱保持不变，当 P_2 为 130mW 时，实现较平坦的 C+L-波段 ASE 光谱。之后 P_2 继续增大，输出 C-波段光谱继续升高，当 P_2 大于 150mW 时，C-波段光谱基本趋于饱和。

实验结果证明：当三级掺铒光纤长度不同，两级泵浦源功率不同时，输出的 ASE 光的性能指标就不同，通过不断优化三级光纤长度和两级泵浦源的输出功率，总可以找到适合长度的掺铒光纤长度以及一定的泵浦功率使光源输出光谱的平坦度较高。

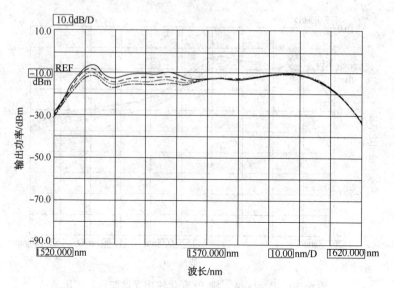

图 6-32 $P_1 = 65$mW，随 P_2 变化输出光谱波形的变化

6.3.4 基于光纤滤波器的光谱平坦实验研究

利用数字滤波器的设计方法，设计级联 MZI 型全光纤滤波器，实现对 ASE 宽带光源 C-波段光谱的平坦，主要流程如图 6-33 所示。整个流程可以分为三个阶段：第一阶段使用优化的迭代算法计算得到 C-波段光谱的目标滤波器透过谱；第二阶段通过 Least Pth-norm 算法确定目标滤波器传输函数的系数；第三阶段将目标滤波器传输函数的系数与级联 MZI 型光滤波器传输函数系数通过 AMPSO 算法联系起来，得到级联 MZI 型光滤波器中各个耦合器的耦合系数。

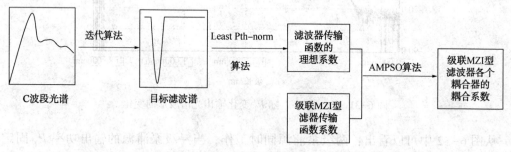

图 6-33 设计流程图

实验中搭建单程后向 ASE 宽带光源结构。选择的掺铒光纤铒离子浓度为 $700×10^{-6}$，截止波长为 853.5nm，在 1200nm 处的本底损耗 ≤50dB/km，980nm 处的峰值吸收系数为 4.5dB/m，1480nm 处的峰值吸收系数为 2.8dB/m，数值孔径 ≥0.2，模场直径为 6.68μm，长度为 7m。采用 980nm 激光二极管作抽运光源，中心波长为 979.04nm，阈值电流为 27.8mA。利用 Anritsu MS9710C 多功能光谱仪（最小分辨率为 0.05nm，测量范围为 600~1750nm）采样得到的 C-波段光谱如图 6-34 所示。

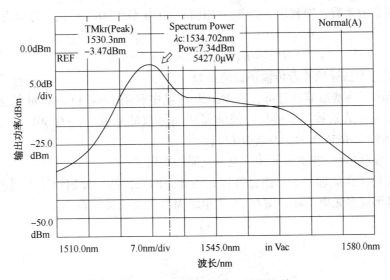

图 6-34　ASE 宽带光源 C-波段光谱

从图 6-34 中可以发现：1540~1560nm 波段的光谱较平坦，所以只需对波长范围为 1525~1540nm 的光谱进行平坦化处理，具体步骤如下：

第一步：根据输出光谱计算目标滤波器透过谱。

通常，人们在对 EDFA 增益谱进行平坦化处理时，都直接利用一个透过谱与之相反的滤波器对其进行增益补偿，从而得到 EDFA 平坦的增益谱。这种方法虽然简单，但以牺牲较大功率为代价，所以并不是理想的方法。肖艳红[50]等人使用迭代算法计算增益补偿谱，但是该算法应用于 ASE 宽带光源目标滤波器透过谱的求解时，在设定的波长范围边界处可能会出现目标滤波器透过谱波形不连续的现象。因此本文借鉴这一方法，对其改进以适应对 C-波段目标滤波器透过谱的求解，并在 Matlab 环境中计算得到最佳的滤波谱。根据图 6-34 计算得到目标滤波器的透过谱，如图 6-35 所示。

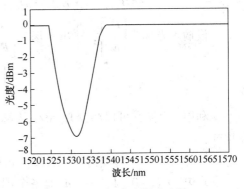

图 6-35　目标滤波器透过谱

该方法最大限度减小滤波器损耗，同时避免了滤波谱波形在选定波长范围边界处的不连续性。

第二步：目标滤波器传输函数系数的确定。

光滤波器的设计与数字滤波器十分相似，因此可借鉴数字滤波器的各种优化与设计方法[51]，提高光滤波器的设计效率。滤波器设计方法有窗函数法、等波纹法、最小二乘法、Least Pth-norm 法[52]等。本文采用 Least Pth-norm 算法，因为相对于数字滤波器的频谱，光滤波器的透过谱是任意形状的，对于给定的频谱响应，Least Pth-norm 算法能够得出阶数最少的滤波器设计。

利用这种数字滤波器的设计方法，将上一节得到的目标滤波器透过谱可以转换成目标滤波器传输函数的系数，即利用 z 变换，将其归一化频率在 $[0, \pi]$ 内，进而得到 $H(z)$ 的多项式展开式：

$$H(z) = Ic_0 + Ic_1 z^{-1} + Ic_2 z^{-2} + \cdots + Ic_n z^{-n} \qquad (6-6)$$

式中，$\{Ic_i\}$ 为目标滤波器传输函数的系数。

对于得到的目标滤波器透过谱，在 Matlab 环境中利用 Least Pth-norm 算法即可得到目标滤波器传输函数的系数。求得目标滤波器传输函数的系数为 $[-0.5017 \ 0.51043 \ 0.4656 \ 0.34558 \ 0.34558 \ 0.4656 \ 0.51043 - 0.5017]$；

第三步：级联马赫-曾德尔干涉仪型滤波器的实现。

级联 MZI 的工作原理如下：耦合器将光场分为两路，然后分别经过不同干涉臂产生相位延迟，逐级形成多光束干涉。图 6-36 为单级 MZI 型滤波器结构图。

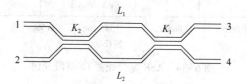

图 6-36 单级 MZI 型滤波器结构图

根据 MZI 中耦合器的散射矩阵 $H_{coupler}$ 和相对臂长差的相位延迟矩阵 H_{delay}，可以得到级联 MZI 型光滤波器的传输函数为：

$$H = H_{coupler(1)} \cdot H_{delay} \cdot H_{coupler(2)} \cdot \cdots \cdot H_{coupler(n-1)} \cdot H_{delay} \cdot H_{coupler(n)} \qquad (6-7)$$

设输入光场为 $\begin{bmatrix} E_1 \\ E_2 \end{bmatrix}$，输出光场为 $\begin{bmatrix} E_3 \\ E_4 \end{bmatrix}$，用传输矩阵法描述为：

$$\begin{bmatrix} E_3 \\ E_4 \end{bmatrix} = H \begin{bmatrix} E_1 \\ E_2 \end{bmatrix} \qquad (6-8)$$

利用 z 变换，可以将级联 MZI 从端口 1 输入、端口 3 输出的光场强度表示成 z 的多项式：

$$H(z) = c_0 + c_1 z^{-1} + c_2 z^{-2} + \cdots + c_n z^{-n} \qquad (6-9)$$

式中，$c_i(i = 0, 1, \cdots, n)$ 是各个耦合器系数的显函数，即：

$$c_i = f_i(\theta_1, \theta_2, \cdots, \theta_n) \qquad (6-10)$$

这里，$\{c_i\}$ 为实际滤波器传输函数的系数。因为级联 MZI 型光滤波器传输函数的系数是各个耦合器耦合系数的显函数，所以改变各个耦合器的耦合系数，使光滤波器传输函数的系数尽可能接近目标滤波器传输函数的系数 $\{Ic_i\}$，就可以得到级联的 MZI 中各个耦合器的系数。

由于级联 MZI 型光滤波器传输函数的系数是各个耦合器耦合系数的复杂多元三角函数方程组，当级联级数较多时，直接通过解析方法将很难求解，因此本文使用 AMPSO 算法[54,55] 进行全局最优解搜索。使用 AMPSO 算法求解级联 MZI 各个耦合器耦合系数，避免了只能获得局部最优解的风险。

为了得到理想的级联 MZI 型光滤波器，本文中 AMPSO 算法的粒子适应度函数为：

$$\text{Fitness}\ (\theta_1,\ \theta_2,\ \cdots,\ \theta_n)=\min\left\{\sum_{i=0}^{n}\ (c_i-Ic_i)^2\right\}=\min\left\{\sum_{i=0}^{n}\ (f_i(\theta_1,\ \theta_2,\ \cdots,\ \theta_n)-Ic_i)^2\right\} \tag{6-11}$$

至此，就可以得到了级联 MZI 型滤波器中各个耦合器的耦合系数。

利用 AMPSO 算法求得实际滤波器传输函数的系数为 [−0.5206 0.49533 0.48431 0.32954 0.36653 0.45468 0.50121−0.5121]，其对应的各个耦合器的耦合系数为 [9.4487 3.2338 10.41 15.492 1.184 3.2953 2.6243 6.7298]。在 Matlab 中模拟得到的实际滤波器透过谱如图 6-37 所示，计算出的平坦后 C-波段光谱如图 6-38 所示。

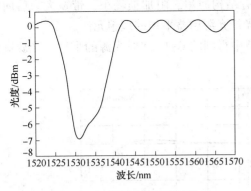

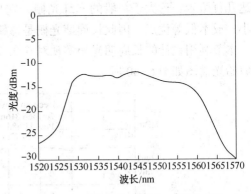

图 6-37　实际滤波器透过谱　　　　图 6-38　计算出的平坦后 C-波段光谱

第四步：利用设计的级联 MZI 型滤波器进行平坦实验。

根据第三步计算出的各耦合器耦合系数，选择相应的耦合器，完成级联 MZI 型光滤波器的设计并将其连入已搭建的 ASE 宽带光源(单程后向结构)的光路中，利用光谱仪采样得到平坦后的 C-波段光谱，如图 6-39 所示。

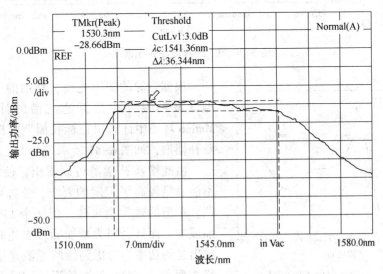

图 6-39　实验中得到的 C-波段平坦后的光谱

从图6-39中可以看出1532nm附近的波峰被明显抑制，从而有效地实现了ASE宽带光源增益平坦的目标。被平坦波段范围内(1525~1540nm)的光谱不平坦度<±0.73dB，整个C-波段光谱的3dB带宽为36.344nm。

6.3.5 基于长周期光栅的光谱平坦实验研究

长周期光纤光栅(LPFG)利用光纤内同向传输模式之间的耦合，把正向传输的基模能量有选择性的耦合到其他正向传输的模式中，实现选择性损耗，故又称为传输型光栅。应用LPFG滤波器可以使掺铒光纤光源增益曲线实现在一段波长范围内的衰减，其波长选择范围可达几百微米，远大于一般的光纤光栅。它具有结构简单、附加损耗小、带宽大、后向反射小、成本低等优点，因此长周期光栅是掺铒光纤光源增益平坦的理想元件。

本节利用设计的长周期光栅实现对6.2.6节中得到的C+L-波段光源的平坦。光源输出的原始光谱图如图6-40所示。

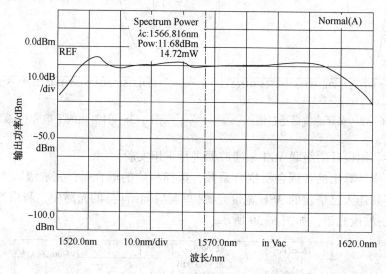

图6-40　C+L-波段原始光谱图

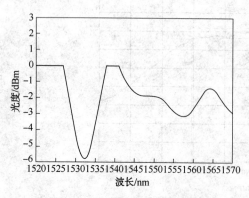

图6-41　目标长周期光栅透射谱

根据光源的输出光谱，利用前一节级联MZI型滤波器设计中目标滤波谱的计算方法，在Matlab环境中计算出目标长周期光栅透射谱即增益补偿谱，如图6-41所示。

由此增益补偿谱可以看出，使用一个LPFG不能满足较高平坦度的要求，选择两个LPFG级联，平坦的效果会更佳，但两个LPFG不但会增加成本，而且会因为增加插入损耗而降低了最终输出光的功率。考虑到影响光源光谱平坦度的波峰主要位于1532nm波长附近，后面的波峰相对较低，通常只需将1532nm波长附近的波峰滤平就能满足一般应用中对平坦度的要求。根据以上两点，决定只采用一只 LPFG 对光源进行平坦。

根据计算的目标 LPFG 透射谱，寻找参数与之接近的 LPFG，最终在北京峻烽科技公司购买了一只 LPFG。强度带宽为 12nm，峰值损耗为 6.4dB，插入损耗为 0.6dB，两端接有两根跳线，方便拆装。其透射谱如图 6-42 所示。

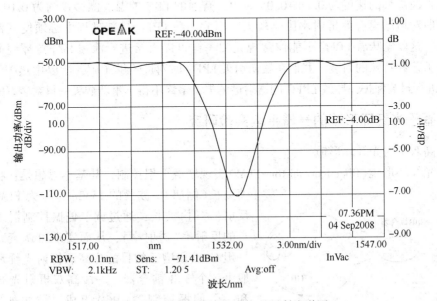

图 6-42　实际购买的 LPFG 的透射光谱图

将此 LPFG 接入搭建好的 C+L-波段掺铒光纤超荧光光源中，再将其另一端与光谱仪连接，测得平坦后的光谱图如图 6-43 所示。

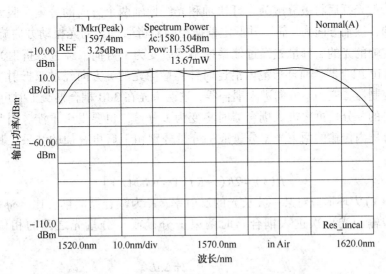

图 6-43　C+L-波段原始光谱图

从图 6-43 可以看出，利用 LPFG 实现了较好的平坦效果，1532nm 波长附近的波峰基本被滤平，在 80nm(1525～1605nm)波段范围内，C+L-波段光谱的不平坦度<±0.66dB。输出功率较加入 LPG 之前减小了 1.05dB，其中除了 LPFG 本身的插入损耗外，跳线的连接损耗也会使功率有所减小。总之，利用 LPFG 较好地实现了对 C+L-波段超荧光光源的平坦。

LPFG 也存在一定的缺点：首先，对应力和温度比较敏感。随着温度的升高，其损耗中心波长向长波漂移的速度为 0.04～0.05nm/℃(普通的 FBG 的温度漂移量约为 0.01nm/℃)。另外，弯曲对包层模有效折射率影响较大，因此，在 LPFG 封装过程中必须使其保持完全伸展状态。这就意味着 LPFG 不能像常规光栅一样可以直接进行涂覆和任意环绕而必须采取特定的工艺和特殊的封装。我们在最初购买 LPFG 时对此不够了解，所以用热缩管对购买的 LPFG 进行封装保护，导致 LPFG 的透射谱消失，最终不得不重新购买一只封装好的 LPFG。

6.3.6 基于光纤环形镜的光谱平坦实验研究

（1）高双折射光纤环形镜

利用光纤环形镜(fiber loop mirror-FLM)实现增益平坦控制，其基本思想是：将增益峰值波长(例如 C-波段的 1532nm)作为 FLM 的可控反射(透射)波长，通过调节偏振控制器改变该波长的反射率(透射率)，从而实现可调衰减，达到平坦 C-波段增益的目的。高双折射光纤环形镜一般由一个 3dB 耦合器、一段高双折射光纤(HBF)和一个偏振控制器(PC)组成，结构如图 6-44 所示。

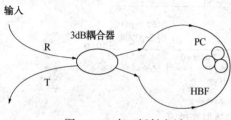

图 6-44 高双折射光纤
环形镜结构示意图

下面讨论高双折射光纤环形镜的工作原理。入射光经过 3dB 耦合器后，分成功率相等的两束光沿环路顺时针和逆时针传输。它们的电矢量经过双折射光纤后将被分解为光纤快轴和光纤慢轴两个方向的分量。假设双折射光纤的快轴为 x 轴，慢轴方向为 y 轴，并假定偏振控制器将通过它的光振动方向旋转90°。沿环形镜顺时针传输的光的 x 分量先经过偏振控制器后变为 y 方向，经过双折射光纤慢轴传输后再次进入 3dB 耦合器。而环形境内沿逆时针传播的光的 x 方向经过双折射光纤快轴传输后经过偏振控制器，变为 y 方向进入耦合器。这两束光在 3dB 耦合器交汇时可以发生干涉。同样它们各自的 y 分量再次进入耦合器时将变为 x 分量，也要发生干涉。因此，环形镜的特性是在耦合器内传输的两束光 x 分量或 y 分量分别相干后再叠加的结果。其反射率可由下式表示[52]：

$$R(\lambda) = 2K(1-K)\left[1+\cos\delta\phi(\lambda)\right] \tag{6-12}$$

式中，$R(\lambda)$ 为环形镜对某一波长光的反射率，K 为耦合器的耦合比；$\delta\phi(\lambda)$ 为沿顺时针和逆时针传输的光再次进入耦合器时两束 x 分量或 y 分量光之间的相位差，可用式(6-13)表示：

$$\delta\phi(\lambda) = \frac{2\pi\Delta nL}{\lambda} \tag{6-13}$$

式中，Δn 为双折射光纤快轴和慢轴间的折射率差，RIU；L 为双折射光纤的长度，m。

当偏振控制器不能将经过它的光的电矢量方向旋转90°时，经过耦合器的光只有部分发生干涉，必然造成环镜反射谱对比度的下降。所以，通过调节偏振控制器的状态可以方便地控制双折射环形镜的反射率。通过式(6-13)可知，改变双折射光纤的长度，就可以很方便地改变环形镜相邻最大反射率的波长差。因此，选择适当的双折射光纤长度和调节偏振控制器可以使环形镜的反射或透射谱与光源的光谱匹配，从而实现对掺铒光纤超荧光光源光谱的平坦[41,53]。根据相关文献[41,54]可知，通过增加环内高双折射光纤和偏振控制器的数目，可使环形镜的反射谱或透射谱的形状和位置的调整更为细致和精确，但调整偏振控制器也变得更复杂。本文最终选择两段高双折射光纤和一个偏振控制器来构成光纤环形镜。

实验装置如图6-45所示，C-波段光源采用单级单程后向结构，光源的输出端接光纤环行器(Circulator)的1端，光纤环行器的2端接包含有两段高双折射光纤(Hi-Bi fiber)和一个偏振控制器(PC)的光纤环形镜。所用泵浦源仍为980nm的激光二级管(Pump LD)，掺铒光纤(EDF)的Er^{+3}浓度为700μg/g，截止波长为853.5nm，在1200nm处的本底损耗≤50dB/km，在980nm处的峰值吸收系数为4.5dB/m，数值孔径≥0.2，模场直径为6.68μm，长度7m。高双折射光纤在1550nm处的拍长为2.4mm，长度分别为10cm和5cm。

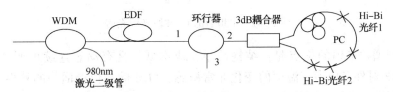

图6-45 高双折射光纤环形镜增益平坦实验装置图

在未接入光纤环行器和高双折射光纤环形镜时，利用光谱仪采样得到单级单程后向结构C-波段光源的输出光谱如图6-46所示。

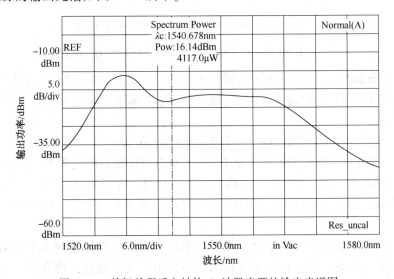

图6-46 单级单程后向结构C-波段光源的输出光谱图

利用光纤环行器将光源与高双折射光纤环形镜按照图 6-45 连接在一起，使用光谱仪在光纤环行器的 3 端检测得到平坦后的光源光谱，如图 6-47 所示。在 1526～1560nm 波段内光谱的不平坦度<±1.13dB。

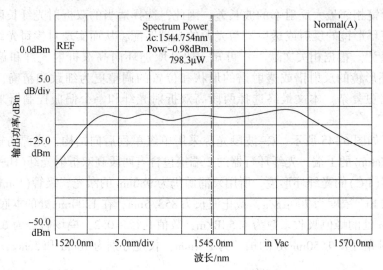

图 6-47　平坦后的 C-波段光源光谱

FLM 实现增益平坦的优点是：结构简单、成本低、具有动态连续可调性。但是由于 FLM 内部 HBF 对外界应力、温度的变化非常敏感，FLM 的相位差面临的外界干扰因素多，所以稳定性不好。另外，HBF 和普通光纤的熔接不易达到良好状态，这对输出功率和最终的滤波效果都造成很大影响。因此，这种平坦方法不适合应用于实际工程中。

（2）由过耦合器构成的光纤环形镜

过耦合器光纤环形镜的定量分析可以采用琼斯矩阵法[55,56]。偏振控制器的传输矩阵为：

$$T_{pc} = \begin{vmatrix} \cos(\delta)+j\sin(\delta)\cos(2\theta) & j\sin(\delta)\sin(2\theta) \\ j\sin(\delta)\sin(2\theta) & \cos(\delta)-j\sin(\delta)\cos(2\theta) \end{vmatrix} \quad (6-14)$$

式中，$\delta=2\pi\Delta nL/\lambda$；$L$ 为偏振控制器中光纤的长度，m；$\Delta n=|n_o-n_e|$ 是双折射效应引起的折射率差；θ 为 PC 转动时光纤快轴（或慢轴）与坐标轴之间的夹角。最后 FLM 的反射率可以表示为：

$$R=4k(1-k)[1-\sin^2(2\theta)\sin^2(\delta)] \quad (6-15)$$

由式（6-15）可知，FLM 的反射率是 PC 引入双折射快轴取向夹角 θ，强度 δ，耦合系数 k 的函数。当 $k=0.5$，即使用普通 3dB 耦合器构成 FLM，改变 PC 的状态，只能使反射率连续调节，在 60nm 光谱范围内反射率对波长的变化仅为 4%，FLM 的反射率对波长变化不明显[55]。

过耦合器是在普通耦合器的基础上发展起来的，即在分光比达到 3dB 点后，继续拉伸使器件处于过耦合状态，输出特性与波长的依赖性关系逐渐增强，耦合比与波长近似有正弦曲线关系[57]。如果利用过耦合器替代普通耦合器构成 FLM，这种 FLM 不仅可以调节反射率的大小，而且 FLM 的反射率会随波长的变化而改变[56]，因此，利用过耦合器构成的 FLM

可以作为一种平坦滤波器。通过调节 PC 使 FLM 的反射率在 1532nm 波段附近较小，而其他波段的光基本全被反射，得到的光纤环形镜的反射谱与光源增益谱谱形相反，从而可以实现对 C-波段光谱增益的补偿。

下面介绍光纤环形镜中的过耦合器的参数是如何确定的。实验中的 PC 是由三个刚性圆盘构成，普通单模光纤绕在圆盘上等价于波片，通过光纤缠绕的圈数使三个圆盘分别相当于 $\lambda/4$、$\lambda/2$ 和 $\lambda/4$ 波片[55]。一组 $(\theta_1, \theta_2, \theta_3)$ 表示一种 PC 的状态。其中 $(\theta_1, \theta_2, \theta_3)$ 分别表示 PC 的三个圆盘相对水平方向的夹角，且 θ_1，θ_2，θ_3 的取值均在 $0\sim\pi/2$。因此 PC 的传输矩阵又可表示为：

$$T_{pc}(\theta_1, \theta_2, \theta_3) = T_3 T_2 T_1 \tag{6-16}$$

所以有：

$$T_{pc}(\theta_1, \theta_2, \theta_3) = T_{pc}(\delta, \theta) \tag{6-17}$$

从而建立了实验可测量参数 $(\theta_1, \theta_2, \theta_3)$ 与理论模拟量 δ，θ 之间的关系。

根据过耦合器的特性令：

$$k(\lambda) = \cos^2(\omega\lambda + \varphi) \tag{6-18}$$

将式(6-18)代入式(6-15)中，可得出 FLM 反射率与波长的关系。根据需要平坦的 ASE 光源，计算出目标滤波谱，通过遍历若干组 $(\theta_1, \theta_2, \theta_3)$ 值，使 FLM 反射谱与目标滤波谱无限逼近，同时确定对应的耦合系数参量 ω，φ。

实验装置图与图 6-45 相类似，如图 6-48 所示，其中光源部分完全一样，只是光纤环形镜部分有所变化，将普通的 3dB 耦合器换成定制的过耦合器，并且去掉光纤环中高双折射光纤。

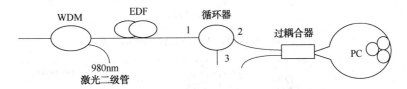

图 6-48　过耦合器光纤环形镜增益平坦实验装置图

根据 C-波段 ASE 光谱(图 6-46)，计算出目标滤波谱，当 $\theta_1 = \pi/3$，$\theta_2 = \pi/4$，$\theta_3 = \pi/4$ 时，光纤环形镜的反射谱与目标滤波谱最接近，此时计算得到 $\omega = 0.157$，$\varphi = 1.65\pi$，FLM 的反射率与波长的关系图如图 6-49 所示。FLM 反射谱在 1530nm 附近有一个凹陷，从而可以实现对 C-波段 ASE 光的平坦化。

实验中采用的过耦合器购置于深圳浩源公司。利用 SLD 宽带光源(波长范围为 $1.5\sim 1.6\mu m$)对 FLM 进行检测。SLD 通过光纤环形镜后，在反射端测得的反射谱在 1532nm 附近有一个凹陷，它的强度带宽约为 20nm，峰值损耗为 7dB，如图 6-50 所示。改变偏振控制器的状态，可以改变反射谱的位置和深度。

保持偏振控制器的状态不动，利用光纤环行器将光纤环形镜接入 C-波段 ASE 光源中，并将光谱仪连接在光纤环行器的 3 端，采样得到的平坦后的光谱图，如图 6-51 所示。

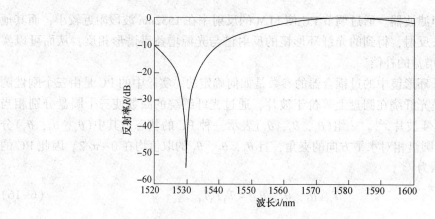

图 6-49   FLM 反射率与波长的变化关系

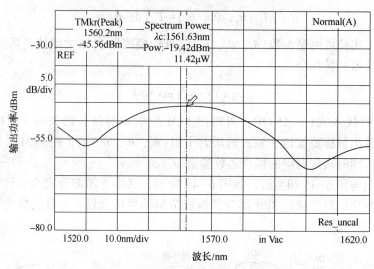

图 6-50   SLD 通过光纤环形镜的反射光谱

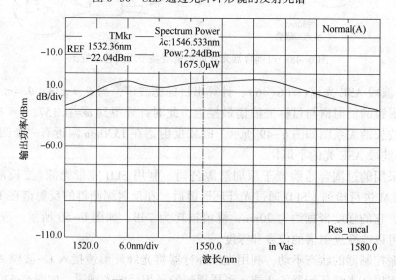

图 6-51   平坦后的 C-波段光谱图

由实验结果可以看出：这种 FLM 对 C-波段的 ASE 有一定的平坦效果，但是没有完全实现压平 1532nm 波长附近的波峰，而且光源经过光纤环形镜后功率损耗较大。分析其原因：首先购买的过耦合器的参数与计算得到的参数有一定差距，这直接影响了平坦效果，其次由于实验室的条件限制，实验中只使用了一个偏振控制器，在一个光纤环形镜中同时使用两个偏振控制器可以实现更好的平坦度；损耗大主要是由于光纤环行器、过耦合器的插入损耗较大，而且偏振控制器的熔接损耗也较大。

6.4　ASE 光源的设计与样机制作

大量的实验研究为掺铒光纤超荧光光源的研制积累了大量的实践经验，在研制中除了研究光纤长度、泵浦功率以及光源结构等因素对输出光谱特性的影响以外，还要注意光纤器件的连接问题，如掺铒光纤与波分复用器、激光二极管尾纤与波分复用器、铒光纤与输出尾纤等的连接问题，泵浦激光器的温度控制与功率控制问题也是至关重要的，只有这些因素度处于较好的状态时，ASE 光源才会具有较高的性能与稳定性，才可以满足不同场合对光源的高要求。

为了光纤光源的安全、寿命及输出运行稳定，不仅安装了电源开关，即首先给光源系统中的温控系统供电，保证其激光二极管的安全及输出稳定，而且不影响其寿命，再给激光二极管的驱动部分供电，在温控系统电源未打开之前，驱动部分电源无法打开，而关闭的顺序相反，先关闭驱动部分电源，再关闭温控电源。

在最终的样品的研制中，制作了 C-波段 ASE 光源和 C+L-波段 ASE 光源。他们的光路原理图分别采用了单级双程后向结构和双级双程后向结构，其中所光纤器件均为国内生产，光纤环形镜（FLR）由 3dB 耦合器自制而成，样机外观图片如图 6-52 与图 6-53 所示，C+L-波段 ASE 光源内部俯视图如图 6-54 所示，光源典型输出光谱如图 6-55 与图 6-56 所示，经过 72h 连续工作测试，其性能达到光源设计基本要求，输出功率稳定性优于 0.5dBm，完全适用于光纤光栅传感测试系统。

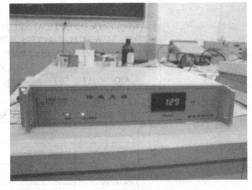

图 6-52　样机外观图片

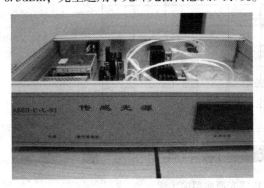

图 6-53　研制的 C+L-波段传感光源

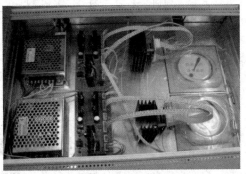

图 6-54　研制的 C+L-波段光源内部俯视图

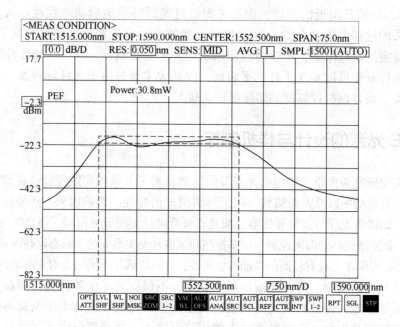

图 6-55　C-波段传感光源典型输出谱

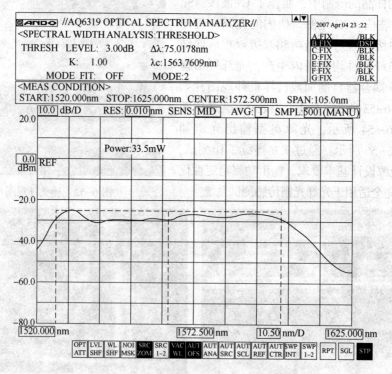

图 6-56　C+L-波段传感光源典型输出谱

6.5 掺铒光纤荧光光源在 FBG 传感系统中的应用

6.5.1 多 FBG 传感信号的增益均衡实验研究

在传统的分布式光纤光栅传感系统中，宽带光源的应用原理图如图 6-57 所示。光源发出的宽带光通过光纤环行器后，从 1×4 的光纤耦合器进入 FBG 传感器阵列，满足反射条件的光被反射通过耦合器进入检测装置——多波长计（MWM）或光谱仪（OSA），通过探测、解调以及识别波长变化量反应不同 FBG 位置处的条件变化，达到光传感的目的。实验中选择了 8 个反射率相近的布拉格光纤光

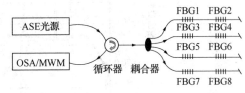

图 6-57 分布式 FBGs 传感系统原理图

栅，其中心波长分别为 1533.08nm、1538.14nm、1548.90nm、1558.90nm、1570.76nm、1580nm、1590.58nm 和 1599.88nm，通过串、并联相结合的方式构成了 FBG 传感网络。应用光纤环行器目的是避免光源的光直接耦合进入解调装置影响反射回来的信号光以提高信噪比。1×4 光纤耦合器的连接 FBG 的光纤后端处理成斜面并涂敷匹配液减少端面反射。

当系统中的光源采用普通的光纤 ASE 光源时，光谱仪获得的 FBG 传感器阵列的反射信号光谱如图 6-58 所示，改用研制的高平坦光纤 ASE 光源时，同样结构下获得的信号光谱如图 6-59 所示。使用自行研制的高性能光纤 ASE 光源以后，各个 FBG 传感器反射信号峰值功率的均衡性明显好于使用一般光源的情况；计算得出输出信号峰值功率的标准偏差由原来的 2.9 降到了 0.4，峰值功率更加集中均衡了，信号峰值功率的平坦度由 4.50dBm 提高到了 1.00dBm。特别是在 1530nm 和 1570nm 附近的光谱凸起处，信号的峰值功率与最低信号的峰值功率差分别由原来的 4.68dBm、9.00dBm 降到了 0.86dBm、2.0dBm，提高了多光纤光栅传感信号峰值功率的均衡性，为传感信号远距离传输与放大提供了保障，避免出现由于增益竞争小信号变得更小而无法进行识别与解调。

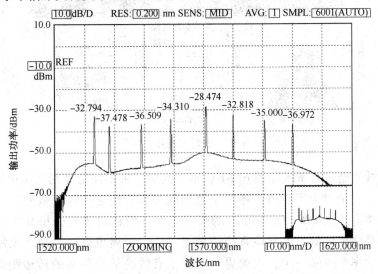

图 6-58 应用普通 ASE 光源 FBG 传感信号光谱图

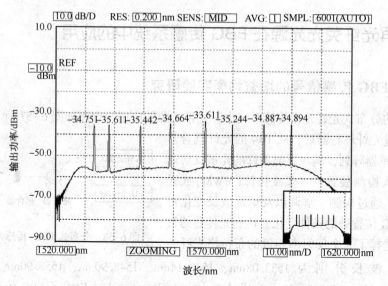

图 6-59　应用增益平坦 ASE 光源 FBG 传感信号光谱图

6.5.2　基于 ASE 光源的 FBG 传感系统应用

对于光纤光栅传感系统，应用光源的类型完全决定于具体的解调技术的。解调过程本质上是对传感光栅反射谱在外界环境作用下的实时分析过程，也是光纤光栅传感的难点技术。传统的光纤光栅传感系统采用宽带光源，并用分光仪（单色仪、光谱分析仪等）检测信号光的波长随外界条件的变化量，进而反应外界条件（如温度、压力等）的变化，传感原理图见图 6-60，这种方法技术已基本成熟，所用光源为掺铒光纤荧光光源。

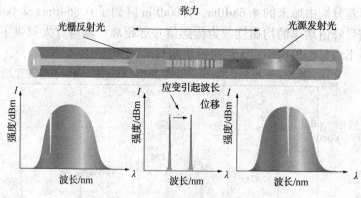

图 6-60　光纤光栅传感原理

传统的光纤光栅传感系统如图 6-61 所示，其中多采用高精度光谱仪对光栅传感信号进行光谱分析，无论对于实验研究还是小范围的工程应用是一种有效的方法。虽然我们研制了输出功率高达 35mW（15.4dBm）的荧光光源，但相对于每公里 0.3~0.4dBm 的实际损耗而言还是功率偏低，因此该系统信号光的传输距离很有限，加之光每经过 3dB 耦合器一次，其功率至少降一半，因此更加降低了有效的信号功率的传输距离。所以，结合我们所承担的管道工程检测项目，在传感光源的研制基础上进一步研制了适用于光纤光栅传感测试系统的多波长信号放大的掺铒光纤放大器，以增加传感信号的传输距离。将对该工程做简要介绍如下。

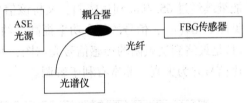

图 6-61　FBG 传感系统原理图

该工程项目主要是实现长输油管道的温度与应变的实时检测的，西起甘肃庆阳东至陕西咸阳，全长 260 余 km，在 4 个输油站和 12 截断阀室分别安装温度、压力、应变传感器，并分别用敷设于管道之上的通信光缆连接组成传感网络，最终将传感信号传输至咸阳末站进行解调，由于涉及距离较长，我们在每一个阀室和输油站分别放置光源与放大器，光源用于和该处传感器形成系统产生传感信号，放大器的作用是将前一站传输过来的信号进行放大后与本站的信号合并，然后再传向下一站放大器被放大后与下一站的信号再次合并继续向下传，每站传输方式相同，直到传回咸阳，其间站与站距离最长可达 40km，最短也在 10km 以上，加上光缆铺设中的不确定因素，因此传输过程对信号功率具有较高的要求。该系统基本框架图如图 6-62 所示。由于该系统是以级联的形式进行信号的传输的，很自然就涉及各级的功率匹配问题，放大器输出信号的功率水平必须与本站传感信号功率水平相同，这样才可以保证在下一站的放大器中被放大程度相同，从而保证 FBG 信号波长的峰值功率也在同一水平上，降低解调的难度。

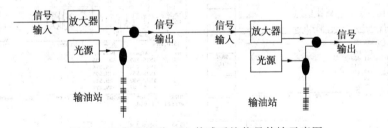

图 6-62　庆咸管道 FBG 传感系统信号传输示意图

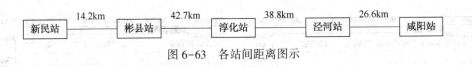

图 6-63　各站间距离图示

信号传输过程中站与站距离间隔如图 6-63 所示。图 6-64 是用日本安藤公司生产的 AQ6140 波长计（分辨率 0.01nm）测得的不同站点的输入信号与输出光谱图。其中图 6-64（a）、（b）是经过 14.2km 传输后光谱的变化情况，可见在传输过程中信号和荧光噪声功率整体下降，损耗约为 0.5dBm/km，损耗较大可能由接头、光缆铺设等多种情况引起，但对于其他站点间的测量得到的损耗平均值约为 0.35dB/km，大于 0.2dB/km 的理论值，这主要由一些附加损耗引起。彬县站输出的传感信号[图 6-64（d）]是来自于新民站的信号[图 6-64（b）]与彬县站传感信号[图 6-64（c）]和并后进入彬县站放大器被放大以后输出的信号，经过 42.7km 的传输距离后再与淳化站的传感信号[图 6-64（e）]合并形成输入淳化站的传感信号[图 6-64（f）]，FBG 信号对应的峰值功率已降至-20dB 以下，为了保证信号能继续经过 65.4km 到达咸阳，又将该信号输入淳化站的放大器以提高整个信号的输出功率见图 6-64(g)，信号的整个功率提高了约 15dBm，这样足以保证再继续传播 50km，图 6-64(f)是最终到达咸阳的传感信号光谱图，其功率水平降至 28dBm，光谱形状与图 6-64(g)相比信号并为失真，非常有利于解调。

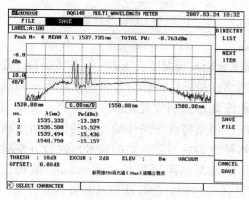

(a)新民阀室输出的传感信号

(b)来自前站的输入彬县站的传感信号

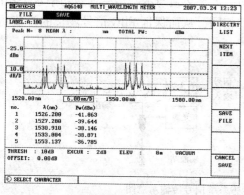

(c)彬县站的传感信号

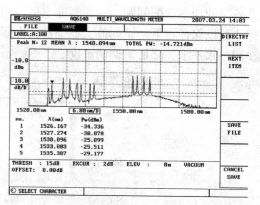

(d)彬县站输出的传感信号

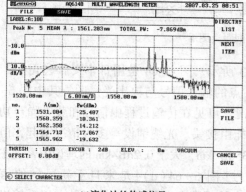

(e)淳化站的传感信号

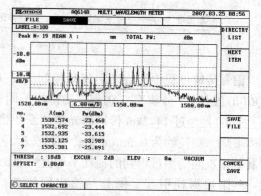

(f)来自前站的输入淳化站的传感信号

图 6-64　光纤光栅传感信号在传输过程中的光谱检测情况

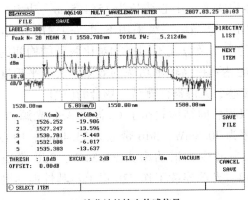 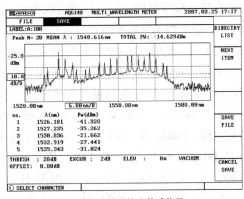

(g)淳化站的输出传感信号　　　　　　(h)咸阳末站的输出传感信号

图 6-64　光纤光栅传感信号在传输过程中的光谱检测情况(续)

6.6　本章小结

本章主要对掺铒光纤荧光光源进行了理论与实验研究，设计研制了适用于光纤光栅传感系统的掺铒光纤光源，同时结合承担课题项目研究了掺铒光纤荧光光源在光纤光栅传感系统中的应用技术，论述了技术的特点、存在的相关问题及解决方向与方法。本章主要完成了以下工作。

（1）介绍了掺铒光纤的基本结构、基本概念与相关物理参数、铒离子能级间跃迁原理，掺铒光纤连接的方法与优化；研究了抽运激光二极管的选择与使用、结构及工作特性，并对 LD 温度控制电路和功率控制电路的工作特性进行研究，设计制作了温控电路和功率控制电路；阐明了光纤波分复用器、光纤隔离器和光纤环形镜的基本工作原理及制作技术。

（2）介绍了掺铒光纤荧光光源的应用特点、基本理论、基本结构与工作特性，总结比较了单程前向、单程后向、双程前向和双程后向四种基本结构的光源特性及在稳定性方面的优缺点。

（3）研究了单级双程结构的 C-波段掺铒光纤 ASE 光源的输出特性，通过普通 3dB 耦合器制作的光纤圈反射器提高了输出功率、泵浦功率效率，又起到了调节波长、平坦输出光谱的作用。研究发现，同样泵浦功率下，后向结构的光源具有较好的光谱稳定度和一定范围的功率稳定度。

（4）设计了一种带光纤反射圈的双级双程前向输出 L-波段光源，并采用两种不同浓度的掺铒光纤(第一级为7m 低浓度铒光纤，第二级为31m 高浓度铒光纤)实现输出功率高达19.86mW、中心波长为1577.421nm 的 L-波段荧光。通过实验详细分析了此光源结构中各级光纤长度、泵浦功率及光纤圈反射器等参量对光源的输出功率、平均波长、平坦度等性能的影响以及采用此种光源结构设计的必要性和在改善输出光谱方面的作用，对光源的设计具有一定的参考意义。

（5）设计了一种带光纤圈反射器的双级双程结构的 C+L-光源，通过实验优化了两级的光纤(第一级为 7.5m 低浓度铒光纤，第二级为 32m 高浓度铒光纤)长度，实现了 C+L-波段高功率宽带 ASE 同时输出。①采用双程后向结构实现了中心波长为 1564.5nm、功率高达 35.8mW、带宽约为 80nm 的 C+L-波段 ASE 输出。②当第一级采用不同结构输出方式时，虽可获得 C+L-波段 ASE 输出但两级泵浦功率的大小及分配不同。③对比两种结构间的特点，指出第一级采用双程后向的双级双程结构能达到提高输出功率的效果，实现平坦度优于双程前向结构，较好地满足分布式光纤光栅传感、无源器件测试等场合的应用。

（6）分别采用了单级双程后向结构和双级双程后向结构制作了 C-波段 ASE 光源和 C+L-波段 ASE 光源样品。研制的 C-波段光谱功率为 30.8mW，3dB 带宽为 33.48nm，中心波长 1545.00nm，平坦度小于 2dB；研制的 C+L-波段光谱功率为 33.5mW，3dB 带宽为 75.0nm，中心波长 1563.76nm，平坦度小于 2dB。光源连续工作 72h 以上，其性能达到光源设计要求，输出功率稳定性优于 0.5dBm。

（7）研究了马赫-曾德尔干涉仪型滤波器、长周期光栅以及基于光纤环形镜结构的增益平坦滤波器，并通过实验检验这三种增益平坦滤波器的平坦效果。研究表明，设计的长周期光栅可以实现较好的平坦效果，且平坦前后光谱的损耗较小，是目前较为理想的一种平坦方法。

（8）介绍了掺铒光纤荧光光源在 FBG 传感检测系统中的应用问题，结合具体承担的科研项目介绍了光源的应用方案、系统应用中存在的问题及解决的技术方法。

虽成功研制了适用于光纤光栅传感的宽带光源，设计出了适用于光纤光栅传感系统的激光光源，掌握了有关掺铒光纤光源研究及应用的第一手资料，但还存在很多有待解决的问题，主要表现在以下方面。

荧光光源输出光谱的平坦度不是很高（2dB），在后续研究中将着力解决提高平坦问题，目标是达到 0.05dB 以内；激光光源不同波长的输出光谱的峰值功率不尽相同，需进行增益锁定，使其处在较高的增益均衡状态。

光源的输出带宽仅限于 C-和 L-波段，为进一步满足密集波分复用通信技术和光纤传感系统的需要，将进一步对 S-波段（1460~1530nm）进行研究。

研究过程中（包括最终研制的光源）所适用的泵浦激光管最大输出功率仅为 150mW，在很大程度上限制了输出功率。在条件允许情况下，下一步将采用大功率激光关进行泵浦研究，以实现较高功率的输出。

所研制的光源功能不尽完善，在以后的研发中，将实现模块化、完善仪器功能、实现智能化。

参 考 文 献

[1] Dominique M. Dagenais, Lew Goldberg, Robert P. Moeller, et al. Wavelength stability characteristics of a high-power amplified superfluorescent source [J]. Lightwave Technology, 1999, 17(8): 1415-1421.

[2] Hall D C, Burns W K. Wavelength stability optimization in Er-doped superfluorescent fibersources [J]. Electron. Lett. , 1994, 30(8): 653-654.

[3] Paul F. Wysocki, M. J. F. Digonnet, B. Y. Kim et al. Characteristics of erbium-doped superfluorescent fiber sources for interferometric sensor applications[J]. Lightwave Technol. , 1994, 12(3): 550-567.

[4] J. H. Lee, U. C. Ryu, N. Park. Passive Erbium-doped fiber seed photon generator for high-power Er³⁺-doped fluorescent sources with an 80-nm bandwidth[J]. Optics letters, 1999, 24(5): 279-281.

［5］S. C. Tsai，T. C. Tsai，P. C. Law et al. High-power flat L-band erbium-doped ASE source using dual forward-pumping scheme［J］. Optical and Quantum Electonics，2003，35：161-167.

［6］R. P. Espindola，G. Ales，J. Park，T. A. Strasser. 80 nm spectrally flattened, high power erbium amplified spontaneous emission fibre source［J］. Electronics Letters，2000，36(15)：1263-1265.

［7］H. Chen，M. Leblanc，G. W. Schinn. Gain enhanced L-band optical fiber lasers with erbium-doped fibers［J］. Optics Communications，2003，216：119-125.

［8］S. W. Harun，N. Tamchek，P. Poopalan，et al. Effect of injection of C-band amplified spontaneous emission on two-stage L-band erbium-doped fiber amplifier［J］. Acta physica slovaca，2003，53(2)：173-176.

［9］Wencai Hua，Hai Ming，Jianping Xie，et al. High efficiency broad bandwidth erbium-doped super-fluorescent fiber source［J］. Chinese Optics Letters，2003，1(6)：311-313.

［10］黄文财，明海，谢建平，等. L-波段掺铒光纤超荧光光源和放大器研究［J］. 光电工程，2002，29(6)：50-52.

［11］H. J. Patrick，A. D. Kersey，W. K. Burns et al. Erbium-doped super-fluorescent fiber source with long period fiber grating wavelength stabilisation［J］. Electronics Letters，1997，33(24)：2061-2063.

［12］钱景仁，陈登鹏，沈林放，等. 前向抽运双级双程掺铒光纤宽带光源［J］. 中国激光，2001，28(12)：1075-1078.

［13］沈林放，钱景仁. 高稳定宽频带掺铒光纤超荧光光源［J］. 光学学报，2001，21(3)：300-304.

［14］钱景仁，程旭，朱冰. 掺铒光纤超荧光宽带光源的实验研究［J］. 中国激光，1998，25(11)：989-992.

［15］郭小东，乔学光，贾振安，等. 一种C+L-波段高功率掺铒光纤宽带光源［J］. 中国激光，2005，32(5)：609-612.

［16］Tsai S C，Tsai T C，Law P C，et al. High-power flat L-band erbium-doped ASE source using dual forward-pumpingscheme［J］. Optical and Quantum Electronics，2003，35(2)：161-167.

［17］Chen H，Leblanc M，Schinn G W. Gain enhanced L-band optical fiber lasers with erbium-doped fibers［J］. Optics Communications，2003，216：119-125.

［18］Harun S W，Tamckek N，Poopalan P，et al. Effect of injection of C-band amplified spontaneous emission on two-stage L-band erbium-doped fiberamplifier［J］. Acta physica slovaca，2003，53(2)：173-176.

［19］Lee J H，Ryu U C，Park N. Passive Erbium-doped fiber seed photon generator for high-power Er^{3+}-doped fluorescent sources with an 80-nmbandwidth［J］. Optics Letters，1999，24(5)：279-281.

［20］Espindola R P，Ales G，Park J，et al. 80 nm spectrally flattened, high power erbium amplified spontaneous emission fibresource［J］. Electronics Letters，2000，36(15)：1263-1265.

［21］Huang W C，Ming H，Xie J P，et al. High efficiency broad bandwidth erbium-doped super-fluorescent fibersource［J］. Chinese Optics Letters，2003，1(6)：311-313.

［22］LI Yang，DENG Lanxin，QIAN Jingren. Simple broadband Erbium-doped superfluorescent fiber source［C］. SPIE，2002，4095：368-374.

［23］Douglas C. Hall，William K. Burns，Robert P. Moeller，et al. High-stability Er-doped superfluorescent fiber sources［J］. Lightwave Technology，1995，13(7)：1452-1460.

［24］Huang W C，Ming H. Simulation analysis of one-stage C+L-band erbium-doped fiber ASE with double-pass bi-directional pumping configuration［J］. Chinese Optics Letters，2004，2(3)：125-127.

［25］Hou G F，Li Y G，Fu CH P. Rare-earth-doped fiber superfluorescentsource［J］. Laser Journal，2002，23(1)：17-20(in Chinese).

［26］Paul F. Wysocki，M. J. F. Digonnet，B. Y. Kim，et al. Characteristics of erbium-doped superfluorescent fiber sources for interferometric sensorapplications[J]. Lightwave Technology, 1994, 12(3): 550-567.

[27] Wang L A, Chen C D. Stable and broadband Er-doped superfluorescent fiber sources using double-pass backwardconfiguration[J]. Electron. Lett., 1996, 32(19): 1815-1817.

[28] Douglas C. Hall, William K. Burns, Robert P. Moeller, et al. High-stability Er-doped superfluorescent fiber sources[J]. Lightwave Technology, 1995, 13(7): 1452-1460.

[29] Wang L A., Chen C D. Characteristics comparison of Er-doped double-pass superfluorescent fiber sources pumped near 980 nm. [J] IEEE Photon. Technol. Lett., 1997, 9(4): 446-448.

[30] Dominique M. Dagenais, Lew Goldberg, Robert P. Moeller, et al. Wavelength stability characteristics of a high-power amplified superfluorescent source [J]. Lightwave Technology, 1999, 17(8): 1415-1421.

[31] Paul F. Wysocki, M. J. F. Digonnet, B. Y. Kim, et al. Characteristics of erbium-doped superfluorescent fiber sources for interferometric sensor applications [J]. Lightwave Technology, 1994, 12(3): 550-567.

[32] Wilkinson M, Bebbington A, Cassidy S A, et al. A fiber filter for erbium gain spectrumflattening[J]. Electron. Lett, 1992, 28(2): 131-132.

[33] Djafar K. Mynbaev, Lowell L. Scheiner 著. Fiber-Optic Communications Technology(光纤通信技术)[M]. 徐公权等 译. 北京: 机械工业出版社, 2002.

[34] 朱涛, 饶云江, 冉曾令, 等. 一种基于新型长周期光纤光栅的动态增益均衡器[J]. 光子学报, 2003, 32(3): 283-285.

[35] Pieter L. Swart. Long-period grating filter with tunable attenuation for spectral equalization of erbium-doped fiber broadband lightsources[J]. Optical Engineering, 2004, 43(2): 280-281.

[36] 王义平, 饶云江, 冉曾令, 等. 一种新颖的长周期光纤光栅可调增益均衡器[J]. 光学学报, 2003, 23(8): 970-973.

[37] R. Kaskyap, R. Wyatt, R. J. Campbell. Wideband Gain Flattened Erbium Fiber Amplifier Using A Photosensitive Fibre Blazed Grating[J]. Electron. Lett., 1993, 29(2): 154-156.

[38] R. Kaskyap, R. Wyatt, P. F. Mckee. Wavelength Flatten Saturated Erbium Amplifier Using Multiple Side-tap Bragg Gratings[J]. Electron. Lett., 1993, 29(11): 1025-1026.

[39] 葛春风. 光纤通讯系统中的部分关键技术[D]. 天津: 天津大学, 2002.

[40] Y. W. Lee, J. Nilsson, S. T. Hwang, et al. Experimental Characterization of A Dynamically Gain-flattened Erbium-doped Fiber Amplifier[J]. IEEE Photon. Tech. Lett, 1996, 8(12): 1612-1614.

[41] Shenping Li, K S Chiang, W A. Gambling. Gain Flattening of An Erbium-doped Fiber Amplifier Using A Highbirefringence Fiber Loop Mirror[J]. Photonics Technology Letters, 2001, 13(9): 942-944.

[42] Shien-Kuei Liaw, Yung-Kuang Chen. Passive Gain-Equalized Wide-Band Erbium-Doped Fiber Amplifier Using Samarium-Doped Fiber[J]. IEEE Photon. Technol. Lett., 1996, 8(7): 879-881.

[43] Yi BinLu, P. I. Chu. Gain Flattening by Using Dual-Core Fiber in Erbium-Doped Fiber Amplifier [J]. IEEE Photon. Technol. Lett., 2000, 12(12), 1616-1617.

[44] 葛春风. 全光纤波分复用通信系统中关键技术的研究[D]. 天津: 南开大学, 1999.

[45] Yoshida. S, Kuwano. S, Iwashita. K. Gain-flattened EDFA with High Al Concentration for Multistage Repeatered WDM Transmission Systems[J]. Electron. Lett., 1995, 31(20): 1765-1767.

[46] M. R. X. Barros, GNykolak, D. J. DiGiovanni, et al. Performance of a high concentration erbium-doped alumino silicate fiber amplifier[J]. IEEE Photon. Technol. Lett., 1996, 8(6): 761-763.

[47] Chbat. M, Artigaud. S, Bayart, et al. Systems Aspects of Fluoride-based EDFAs[C]. Dallas, TX: Optical Fiber Communication, 1997. 83-84.

[48] Y. Ohishi, A. Mori, M. Yamada, et al. Gain Characteristics of Tellurite-based Erbium-doped Fiber

Amplifiers for 1.5-μm BroadbandAmplification[J]. Optics Letters, 1998, 23(4): 274-276.

[49] A. Mori, T. Sakamoto, K. Shikano et al. Gain Flattened Erbium-doped Tellurite Fiber Amplifier for WDM Signals in The 1581-1616nm Wavelength Region[J], Electron. Lett., 2000, 36: 621.

[50] 肖艳红, 厉群, 韩岩, 等. 用于级联 EDFA 增益谱平坦的滤波器透过谱设计的迭代算法[J]. 中国激光, 2001, 28(3): 265-268.

[51] 肖悦娱, 何赛灵. 一种级联马赫曾德尔滤波器设计的新方法[J]. 光学学报, 2004, 24(3): 346-350.

[52] M. Zirngibl. Gain Control in Erbium-doped Fibre Amplifiers by An All-optical FeedbackLoop[J]. Electron. Lett., 1991, 27(7), 560-561.

[53] D. B. Mortimore. Fiber LoopReflectors[J]. Lightwave Technology, 1988, 6(7): 1217-1224.

[54] 方伟. 基于高双折射光纤环镜的波长交错器研究[D]. 天津: 天津理工大学, 2006.

[55] 冯素娟, 尚亮, 毛庆和. 利用偏振控制器连续调节光纤环镜的反射率[J]. 物理学报, 2007, 56(8): 4679-4684.

[56] K. Morishita, K. Shimamoto. Wavelength-selective Fiber Loop Mirrors and Their Wavelength Tunability byTwisting[J]. Journal of Lightwave Technology, 1995, 13(11): 2276-2281.

第7章 光纤布拉格光栅传感技术与应用

石油工业是国民经济的血脉，向其他各行各业供应重要的能源——石油和天然气，为整个国民经济的快速持续发展提供了保障。在该行业的运作中，油藏勘测、采油、储油和输油是最基本和关键的环节，而压力、温度、流量、振动等参量的长期实时监测，对于各个环节中工艺、系统的合理设计与安全运行具有极为重要的意义。

传感器是获取上述信息的重要手段。由于油气的易燃易爆性，将传统的电类传感仪器用于诸如油气井、油气罐、油气管等场合进行监测，存在不安全的因素。尤其是在环境恶劣的油气井下，当前普遍采用的电类压力、温度传感手段都容易受到很强的电磁干扰，而且构成多点监测时的系统结构复杂、成本太高，上行数据实时性较差，测量精度低，严重影响了油气的采收率。在长距离输油气管线和储油气罐的结构健康检测方面，石油碳氢化合物是一种有害物质，输油管和储油罐的泄漏是非常危险的，因此开发探测和定位碳氢化合物泄漏的快速反应系统是非常重要的。当前，许多石油公司常用的办法是进行人工沿着管线直接查找，人力物力耗费大。而有些公司使用传感器进行监测，取得了很好的效果，但是成本普遍偏高。而光纤传感器采用光纤作传输介质和敏感元件，利用光波来承载和传输信息，具有抗电磁干扰、电绝缘、耐腐蚀、本质安全、灵敏度高、重量轻、体积小、测量对象广泛等优点，已在石油工业中的许多测试领域得到了研究和应用。如光纤 Fabry - Perot 压力传感器、拉曼光纤分布式温度传感器(DTS Raman distributed temperature sensors)等已经在油气井测试方面得到应用，性能明显优于电类传感系统。然而，普通的光纤传感器都是"光强型"和"干涉型"的，传感结果受光源功率起伏、光纤弯曲损耗、连接损耗和探测器老化等因素的影响而使得信噪比难以得到很大的提高，降低了测量精度，在完全实用化方面还存在一些技术难题。

光纤光栅传感技术的出现和许多突破性进展在光纤传感领域引发了一场深刻的变革，不仅可以克服上述缺点，而且在外界参量的绝对测量、全光纤分布式传感等方面显示出了无比的优越性。光纤光栅传感网络的传感元件和信号传输介质都是光纤，具有本质安全性，并且对压力温度信息采用光波长绝对量的编码，利用多种复用技术，可以进行各种恶劣环境下三维准分布式多点压力温度的同时测量，信息传输容量大、实时性强，为高温高压油气井下的测试需求提供了有效的解决途径。同时，光纤光栅传感网络也可应用于长距离输油气管线的管道腐蚀和裂缝分析，以及储油罐的液位、泄漏等重要信息的检测，在各种油气田检测领域和西气东输工程中具有广阔的应用市场前景和可观的经济效益。

光纤传感器自身的特点使得它易于实现准分布传感和网络集成化。具体来说，研究目标可分为两部分：一是传感器结构的设计，根据输油管线的压力、温度和应变的变化范围，对现有压力、温度和应变的增敏方案进行分析，设计出结构简单、安装方便、灵敏度合理的光纤光栅传感器。二是封装工艺的研究，由于目前绝大多数光纤光栅传感器的封装都是采用人工操作，因此封装工艺对传感器各项性能的好坏和推广应用起着至关重要的作用。对目前的封装工艺进行分析改进，提出操作性强、传感器各项性能指标易于控制的封装方法。

　　因此我们对油气田生产测井、输油管线中进行压力温度传感技术的研究。这是一项跟踪前沿的创新探索性研究，对石油工业和国民经济的发展具有重要意义。

7.1　光纤光栅传感原理

　　由于光纤光栅的栅距和折射率的扰动仅会对很窄的一小段光谱产生影响。因此，如果宽带光波在光栅中传播时，入射光能在相应的频率上被反射回来，其余的透射光谱则不受影响，光纤光栅就起到反射镜的作用(如图 7-1 所示)。

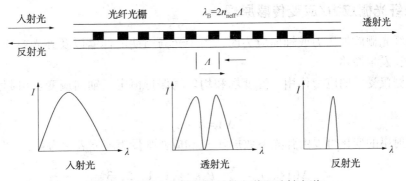

图 7-1　光纤布拉格光栅反射光谱和透射光谱

　　温度、应变和压力等物理量的改变会引起光纤光栅的栅距和折射率的变化，从而导致布拉格波长的改变，通过探测光纤光栅波长的变化，便可以获得相应的温度、应变和压力等信息。

7.1.1　光纤光栅温度传感原理

　　当光纤光栅受到外界温度变化的影响时，光栅的反射波长会发生漂移，这是因为光纤的热光系数和热膨胀系数会影响光栅纤芯的有效折射率和周期。FBG 最主要的特点是仅反射满足布拉格波长的光波，其特征方程为[1]：

$$\lambda_B = 2n_{eff}\Lambda \tag{7-1}$$

　　式中，λ_B 不光纤光栅的中心波长，nm；n_{eff} 为光纤纤芯的有效折射率，RIU；Λ 为光纤光栅的周期，nm。

　　对式(7-1)求全微分可得光纤光栅中心波长的变化量为：

$$\Delta\lambda_B = 2\Delta n_{eff}\Lambda + 2n_{eff}\Delta\Lambda \tag{7-2}$$

　　温度导致的光纤光栅的中心波长漂移量为：

$$\frac{\Delta\lambda}{\lambda} = \left(\frac{1}{n_{eff}}\frac{\partial\delta n_{eff}}{\partial T} + \frac{1}{L}\frac{\partial L}{\partial T}\right)\Delta T \tag{7-3}$$

式中，$\alpha = \dfrac{1}{n_{\text{eff}}} \dfrac{\partial \delta n_{\text{eff}}}{\partial T}$ 热光系数，$1/℃$；$\beta = \dfrac{1}{L} \dfrac{\partial L}{\partial T}$ 热膨胀系数，$1/℃$。

光纤光栅的温度灵敏度为：

$$K_{\text{T}} = \frac{\mathrm{d}\lambda}{\mathrm{d}T} = \lambda_{\text{B}}(\alpha + \beta) \tag{7-4}$$

对于普通光纤光栅来说，一般使用掺锗石英光纤，$\alpha = 0.5 \times 10^{-6}$，$\zeta = 7.0 \times 10^{-6}$，可以估算出常温下光纤光栅的温度灵敏度系数大约为 $7.5 \times 10^{-6}/℃$。当掺杂的成分和浓度不同时，不同光纤的热膨胀系数和热光系数会有较大差别，因此灵敏度相差很大。

当温度变化不大时，可将 ζ 近似为常数，因此布拉格波长的变化与温度之间有较好的线性关系。但 ζ 实际上是温度的函数，当 $T = 300K$ 时，K_{T} 约为 $9.51 \times 10^{-6}/℃$，$T = 200K$ 时则降为大约 $8.37 \times 10^{-6}/℃$。因此在实际应用中若温变化范围较大，则应考虑温度的非线性影响。

7.1.2 光纤光栅应力/应变传感原理

当对光纤光栅施加压力或轴向应力时，由于光栅周期的伸缩以及弹光效应，引起光栅的布拉格波长发生漂移。

假设光栅仅受轴向应力作用，温度场和均匀场保持恒定。轴向应变会引起光栅栅距的变化[2]。

$$\Delta\Lambda = \Lambda \cdot \varepsilon_{\text{z}} \tag{7-5}$$

有效折射率的变化可以由弹光系数矩阵 P_{ij} 和应变张量矩阵 ε_j 表示为：

$$\Delta(1/n_{\text{e}})_i^2 = \sum_{j=1}^{6} P_{ij}\varepsilon_j \quad (i = 1, 2, 3) \tag{7-6}$$

式中，$i = 1, 2, 3$ 分别表示 x, y, z 方向。

由于剪切应力为零，$\varepsilon_4 = \varepsilon_5 = \varepsilon_6 = 0$，应变张量矩阵 ε_j 可用轴向应变表示为：

$$\varepsilon_j = \begin{bmatrix} -v\varepsilon_z & -v\varepsilon_z & \varepsilon_z & 0 & 0 & 0 \end{bmatrix}^T \tag{7-7}$$

弹光矩阵为：

$$P_{i,j} = \begin{bmatrix} P_{11} & P_{12} & P_{12} & 0 & 0 & 0 \\ P_{12} & P_{11} & P_{12} & 0 & 0 & 0 \\ P_{12} & P_{12} & P_{11} & 0 & 0 & 0 \\ 0 & 0 & 0 & P_{44} & 0 & 0 \\ 0 & 0 & 0 & 0 & P_{44} & 0 \\ 0 & 0 & 0 & 0 & 0 & P_{44} \end{bmatrix} \tag{7-8}$$

式中，P_{11}、P_{12}、P_{44} 是弹光系数；v 是纤芯材料泊松比。对各向同性材料，$P_{44} = (P_{11} - P_{12})/2$。由于剪切应变 $\varepsilon_4 = \varepsilon_5 = \varepsilon_6 = 0$，故只需考虑弹光张量中，$i, j = 1, 2, 3$ 的矩阵元，此时弹光张量可简化为：

$$P_{i,j} = \begin{bmatrix} P_{11} & P_{12} & P_{12} \\ P_{12} & P_{11} & P_{12} \\ P_{12} & P_{12} & P_{11} \end{bmatrix} \tag{7-9}$$

将式(7-7)和式(7-9)代入式(7-6)，得：

$$\Delta\left(\frac{1}{n_e^2}\right)_{x,y,z} = \begin{Bmatrix} [P_{12}-\nu(P_{11}+P_{12})]\cdot\varepsilon_z \\ [P_{12}-\nu(P_{11}+P_{12})]\cdot\varepsilon_z \\ P_{12}-2\nu P_{12}\cdot\varepsilon_z \end{Bmatrix} \tag{7-10}$$

沿 z 方向传播的光波所感受到的折射率变化为：

$$\Delta n_e = -\frac{1}{2}n_e^3\Delta\left(\frac{1}{n_e^2}\right)_{x,y} = -\frac{1}{2}n_e^3[P_{12}-\nu(P_{11}+P_{12})]\cdot\varepsilon_z \tag{7-11}$$

定义有效弹光系数 P_e 为：

$$P_e = \frac{1}{2}n_e^2[P_{12}-\nu(P_{11}+P_{12})] \tag{7-12}$$

利用式(7-5)，式(7-11)和式(7-12)，可得到应变灵敏度为：

$$K_\varepsilon = \frac{\Delta\lambda_B}{\varepsilon_z}/\lambda_B = 1-P_e \tag{7-13}$$

布拉格光栅的二阶应变灵敏度为：

$$K_{\varepsilon 2} = \frac{\Delta^2\lambda_B}{\varepsilon_z^2}/\lambda_B = (1-P_e)^2+2P_e^2 \tag{7-14}$$

对掺锗石英光纤，$P_{11}=0.121$，$P_{12}=0.270$，$\nu=0.17$，因此 $P_e=0.22$，$K_\varepsilon=0.78$，$K_{\varepsilon 2}=0.70$。含有光栅的光纤所允许施加张力的典型值达到 1% 应变，此时忽略光栅的二阶应变灵敏度所引起的误差不超过 0.5%，因此，光纤光栅的布拉格波长与所受的应变有较好的线性关系，实际应用中可以不考虑二阶应变灵敏度的影响。

若沿光纤轴向施加拉力 F，根据胡克定律，光纤产生的轴向应变为：

$$\varepsilon_z = \frac{1}{E}\cdot\frac{F}{S} \tag{7-15}$$

式中，E 为光纤的杨氏模量，Pa；S 为光纤的横截面积，m^2。拉力 F 所引起的布拉格波长的变化为：

$$\Delta\lambda_B = \frac{1}{E}\cdot\frac{F}{S}(1-P_e)\lambda_B \tag{7-16}$$

7.1.3　光纤光栅温度-应变交叉敏感与区分测量

由以上分析可知，光纤光栅对温度和应变同时敏感，当测量其中某一参量时，不可避免会受到另一参量的影响，使得测量误差非常大甚至造成光纤光栅传感器无法应用。因此，在实用中必须采取措施将这些参量在测量时加以区分。

根据分析可知，当温度和应力同时作用在光纤光栅上时，光纤光栅的布拉格波长变化为：

$$\frac{\Delta\lambda_B}{\lambda_B} = (1-P_e)\varepsilon+[\alpha+\xi]\Delta T = M_\varepsilon\varepsilon+M_T\Delta T \tag{7-17}$$

从式(7-17)可以看出，当 M_ε 和 M_T 已知时，包含有两个未知量 ε 和 ΔT。所以无法对温度和压力进行求解。因此，必须再出现一个方程也包含温度和压力变量，构成关于温度和应力的二元一次方程组才可求得温度和压力的值。基于此原理，许多方案被提出用来解决温度和压力交叉敏感问题。

最为直接的方案是采用两个具有不同温度和应变响应灵敏度的光纤光栅，构成双光栅温度与应变传感器，这样公式(7-17)变为：

$$\frac{\Delta\lambda_{B1}}{\lambda_{B1}} = M_{\varepsilon1}\varepsilon + M_{T1}\Delta T \qquad (7-18)$$

$$\frac{\Delta\lambda_{B2}}{\lambda_{B2}} = M_{\varepsilon2}\varepsilon + M_{T2}\Delta T \qquad (7-19)$$

通过确定两个光纤光栅的温度与应变响应灵敏度系数，利用这两个二元一次方程组可同时解出温度与应变。

目前采用多光栅测量的方案有很多，下面将对常用的区分测量方案进行分析比较。

1. 采用重叠写入的双光纤布拉格光栅[2]

在光纤同一位置写入两个周期不同的光栅，这两个光栅具有不同的温度与压力灵敏度。通过标定这两个光纤光栅响应灵敏度矩阵中的系数，便进行温度和压力同时测量。此方案的优点是传感器体积小，保证测量值为同一点温度与应变。但是在同一点的两次写入造成了光纤光栅强度的降低，写入工艺本身也较复杂。此外，虽然两个光纤光栅的灵敏度由于周期的差异略有不同，但灵敏度的差别并不是很大。例如，波长为 850nm 的光纤光栅，其温度与应变响应灵敏度分别为 0.00872nm/℃ 和 0.00096nm/με，而波长为 1557nm 的光栅温度与应变响应灵敏度为 0.0095nm/℃ 和 0.001258nm/με。由于这两个光栅的灵敏度相差不大，其构成的灵敏度矩阵为病态矩阵，当某一参量发生扰动时，会给整个结果带来很大的测量误差，严重影响测量精度。

2. 采用长周期/布拉格光栅组合[4]

长周期光纤光栅的温度灵敏度大约为布拉格光栅的 10 倍左右，而应变灵敏度则小于布拉格光栅且长周期光栅只有透射波而无反射波。因此有人提出用一个长周期和两个布拉格光栅组合方法区分测量。由于长周期光栅透射谱宽比较大，所以将两个布拉格光栅的波长大约设定在长周期光栅透射光谱两侧 50% 处，通过测量两个布拉格反射光相对强度，便可得到长周期透射光谱的峰值变化，再结合一个布拉格光栅的波长信号便可构成矩阵方程。可以看出此类方案较为复杂，需要同时测量 FBG 反射波光强变化以及波长漂移，对解调系统要求较高。而且在测量过程中引入光强，使得光源起伏或光纤损耗对测量精度影响增大。布拉格光栅一个优点在于测量过程中使用波长进行探测外界变化，不受强度影响，而此类方案使得光栅的优点大打折扣。

3. 采用重叠写入的长周期/布拉格光栅组合[5]

在第一、二种方案的基础上，有人提出采用单布拉格/长周期光栅组合测量方案。通过在光纤同一位置分别写入长周期与布拉格光栅，通过测量两个光栅透射波长的漂移来确定温度与压力变化。这种方案也同样具有光栅强度低，写入复杂等缺点。此外，由于长周期光栅谱宽大，当采用传感器阵列实现多点测量时，将导致同一阵列的传感器数目减少。

在多光栅区分测量基础上，目前很多方案都是基于使用单光纤光栅实现区分测量。此类方案原理简单，成本较低，且在一根光纤上可分布的传感器的数目多，一定程度上弥补了采用多光纤光栅组合的不足。

4. 采用不同直径的光纤布拉格光栅组合[6]

由力学知识可知，物体产生的形变与所受力的大小呈正比，而与物体受力面积呈反比。利用这一点，有人提出将不同直径的光纤熔接，然后在熔接处写入光栅，这样同一光栅分布在不同直径的光纤上。当光纤光栅所受温度与应力同时变化时，由于光纤的热膨胀系数相同，所以这两部分光栅由温度引起的波长漂移相同，但由于两根光纤的直径不同，两部分光栅产生的应变不同，导致出现两个反射峰。此方案的缺点是不同直径光纤之间熔接困难，在熔接处损耗很大。在此类方案中，另一重要力学因素——应力集中问题被忽略。根据材料力学，当不均匀物体受力时，在横截面积发生突变的地方应力非常大且不均匀分布[36]，因此，在两根光栅连接处应力会发生突变，很容易造成光栅断裂，且由于应力的不均匀分布，使得光栅对应力测量误差增大。

5. 采用掺杂不同的光纤布拉格光栅组合[7]

其原理与方案4类似，将不同掺杂或掺杂浓度的光纤熔接后写入光栅，由第二部分分析可知，光纤的温度响应灵敏度与所掺材料种类以及掺杂材料的浓度有关。温度与应变同时存在时，由于应变引起两部分光纤光栅中心波长漂移相等而两部分光栅温度灵敏度不同，可以根据光栅两个反射峰温度与应力响应不同构造出灵敏度矩阵，同时测得温度和应变。此方案避免了应力集中的问题，但同样也有损耗大，熔接处易断裂，测量范围偏小等问题。

6. 采用不同材料封装单个光纤光栅[8]

先将半个光栅封于某种聚合物，然后用另一种聚合物对整个光栅进行封装，这样，通过两种不同聚合物对光栅进行封装，由于单个光栅的两部分封于不同材料中，当温度与应力同时变化时，单个光栅的两部分温度与压力响应灵敏度不同，出现两个反射峰，利用这两个反射峰的温度与压力响应系数构成方程组可以得到温度与压力变化。第二种情况是在对光栅施加预应力情况下，将部分光栅用黏接剂黏贴于某种材料上，而另外一部分处于自由状态。当黏接剂固化后释放预应力，光栅便会出现两个反射峰而且这两个反射峰具有不同的温度与应变响应灵敏度。但是由于光纤光栅一般只有1cm长，而且为透明状态，一般较难对光纤光栅定位。在第一种封装情况下，由于聚合物固化过程中会发生收缩，很容易引起光纤光栅啁啾，而且两种聚合物力学与温度特性不同，在两种聚合物交界面上应力分布很复杂。第二种情况也面临这类问题，此外，黏接剂施胶的厚度不易保持均匀，而会造成光栅受力不均匀，造成测量过程中反射波形啁啾化。

一般来说，双参量测量需要两个传感部件。对于双参量测量传感器，以温度和压强（或折射率等）为例，应用得到的物理量传感灵敏度，则双参量区分测量原理为[9]：

$$
\begin{bmatrix} \Delta\lambda_1 \\ \Delta\lambda_2 \end{bmatrix} = \begin{bmatrix} K_{1P} & K_{1T} \\ K_{2P} & K_{2T} \end{bmatrix} \cdot \begin{bmatrix} \Delta P \\ \Delta T \end{bmatrix} \tag{7-20}
$$

式中，1，2表示观测点；$\Delta\lambda_1$，$\Delta\lambda_2$分别表示观测点1和2的波长变化量，nm；ΔT，ΔP分别表示温度和压强的变化量，℃和MPa。利用矩阵逆运算可得：

$$
\begin{bmatrix} \Delta P \\ \Delta T \end{bmatrix} = \frac{1}{M} \begin{bmatrix} K_{2T} & -K_{1T} \\ -K_{2P} & K_{1P} \end{bmatrix} \begin{bmatrix} \Delta\lambda_{FPI} \\ \Delta\lambda_{FBG} \end{bmatrix} \tag{7-21}
$$

式中，$M = K_{1P}K_{2T} - K_{1T}K_{2P}$ 表示矩阵行列式。由此可算出双参量同时区分测量的分辨率及误差。

同理，对于二参量同时测量传感器，以温度、压强和折射率为例，有灵敏度矩阵[10]：

$$\begin{bmatrix} \Delta\lambda_1 \\ \Delta\lambda_2 \\ \Delta K_3 \end{bmatrix} = \begin{bmatrix} S_{1n} & S_{1T} & S_{1P} \\ S_{2n} & S_{2T} & S_{2P} \\ S_{3n} & S_{3T} & S_{3P} \end{bmatrix} \begin{bmatrix} \Delta n \\ \Delta T \\ \Delta P \end{bmatrix} \tag{7-22}$$

通过矩阵求逆可得：

$$\begin{bmatrix} \Delta n \\ \Delta T \\ \Delta P \end{bmatrix} = \begin{bmatrix} S_{1n} & S_{1T} & S_{1P} \\ S_{2n} & S_{2T} & S_{2P} \\ S_{3n} & S_{3T} & S_{3P} \end{bmatrix}^{-1} \cdot \begin{bmatrix} \Delta\lambda_1 \\ \Delta\lambda_2 \\ \Delta K_3 \end{bmatrix} =$$

$$\frac{1}{M}\begin{bmatrix} S_{2T}S_{3P}-S_{3T}S_{2P} & -(S_{1T}S_{3P}-S_{3T}S_{1P}) & S_{1T}S_{2P}-S_{1P}S_{2T} \\ S_{2P}S_{3n}-S_{3P}S_{2n} & -(S_{1P}S_{3n}-S_{3P}S_{1n}) & S_{1P}S_{2n}-S_{1n}S_{2P} \\ S_{2n}S_{3T}-S_{3n}S_{2T} & -(S_{1n}S_{3T}-S_{3n}S_{1T}) & S_{1n}S_{2T}-S_{1T}S_{2n} \end{bmatrix} \tag{7-23}$$

式中，$M = S_{1P}(S_{2n}S_{3T}-S_{2T}S_{3n}) - S_{1P}(S_{1n}S_{3T}-S_{1T}S_{3n}) + S_{3P}(S_{1n}S_{2T}-S_{1T}S_{2n})$ 表示矩阵行列式。由此可算出三参量同时区分测量的分辨率及误差。

综上所示，通过分析多参量同时测量光纤传感器区分测量理论，为制作的多功能传感器的应用提供理论基础。

7.2 光纤光栅传感增敏实验研究

现代工业的飞速发展对传感领域提出了新的要求和更高的目标，研究新型的传感器，拓宽光纤光栅应用领域势在必行。由于光纤光栅传感器具有其他传感器无法比拟的优点，其抗电磁干扰能力强、尺寸小、重量轻、耐温性好、复用能力强、传输距离远、耐腐蚀、易变形等，成为国内、外研究的热点和学科前沿问题。

改变温度、施加应变或压力均可改变光纤光栅常数（栅距 Λ）及光栅折射率 n，使其反射波长 λ_B 产生一定的漂移量 $\Delta\lambda$。然而，裸光纤光栅的温度和应变灵敏度均很低，对于 $\lambda_0 = 1550\text{nm}$ 波段，FBG 的温度、应变和压力灵敏度分别为 $K_T = 0.0116\text{nm}/\text{℃}$、$K_\varepsilon = 0.0012\text{nm}/\mu\varepsilon$ 和 $K_P = 0.0043\text{nm}/\text{MPa}$，故一般不能将其直接用于传感测量之中，而需要对其敏化以提高感测的灵敏度，因此增敏技术在任何传感领域中均是核心技术。

7.2.1 光纤光栅增敏技术简介

为了实现光纤光栅对压力温度的响应增敏，首先着手分析响应灵敏度。光纤光栅的压力响应灵敏度为：$(1-2\nu)[n_e^2(P_{11}/2+P_{12})-1]\lambda_B/E$，可以通过适当改进光纤光栅的材料（减小泊松比和有效折射率、调整弹光张量分量）来提高光纤光栅的压力响应灵敏度。光纤光栅的温度响应灵敏度为：$K_T = (\alpha+\xi)\lambda_B$，可以看出，适当增大光纤材料的热膨胀系数和热光系数能够提高光纤光栅的温度响应灵敏度。由于光纤光栅的压力、温度响应灵敏度受材料的弹性模量（E）、热膨胀系数（α）的影响较大，可以将光栅埋置于另一种 E 值小、α 值大的材料中实现光纤光栅的压力、温度响应增敏。

从现有的光纤光栅的压力、温度响应增敏方法来看，主要有三条途径：采用特殊的封装技术；改进光纤光栅制作材料；探索新的光纤光栅写入方法。下面是对这三种方法的简要探讨。

1. 改进光纤光栅制作材料

温度引起光纤折射率变化对耦合波长影响最大，因此，可通过选择适当的纤芯或包层掺杂材料及浓度，或对光纤折射率进行适当设计，来取得传感应用所需的较大波长温度系数或消除波长温度敏感度。当增加纤芯和包层的折射率之差时，其谐振波长随温度变化的移动量将增大。当改变纤芯的折射率，也可以改变布拉格光栅峰值波长随温度变化的移动量。所以，光纤制作中，在掺锗提高光敏性的同时，会使光纤纤芯折射率提高，增大了光纤的数值孔径，使波导效应增加，降低光纤光栅的灵敏度，而在光纤中掺入硼后可以降低折射率。因此可采用硼、锗共掺，在提高光敏性的同时，还可减小光纤的数值孔径，提高光纤光栅温度灵敏度。另外还可以通过改变光纤其他参数来提高光纤光栅的温度或应力响应灵敏度。如在高压下（800MPa）载氢到光纤纤芯内，可增大光纤的热光耦合系数，提高光纤光栅对温度的灵敏性[11]。

2. 新的光纤光栅写入方法

由于 Δn 的提高直接影响到布拉喇格光栅峰值反射波长的漂移大小 $\Delta\lambda_B$。寻求新的光栅写入方法提高对光纤纤芯折射率调制深度，来实现光纤光栅应力、温度响应增敏。如对硅光纤纤芯进行直接写入实现 $\Delta n = 10^{-3}$ 的高折变率调制时，理论计算的应力温度响应灵敏度可提高 100 倍，这样就从本质上解决了光纤光栅对温度和应力响应灵敏度低的问题。另外，采用特殊的写入方法适当改变光纤光栅的折射率分布，也可以取得传感应用所需的较大的耦合波长温度系数。

3. 特殊的封装技术

由于裸光纤光栅本身是在光纤涂覆层去除后通过不同方法写入的，光纤光栅的强度比较低，这就使实际应用受到很大限制。为了满足实际测量中对传感器高强度和长期使用寿命的要求，对光纤光栅封装[12,13]保护是非常必要的。而且由于裸 FBG 的温度和应变灵敏度比较低，因此，封装保护光栅的同时又要实现增敏以提高温度和应变灵敏度。在光纤光栅传感器的设计与应用中，光纤光栅的封装和增敏是相辅相成的，往往一并考虑处理。

采用特殊的结构设计并选用适宜的衬底材料粘贴或埋入是光纤光栅增敏与封装的有效方式。对增敏与封装的 FBG 而言，其波长漂移 $\Delta\lambda$ 与应变 ε 和温度变化 ΔT 的关系式根据式(7-2)和式(7-13)可表示为：

$$\Delta\lambda_B = \lambda_B(1-P_e)\varepsilon + \lambda_B[\alpha+\xi+(1-P_e)(\alpha_s-\alpha)]\Delta T \qquad (7-24)$$

式中，P_e 为光纤的有效弹光系数；α 和 ξ 分别为纤芯的热胀系数和热光系数 1/℃；α_s 为衬底材料的热胀系数 1/℃。衬底材料可选用弹性梁、大热胀系数材料、负温度材料、磁致伸缩材料以及液晶材料等。

在温度增敏方面，一是选用热膨胀系数较大的特种聚合物材料对光栅进行嵌入方式封装，当外界温度改变时，聚合物膨胀而带动光栅产生应变，相应的传感光栅产生温度和应变的双重调制，提高测量温度灵敏度，如聚酰纤维(ployamide fiber)，理论计算的温度响应灵敏度可达 0.25nm/℃，是裸光纤光栅地 25 倍。二是选用热膨胀系数较大的金属材料对光栅进行粘贴方式封装，如铝片粘贴封装，实验测得的温度响应灵敏度增加 3 倍以上。三是采用特殊结构封装，将温度变化转化为大的应变量传递给光栅。

在压力增敏方面，一是选用弹性模量适当小的特种聚合物材料对光栅进行嵌入方式封装。选择材料应有适当的弹性模量，模量太大，增敏效果不好，但模量较小，则不能进行有效的应变传递，而且还可能造成光栅与封装材料之间的滑落。同时聚合物材料的热膨胀系数应较小，以避免温度变化对光栅造成大的应变偏置。选用聚四氟乙烯(terflon)聚合物材料，其静压灵敏度提高为 0.06nm/MPa，是裸光纤光栅的 20 倍。二是采用特殊的腔体结构对光栅封装，使外界压力按线性比例转化为光栅的轴向应变，比例越大增敏效果越好。如采用空心球形材料对光纤光栅进行封装可以提高其测压灵敏度[14]，将光栅区置于球内中心轴线上，两端用特殊胶固定于球面上，压力变化造成球直径变化而产生光栅轴向应变，增加球体的直径和减小壁厚均可增大其传递系数，进而实现压力增敏。

通过改进光纤光栅制作材料和探索新的光纤光栅写入方法是对光纤光栅进行本征性增敏，因此能在有效增敏的同时不减小传感光栅的测量范围，但难度大。特殊的封装方式是通过使外界压力、温度对传感光栅的作用加倍来实现增敏，因而减小了测量范围。但封装技术即可提高光纤光栅传感器对温度和压力的响应灵敏度，又可保证其较强的机械强度和长的使用寿命，可以同时起到增敏和保护的作用。在当前的光纤光栅应用系统中用得最多，也非常有效。

7.2.2 光纤光栅温度增敏实验研究

国内外研究学者就封装形式对光纤光栅温度传感特性的影响进行了大量的研究。如文献[15]提到将光纤光栅封装于一种有机聚合物基底中，利用基底的带动作用，将光纤光栅的温度灵敏度提高了 12.3 倍，温度灵敏度为 83.07×10^{-6}/℃。在 100℃ 的温度范围内，光纤光栅中心反射波长的相对变化与外界温度呈良好的线形关系。文献[16]采用特殊耐高温有机聚合物对光纤光栅进行温度增敏封装实现了聚合物封装的光纤光栅传感器温度响应灵敏度在 20~130℃ 为 0.05nm/℃，在 130~180℃ 达到了 0.22nm/℃。

由于聚合物封装的光纤光栅温度传感器的温度响应时间较慢，而且封装后的光纤光栅传感器的波形容易啁啾，这给检测光纤光栅波形的解调系统带来了困难，使测量结果不准确。由于金属良好的温度响应特性，而且金属的热膨胀系数比石英的大很多，当温度变化后，金属与光纤光栅之间产生内应力，表现为光纤光栅的温度响应灵敏度得到提高。在封装结构的研制过程中，结合输油管线工程的需要，选择了铍青铜作为封装的衬底材料，考察了将光纤光栅用高温胶封装在铜管和铜片上的封装形式。

1. 温度增敏原理

光纤光栅温度灵敏度与材料的热膨胀系数有关，当 FBG 被牢固地粘接在或埋置于另一种材料中，则这种材料的形变和热膨胀通过应力对 FBG 起作用，引起光栅周期和有效折射率的改变，利用这种特性可以提高 FBG 的温度灵敏度。设 α_s 表示这种材料的热膨胀系数，则此时 FBG 的温度响应可表示为：

$$\frac{\Delta\lambda_B}{\lambda_B} = [\alpha+\xi+(1-P_e)(\alpha_s-\alpha)]\Delta T \tag{7-25}$$

由式(7-25)，FBG的波长变化是一个仅与基底材料热膨胀系数有关的常数。通过选用热膨胀系数大的材料，就可以对光纤光栅进行增敏。

2. 封装结构及封装工艺

在进行温度增敏封装设计时，结合输油管线工程的需要，团队研究了以铍青铜作为衬底材料将光纤光栅用高温胶封装在铜管和铜片上的封装结构，结构如图7-2所示。

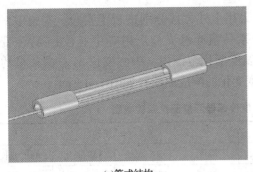 

(a)管式结构　　　　　　　　　　　(b)片式结构

图7-2 光纤光栅温度封装结构图

在封装时，为增加粘贴强度，用细砂纸将铍青铜表面打磨粗糙，粘贴前用试剂将表面清洗干净。考虑到高温胶在固化过程中要发生收缩，若不给光纤光栅施加一定的预应力，则封装后的光纤光栅很容易出现啁啾现象，即使封装后不出现啁啾现象，也会在测量低温时，由于金属冷缩，带动光纤光栅轴向收缩产生啁啾现象，从而导致温度传感器的稳定性能和重复性能大大降低，也给解调带来了困难。为了避免封装后的光纤光栅出现啁啾现象，使封装后的光纤光栅保持张紧状态，封装时，用自制的可调预应力架给光纤光栅施加预应力。具体办法是用光谱仪监测待封装光栅中心波长的漂移，通过旋转螺旋测微计调整预应力的大小。

使用双组分的耐高温胶粘贴光栅，该胶热稳定强、密封性好、黏合力高。对胶进行高温老化实验表明，在200℃能保持长期的热稳定性和粘接性能。粘贴时，将A、B组分按照一定比例混合，充分搅拌后放入真空机中进行抽真空，目的是将在两种组分混合过程中所产生的气泡抽出，以免在光纤光栅封装过程中形成孔隙，导致封装的不均匀，防止封装后光纤光栅出现啁啾。然后将胶液均匀的涂覆在基底材料和光纤光栅上，将封装的传感器放入温度控制箱进行高温固化，固化后FBG牢固的粘接到基底材料上。

3. 测试装置及实验结果

光纤光栅温度传感器的测试装置如图7-3所示。将封装好的光纤光栅传感器放入数字温控箱中，从宽带光源(BBS)发出的光经过3dB耦合器入射到单模光纤，进而入射到加热箱内封装的光纤光栅，经光纤光栅反射的光又经3dB耦合器进

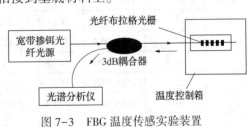

图7-3 FBG温度传感实验装置

入光谱分析仪（OSA），通过光谱分析仪观察光纤光栅反射峰中心波长的变化。掺铒光纤光源的中心波长为 1545nm，带宽为 60nm，光纤光栅是用准分子激光器的紫外光在掺锗单模光纤上采用相位掩模板技术写入的。加热箱的温度由电子加热炉控制，温度由箱面上的数字表显示，但由于该表显示值与温箱内的实际温度值有一定的偏差，所以在加热箱上放置数字热电偶温度计，将温度探头插入温箱内与传感器的地衬底材料保持接触，测试温度的数值由该表读取，该表的精度为 0.1℃。与耦合器连接的光谱分析仪采用日本安藤公司的 AQ6319 型光谱分析仪，光谱分析仪的波长分辨率为 0.01nm，用以监测光纤光栅反射峰中心波长 λ_C、带宽 $\Delta\lambda_{3dB}$ 和峰值波长 λ_P。

对封装好的管式和片式结构的温度传感器采用上述方法分别进行了实验。实验中，温度变化范围为室温~90℃，温度每变化 5℃ 记录一组光纤光栅反射峰中心波长 λ_C、带宽 $\Delta\lambda_{3dB}$ 和峰值波长 λ_P，数据如表 7-1 所示。在温度变化范围内，中心波长 λ_C 总漂移量约为 2.0nm。实验中的光纤光栅中心反射波长随温度变化的响应曲线，如图 7-4 所示。

表 7-1 管式和片式结构的温度传感器温度测试实验数据

结构	管式结构				片式结构			
过程	温度	中心波长	3dB 带宽	峰值波长	温度	中心波长	3dB 带宽	峰值波长
升温过程	24.5	1553.4607	0.1473	1553.4700	25.7	1557.3768	0.1460	1557.3737
	35.8	1553.7360	0.1503	1553.7450	31.0	1557.5452	0.1466	1557.5418
	40.9	1553.9198	0.1500	1553.9150	36.3	1557.7111	0.1468	1557.7138
	47.4	1554.1135	0.1504	1554.1150	42.1	1557.8753	0.1470	1557.8738
	53.4	1554.2901	0.1498	1554.2900	47.4	1558.0530	0.1465	1558.0498
	59.5	1554.4868	0.1507	1554.4900	53.1	1558.2366	0.1465	1558.2298
	65.5	1554.6774	0.1505	1554.6700	59.1	1558.4259	0.1472	1558.4178
	71.5	1554.8691	0.1500	1554.8650	66.1	1558.6408	0.1470	1558.6379
	77.5	1555.0521	0.1502	1555.0500	71.5	1558.8128	0.1473	1558.8139
	83.3	1555.2355	0.1504	1555.2500	83.0	1559.1918	0.1472	1559.1939
	89.5	1555.4347	0.1504	1555.4400	89.9	1559.3204	0.1472	1559.3200
降温过程	89.5	1555.4347	0.1504	1555.4400	89.9	1559.3204	0.1472	1559.3200
	83.5	1555.2503	0.1509	1555.2550	83.0	1559.1532	0.1473	1559.1460
	77.5	1555.0467	0.1498	1555.0550	77.5	1558.9894	0.1474	1558.9830
	71.5	1554.8539	0.1508	1554.8500	71.5	1558.8138	0.1468	1558.8080
	65.5	1554.6623	0.1498	1554.6650	66.1	1558.6341	0.1466	1558.6310
	59.5	1554.4730	0.1506	1554.4700	59.1	1558.4110	0.1463	1558.4070
	53.5	1554.2873	0.1493	1554.2900	53.1	1558.2257	0.1460	1558.2200
	47.5	1554.1006	0.1510	1554.0950	47.4	1558.0487	0.1465	1558.0510
	40.5	1553.8880	0.1501	1553.8900	42.1	1557.8853	0.1465	1557.8880
	35.5	1553.7321	0.1506	1553.7250	36.3	1557.7038	0.1467	1557.6990
	30.5	1553.5801	0.1507	1553.5700	31.0	1557.5427	0.1464	1557.5450
	24.6	1553.4528	0.1505	1553.4600	26.0	1557.3965	0.1462	1557.3960

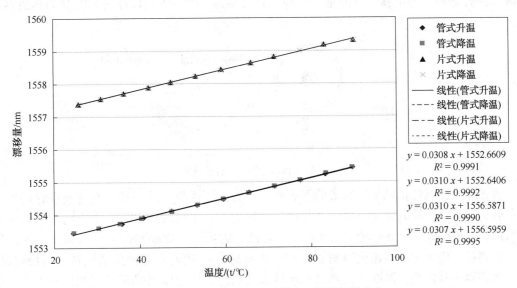

图 7-4　升温与降温过程反射中心波长漂移曲线

对图 7-4 中的实验数据进行线性拟合，管式封装的温度传感器升温和降温曲线的线性拟合方程分别为 $y = 0.0308x + 1552.6609$；$y = 0.0310x + 1552.6406$；线性拟合度分别为 0.9991 和 0.9992，片式封装的温度传感器升温和降温曲线的线性拟合方程分别为 $y = 0.0310x + 1556.5817$；$y = 0.0307x + 1556.5959$；线性拟合度分别为 0.9990 和 0.9995。由此可以看出，两种封装结构的传感器对温度的线性度很好。在温度变化范围内，光纤光栅温度响应灵敏度为 0.031nm/℃，约为裸光纤光栅的 3 倍，且响应特性很好。将铍青铜的热膨胀系数代入式 (3-2)，可得到传感器的温度响应灵敏度的理论值为 0.032nm/℃ (1550nm 波段附近)，实验值和理论值吻合得非常好。对传感器进行多次升降温实验，温度响应趋势基本保持不变，传感器的重复性很好。两种结构封装的 FBG 温度传感器，增敏的原因是铜基底材料的线性热膨胀系数 (1.75×10^{-5}/℃) 远大于光纤的热膨胀系数 (为 5.5×10^{-7}/℃)，在温度升高的过程中，光纤光栅同时受到铜基底材料的轴向拉应力，因此，其波长的漂移是温度和轴向拉力共同作用的结果，从而提高了 FBG 传感器的温度灵敏度。

7.2.3　光纤光栅应力增敏实验研究

由于裸光栅压力灵敏度低 (压强灵敏度系数为 1.98×10^{-6}/MPa) 和易损坏等缺点[17]，光纤光栅一般不能直接用于实际测量环境中。为此许多研究者提出了 FBG 不同的压力封装模型，在保护 FBG 的情况下，同时提高 FBG 的压力灵敏度。1996 年 M. G. Xu 等人[14] 把 FBG 固定在中空的玻璃球中，使压力灵敏度系数增敏到 2.12×10^{-5}/MPa。2002 年张颖等人[18] 通过将聚合物将 FBG 封装在一端封闭的空心圆柱中，使得压力灵敏度系数高达 3.41×10^{-3}/MPa。2004 年傅海威等人[19] 基于等强度梁和金属波纹管相结合的封装，使得 FBG 传感器压力灵敏度系数高达 1.35×10^{-2}/MPa。胡曙阳等人[20] 利用密封圆柱形容器和活塞封存气体的方法，使得 FBG 的压力灵敏度系数达 0.696/MPa。

团队根据输油气管线现场压力为 10MPa 左右，设计了一种悬臂梁与波登管相结合的

FBG 压强传感器，即位移联动传递式 FBG 压强传感器。图 7-5 是设计的 FBG 压力传感器示意图。

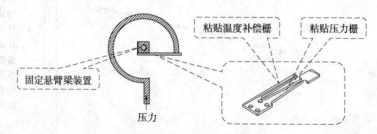

图 7-5　FBG 压力传感器示意图

将光纤光栅刚性粘贴于悬臂梁的下表面，当管内压强变化时，可以通过波登管将压强变化转化为其自由端的切向位移，并传递到悬臂梁上，使梁的自由端产生相同位移而发生纯弯曲，从而引起光纤光栅轴向应变产生中心波长的偏移。测量 FBG 的波长来实现对外界压力的测量。由于光纤光栅同时对温度和应力敏感[21]，因此在此传感器里装有两根光栅，压力栅和温度补偿栅，温度补偿栅只对环境温度敏感，压力栅同时对温度和压力敏感，通过两根光栅，利用温度补偿，得到输油管道油压值。

1. 压力增敏原理

FBG 在轴向均匀应力作用下，中心波长变化量与应变之间的关系为：

$$\Delta\lambda_B = \lambda_B(1-P_e)\varepsilon \tag{7-26}$$

式中，λ_B 为 FBG 在温度为 20℃、外压力为零时的自由波长；P_e 是光纤的有效弹光系数；ε 为 FBG 沿轴向所发生的应变。对于纯熔融石英，$P_e = 0.22$。

当波登管受到压强 P 时，其自由端的位移 Δh 为[22]，

$$\Delta h = \frac{1-\mu^2}{E}\frac{R^3}{bt}\left(1-\frac{b^2}{a^2}\right)\frac{\alpha}{\beta+z^2}\sqrt{2(1-\cos\theta)-2\theta\sin\theta+\theta^2}\cdot P \tag{7-27}$$

式中，E 为波登管材料的弹性模量，Pa；μ 为波登管材料的泊松系数；R 为波登管的曲率半径，m；θ 为管弯曲角；t 是波登管壁厚，m；α 和 β 是与 b/a 比值有关的系数；a 为管截面长半轴，m；b 为管截面短半轴，m；且有：$z=Rt/a^2$。

悬臂梁各点的应变值为：

$$\varepsilon = \frac{3xd}{2L^3}\Delta h \tag{7-28}$$

式中，Δh 为悬臂梁自由端的位移；d 为悬臂梁的厚度；x 为悬臂梁自由端到光栅的距离；L 为悬臂梁的长度，m。

由式（7-26）、式（7-27）、式（7-28）可推出悬臂梁和波登管组合的 FBG 压强传感器的 FBG 中心波长变化量与压强之间的关系为：

$$\Delta\lambda_B = \lambda_B(1-P_e)\cdot\frac{3xd}{2L^3}\cdot\frac{1-\mu^2}{E}\frac{R^3}{bt}\left(1-\frac{b^2}{a^2}\right)\frac{\alpha}{\beta+z^2}\sqrt{2(1-\cos\theta)-2\theta\sin\theta+\theta^2}\cdot P = \kappa P \tag{7-29}$$

式中：

$$\kappa = \lambda_B(1-P_e)\cdot\frac{3xd}{2L^3}\cdot\frac{1-\mu^2}{E}\frac{R^3}{bt}\left(1-\frac{b^2}{a^2}\right)\frac{\alpha}{\beta+z^2}\sqrt{2(1-\cos\theta)-2\theta\sin\theta+\theta^2} \tag{7-30}$$

由式(7-29)可看出 FBG 中心波长变化量与压强呈线性关系，κ 为压强灵敏度系数，nm/MPa。从 κ 的表达式中可知，压强灵敏度系数除了与光纤的有效弹光系数有关外，还由悬臂梁和波登管的材料，尺寸和结构等决定。通过改变悬臂梁和波登管的结构参数，就可以改变压强灵敏度系数。从而实现压强调谐光纤光栅中心波长的最佳响应灵敏特性。

2. 测试装置及实验结果

在设计悬臂梁时，在悬臂梁的一侧留了宽为 5mm 左右的铜片，跟温度传感器的封装工艺相同，将作为压力检测的光纤光栅刚性粘贴于悬臂梁的下表面，作为温度补偿的光纤光栅粘贴于宽为 5mm 左右的铜片，然后把悬臂梁装配到波登管上，再装入定做的保护盒内，盒外只留出波登管的标准接口和光纤光栅的跳线，测试时将标准接口与实验油压泵相连，引出的跳线接到光谱仪就可以测试了。光纤光栅压力传感器的外观和测试装置如图 7-6 所示。

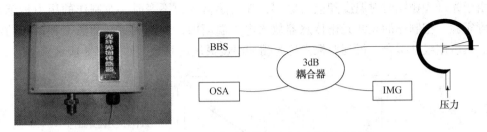

图 7-6　FBG 压力传感器外观和测试装置示意图

传感系统的光路是：由带宽为 40nm，功率为 10mW 的宽带光源 BBS 发出的光，经 3dB 耦合器进入 FBG 后，经反射后前向输出，再经耦合器发送到光谱分析仪(OSA)进行检测。测试时，采用加压和减压的测试过程，每隔 1MPa 测量一个数据点，光纤光栅中心波长是用 Anritsu 公司生产的 AQ6319 型光谱分析仪(分辨力为 0.01nm)检测，压强采用标准压力表(精度为 0.25 级；分度为 0.2MPa)检测，测得 FBG 中心波长随压强变化的关系曲线，如图 7-7 所示。

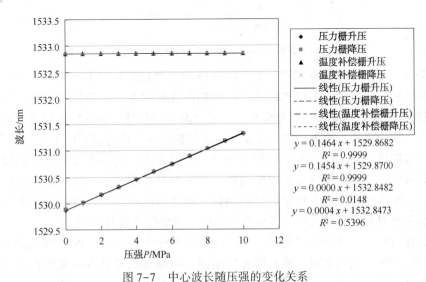

$y = 0.1464\,x + 1529.8682$
$R^2 = 0.9999$
$y = 0.1454\,x + 1529.8700$
$R^2 = 0.9999$
$y = 0.0000\,x + 1532.8482$
$R^2 = 0.0148$
$y = 0.0004\,x + 1532.8473$
$R^2 = 0.5396$

图 7-7　中心波长随压强的变化关系

由压力栅和温度补偿栅的压力波长响应关系可知，在温度一定的条件下，压力栅对波登管内的压力敏感，温度补偿栅对压力不敏感，而且压力栅的波长与压力有良好的线性关系，压力灵敏度为 0.146nm/MPa，线性拟合度系数为 0.9999，压力灵敏度系数约为裸光栅的 48 倍（裸光纤光栅的压力响应灵敏度约为 0.003nm/MPa）[17]，有效地提高了光纤光栅的压力响应灵敏度。对于分辨率为 0.01nm 的光谱仪，得到压力传感器的精度为 ±0.1MPa。对传感器进行多次升降压实验，压力响应灵敏度保持在 0.145~0.146nm/MPa 不变，传感器的重复性很好。

将波登管和悬臂梁的有关参数代入式（7-30）得到压力灵敏度的理论值为 0.151nm/MPa，压力传感器灵敏度的实验值与理论值有差别的原因可能是悬臂梁和波登管的相关参数测量时有误差，或者是光纤光栅与基底材料粘贴后应变传递不是 100%，所以实验值比理论值偏小。

由于光纤光栅同时对温度和应力敏感，在传感器压力不变时，对制作的压力传感器进行温度实验。把制作的光纤光栅传感器放入电子温箱内，测量压力栅和温度补偿栅的温度响应。然后用线性拟合，得到两根光纤光栅的温度灵敏度系数，如图 7-8 所示。

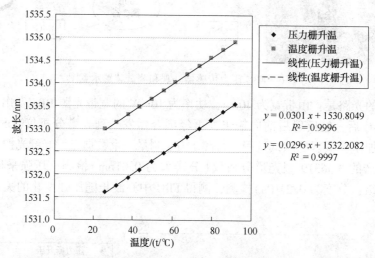

图 7-8 压力传感器中压力栅和温度补偿栅的温度响应特性

由图 7-8 可知，压力栅和温度补偿栅的温度响应灵敏系数基本相同，这与理论分析符合。通过温度实验，得到压力栅和温度补偿栅都有较好的温度响应特性，线性拟合度高达 0.999，因此，利用不同波长的双光纤光栅，不仅能得到环境的温度，而且能在温度和压力同时影响下，对温度和压力进行区分测量。这种结构的压力传感器有以下优点：

压力灵敏度可调。从压力灵敏度的理论公式可以看出，通过改变悬臂梁和波登管的结构参数，就可以大范围调控压强灵敏度系数。由于对悬臂梁和波登管之间的装配装置做了特殊设计，在装配时可以调节悬臂梁自由端到光栅之间的距离，因此不需要改变悬臂梁的结构参数和重新封装光栅就可以实现小范围内压力灵敏度系数的调控。

测量量程可调。悬臂梁在安装时，通过油压泵加压先将波登管的自由端向上翘起，翘起位移根据压力测量范围来定，然后使悬臂梁的自由端和波登管自由端紧密接触，将悬臂梁装配到波登管上。当波登管内压力减小时，波登管自由端向下移，使悬臂梁弯曲，致使压力栅的中心波长向短波方向漂移，当波登管内压力为零，波登管自由端回到初始位置，悬臂梁将弯曲到最大。因此，压力传感器工作时，随着波登管内的压力增大，波登管自由端上翘，悬臂梁逐渐被释放，压力栅中心波长向长波方向漂移，当实际压力超过安装悬臂梁时的压力后，悬臂梁的自由端和波登管自由端分离，压力栅中心波长不再发生变化，压力传感器失效，因此压力传感器的测量量程取决于装配悬臂梁时的压力值，所以通过改变装配悬臂梁时的压力值可以在波登管的耐压允许范围内灵活调节压力传感器的测量量程。通过更换波登管可实现大范围测量量程的调节。

温度和压力实现区分测量。由于在以铍青铜为材料的特殊结构悬臂梁上粘贴了压力栅和温度补偿栅，不仅提高了光纤光栅的温度响应灵敏度，而且压力栅和温度补偿栅的温度响应灵敏系数基本相同，都有较好的温度响应特性，线性拟合度高达 0.999。在温度一定的条件下，压力栅对波登管内的压力敏感，温度补偿栅对压力不敏感。因此，利用不同波长的双光纤光栅，不仅能得到环境的温度，而且能在温度和压力同时影响下，对温度和压力进行区分测量。

安装、保护方便，使用范围广。光纤光栅压力传感器所用的波登管是高精度标准压力表的零部件，因此性能稳定可靠，其接口是标准接口，凡是能安装常规标准压力表的接口，均能安装该传感器，并可替代常规压力表检测压力。压力传感器封装好后，装入了防水的铁盒子中，对光纤光栅起到了有效保护作用，实际使用时，可以直接安装在室外进行工作，无需再做保护。

7.3　封装工艺的可靠性分析

由于光纤光栅传感器具有一系列普通传感器无法比拟的优点，它可以解决许多传统传感器无法解决的问题，因此从 20 世纪 70 年代中期产生以来，就引起各行各业的广泛关注，经过 30 多年的研究开发，光纤传感技术的商业开发条件也日益成熟，已从实验室研究走向实用化，不断有新型光纤传感仪器投入实际应用，并形成了产业，其社会经济效益与日俱增。目前，关于光纤传感的基本技术和理论已经有了详细阐述，涉及波导和传统光学的各个方面。如何依据理论设计封装出性能稳定可靠、价格低廉的传感器件是光纤光栅传感技术走向实际应用的关键。

7.3.1　工程应用对封装工艺的要求

为满足实用化要求，在封装光纤光栅温度、压力(或应变)等传感器的工艺上，需要考虑以下几点：

(1) 传感特性。光纤光栅自身有着很好的传感特性，但传感器的特性与光纤光栅的封装、保护和传感器的结构密切相关，在进行传感器的工艺和结构设计时，要保证传感特性。良好的重复性和线性度是对传感器的基本要求，所以在研究中要重点考察这两项性能。

(2) 工艺性，即传感器结构可实现性。设计的传感器应尽量做到结构简单，易于加工生产，传感器的各项性能指标易于控制。当传感器结构难加工时，很容易造成测量误差，对推广应用造成一定困难。

(3)传感器的使用性能。传感器要便于安装、保护和调试、易于实现准分布传感和网络集成，满足大型工程结构的现场施工要求。封装结构必须给光纤光栅提供足够强度，同时要具有良好的稳定性，以满足长期使用的要求。

7.3.2 封装工艺对传感器性能影响

在7.2.2节中通过将光纤光栅粘贴在以铍青铜为衬底材料的管式和片式结构上，实现了温度增敏，在温度变化范围内，光纤光栅温度响应灵敏度为0.031nm/℃，约为裸光纤光栅的3倍，实验值和理论值吻合得非常好。对传感器进行多次升降温实验，温度响应趋势基本保持不变，传感器的重复性很好。能否保证每次封装后的传感器都具有良好的重复性和线性度传感性能，这是检验封装工艺可靠性的重要指标，也是这类传感器普遍推广应用的关键。

1. 封装工艺

最初采取的办法是把光纤光栅拉直后，将光栅两端的光纤用耐温胶带粘贴来施加预应力，但由于选用粘贴光栅的胶需要120℃左右的高温固化，所以在固化过程中，出现耐温胶带变软预应力释放的现象，导致封装后的光纤光栅出现啁啾现象。后来采取给光纤两端挂砝码来施加预应力，这种方法很少出现预应力释放现象，但如果操作不慎，容易出现光纤两端平衡破坏，导致光栅栅区偏离粘贴位置，甚至光栅断裂，所以操作难度大。另外以上两种方法对所加预应力的大小不好控制，更不能达到预应力大小连续可调。为了方便调节预应力，利用螺旋测微计自制了一个可调预应力架，用它给光纤光栅施加预应力，它的最大优点是预应力连续可调。具体办法是用光谱仪监测待封装光栅中心波长的漂移，通过旋转螺旋测微计调整预应力的大小，精确度可控制到0.1nm。

双组分的耐高温胶粘贴光栅，该胶热稳定强、密封性好、黏合力高。粘贴时，将A、B组分按比例混合，充分搅拌后将胶液均匀的涂覆在基底材料和光纤光栅上，将封装的传感器放入温度控制箱进行高温固化，固化后FBG牢固地粘贴到基底材料上。

2. 封装工艺对温度传感器性能影响分析

为了检验封装工艺是否能够保证每次封装后的传感器都具有相同的灵敏度系数以及良好的重复性和线性度，结合项目需要，对53根光栅用上述封装工艺在以铍青铜为衬底材料的管式结构和片式结构上进行了封装。其中最初6个是采用耐温胶带来施加预应力，其余的通过自制预应力架施加预应力。对封装后的传感器作了温度实验。图7-9(a)和图7-9(b)是分别采用耐温胶带施加预应力和自制预应力架施加预应力封装的传感器的温度响应实验曲线。图7-10是两种封装工艺封装的传感器在温度测试过程中光纤光栅的波形变化图。

由上述实验曲线和波形变化图中可以看到，通过耐温胶带施加预应力一般在常温固化时可以采用，但若需高温固化，则会出现预应力释放，导致封装后的传感器在测量大范围温度时容易出现波形啁啾现象，使得升温和降温过程中测量数据的重复性差，影响传感器的性能。通过自制预应力架能够保证在固化过程中始终给光纤光栅一定的预应力，使光栅处于绷紧状态，从而改善了传感器的温度响应性能，使得升温和降温的重复性好。

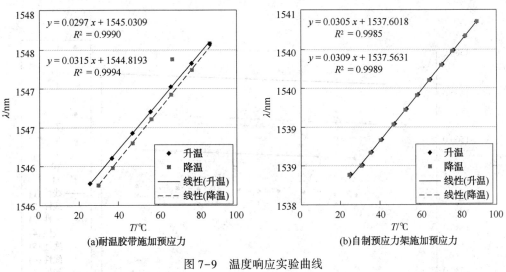

图 7-9　温度响应实验曲线

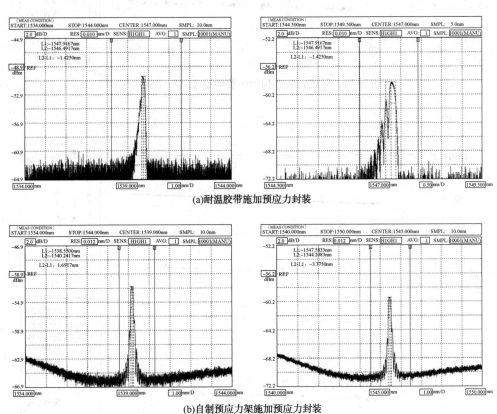

图 7-10　温度测试过程中光纤光栅波形变化图

图 7-11~图 7-13 是通过预应力架施加预应力分别封装在管式、薄片式和片式结构上的 44 个传感器的温度响应实验曲线。传感器的温度响应实验曲线的线性拟合方程和线性度如表 7-2 所示。

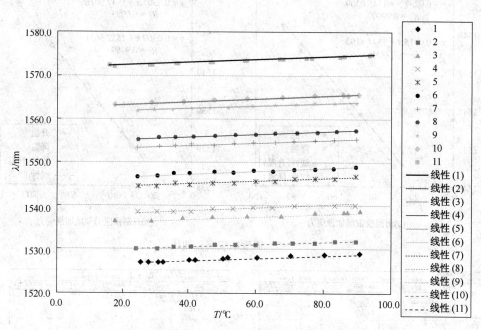

图 7-11　管式封装结构传感器的温度响应实验曲线

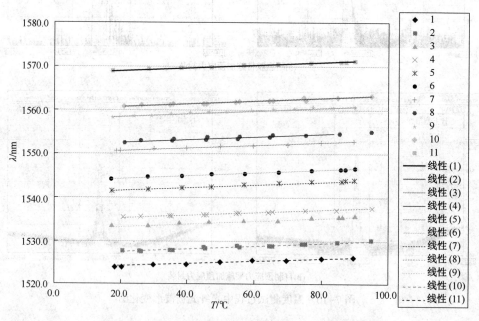

图 7-12　薄片式封装结构传感器的温度响应实验曲线

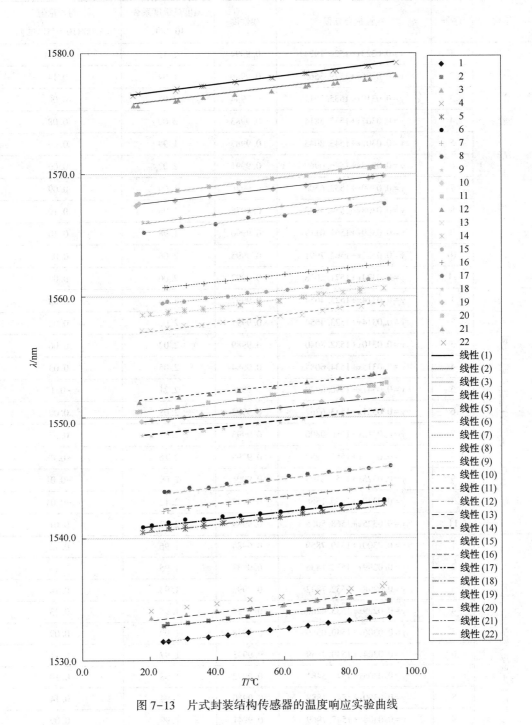

图 7-13 片式封装结构传感器的温度响应实验曲线

表 7-2　传感器的温度响应实验曲线线性拟合方程和线性度

结构	序号	线性拟合方程	线性度	温度灵敏度系数 $10^{-5}/℃$	与理论值 $(2.08×10^{-5}/℃)$ 的偏差
管式封装结构	1	$y=0.0323x+1526.1924$	0.9994	2.12	-0.04
	2	$y=0.0296x+1529.3563$	0.9986	1.94	0.14
	3	$y=0.0319x+1535.7611$	0.9994	2.08	0.00
	4	$y=0.0307x+1537.5814$	0.9983	2.00	0.08
	5	$y=0.0307x+1543.8045$	0.9987	1.99	0.09
	6	$y=0.0312x+1546.0969$	0.9991	2.02	0.06
	7	$y=0.0309x+1552.6500$	0.9986	1.99	0.09
	8	$y=0.0308x+1554.4782$	0.9978	1.98	0.10
	9	$y=0.0309x+1561.0119$	0.9990	1.98	0.10
	10	$y=0.0322x+1562.7991$	0.9995	2.06	0.02
	11	$y=0.0324x+1571.5018$	0.9992	2.06	0.02
薄片式封装结构（厚度为0.2mm）	1	$y=0.0314x+1523.4654$	0.9997	2.06	0.02
	2	$y=0.0314x+1523.4654$	0.9997	2.06	0.02
	3	$y=0.0310x+1532.8040$	0.9989	2.02	0.06
	4	$y=0.0315x+1534.6085$	0.9984	2.05	0.03
	5	$y=0.0341x+1540.8939$	0.9996	2.21	-0.13
	6	$y=0.0321x+1543.6367$	0.9993	2.08	0.00
	7	$y=0.0312x+1550.0800$	0.9993	2.01	0.07
	8	$y=0.0335x+1551.8289$	0.9398	2.16	-0.08
	9	$y=0.0325x+1557.8103$	0.9996	2.09	-0.01
	10	$y=0.0330x+1560.1566$	0.9947	2.12	-0.04
	11	$y=0.0325x+1568.5005$	0.9989	2.07	0.01
片式封装结构（厚度为1.2mm）	1	$y=0.0300x+1530.7859$	0.9984	1.96	0.12
	2	$y=0.0299x+1532.1436$	0.9933	1.95	0.13
	3	$y=0.0298x+1532.7832$	0.9993	1.94	0.14
	4	$y=0.0299x+1533.4263$	0.9994	1.95	0.13
	5	$y=0.0306x+1540.0560$	0.9948	1.99	0.09
	6	$y=0.0304x+1540.4339$	0.9945	1.97	0.11
	7	$y=0.0305x+1541.5481$	0.9972	1.98	0.10
	8	$y=0.0300x+1543.1888$	0.9950	1.94	0.14
	9	$y=0.0308x+1547.7969$	0.9941	1.99	0.09
	10	$y=0.0305x+1549.0405$	0.9942	1.97	0.11
	11	$y=0.0315x+1549.9414$	0.9993	2.03	0.05

结构	序号	线性拟合方程	线性度	温度灵敏度系数 $10^{-5}/℃$	与理论值 $(2.08×10^{-5}/℃)$ 的偏差
片式封装结构(厚度为1.2mm)	12	$y=0.0316x+1550.7247$	0.9995	2.04	0.04
	13	$y=0.0311x+1556.5305$	0.9939	2.00	0.08
	14	$y=0.0310x+1557.8641$	0.9938	1.99	0.09
	15	$y=0.0306x+1558.6443$	0.9983	1.96	0.12
	16	$y=0.0306x+1559.8735$	0.9983	1.96	0.12
	17	$y=0.0319x+1564.7460$	0.9998	2.04	0.04
	18	$y=0.0319x+1565.4656$	0.9998	2.04	0.04
	19	$y=0.0321x+1566.9944$	0.9994	2.05	0.03
	20	$y=0.0317x+1567.8464$	0.9993	2.02	0.06
	21	$y=0.0326x+1575.1049$	0.9990	2.07	0.01
	22	$y=0.0327x+1576.1017$	0.9991	2.07	0.01

由传感器的温度响应实验曲线可以看出，无论是封装在管式结构还是封装在片式结构上的传感器，都实现了温度增敏，具有良好的线性度，除了薄片式结构的8号传感器，其余的43个传感器的线性度均在0.99以上。对温度的响应灵敏度系数最大的为$2.21×10^{-5}/℃$，最小的为$1.94×10^{-5}/℃$，平均为$2.02×10^{-5}/℃$，方差为0.9%，与理论值($2.08×10^{-5}/℃$)得最大偏差为$0.14×10^{-5}/℃$，实验值和理论值吻合得非常好。

通常情况下，封装的传感器的温度响应灵敏度的实验值均会小于理论值，这是因为光纤光栅与基底材料粘贴后应变传递不是100%，所以测量值比理论值偏小。表7-2中有39个传感器的温度响应灵敏度的实验值小于理论值，但与理论值的偏差都很小，这表明通过施加预应力可以改善光纤光栅和基底材料之间的粘贴性能，使得粘贴后应变传递基本达到100%。另外管式封装和薄片式封装的传感器中出现了实验值大于理论值的现象，原因有可能是在计算理论值时，铍青铜的热膨胀系数代入的是牌号为QBe1.9的热膨胀系数，这正是片式结构的铍青铜材料的牌号。而管式结构和薄片式结构的铍青铜材料的牌号不清楚，所以其理论值计算又可能偏小，才导致出现上述现象；另外一种原因可能是通过施加预应力提高了温度响应灵敏度系数，这一原因有待做进一步实验验证。

3. 封装工艺对压力传感器性能影响分析

上面所述的片式结构实际就是用来做压力传感器的悬臂梁，在每个悬臂梁上封装了2个光纤光栅，另一个用来检测压力，称为压力栅，另一个作为温度补偿，称为温度补偿栅，温度补偿栅只对环境温度敏感，压力栅同时对温度和压力敏感，通过两根光栅，利用温度补偿，得到输油管道油压值。

压力传感器是通过悬臂梁与波登管相组合而成。工作原理是悬臂梁在安装时，通过油压泵加压先将波登管的自由端向上翘起，翘起位移根据压力测量范围来定，然后使悬臂梁的自由端和波登管自由端紧密接触，将悬臂梁装配到波登管上。当波登管内压力减小时，波登管自由端向下移，使悬臂梁弯曲，致使压力栅的中心波长向短波方向漂移，当波登管内压力为零，波登管自由端回到初始位置，悬臂梁将弯曲到最大。压力传感器工作时，随着波登管内的压力增大，波登管自由端上翘，悬臂梁逐渐被释放，压力栅中心波长向长波方向漂移，当实际压力超过安装悬臂梁时的压力后，悬臂梁的自由端和波登管自由端分离，压力栅中心波长不再发生变化，压力传感器失效。

上述压力传感器在正常工作时，压力栅始终处于被压缩状态，因此在封装压力栅时若不施加预应力，在测量较小压力时，由于悬臂梁弯曲程度大，压力栅压缩严重，必将出现光纤光栅波形出现啁啾现象，导致解调困难或传感器失效，如图 7-14 所示。通过施加预应力可消除波形出现啁啾现象，如图 7-15 所示。因此，封装工艺对这类压力传感器的性能也起着至关重要的影响。

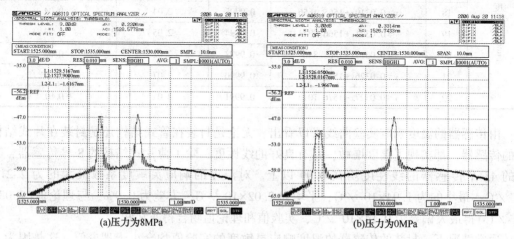

图 7-14　未施加预应力封装的压力传感器在压力实验中的啁啾现象

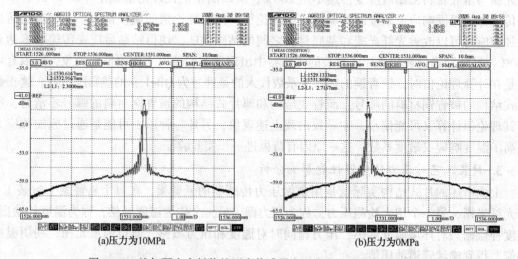

图 7-15　施加预应力封装的压力传感器在压力实验中波形保持不变

通过施加预应力封装了 11 个压力传感器，图 7-16、图 7-17 分别是压力栅和温度补偿栅的压力响应实验曲线。传感器压力响应实验曲线的线性拟合方程和线性度如表 7-3 所示。

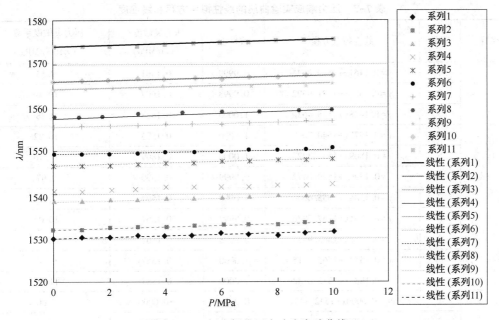

图 7-16　压力栅的压力响应实验曲线

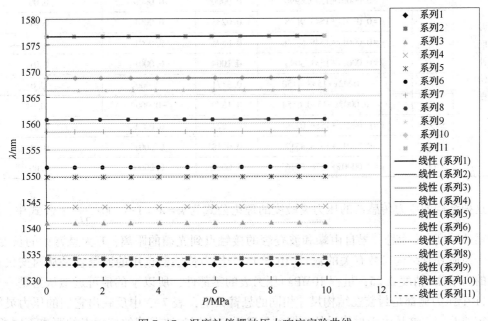

图 7-17　温度补偿栅的压力响应实验曲线

　　由图 7-16、图 7-17 压力栅和温度补偿栅的压力波长响应曲线可以看出，11 个压力传感器的压力栅和温度补偿栅，在温度一定的条件下，压力栅对波登管内的压力敏感，温度补偿栅对压力不敏感，而且压力栅的波长与压力有良好的线性关系，线性拟合度系数均在 0.9998以上，压力灵敏度最大为 0.1883nm/MPa，最小为 0.1361nm/MPa，有效地提高了光纤光栅的压力响应灵敏度。对于分辨率为 0.01nm 的光谱仪，得到压力传感器的精度为±0.1MPa。对传感器进行多次升降压实验，压力响应灵敏度基本保持不变，传感器的重复性很好。

表 7-3　压力响应实验曲线的线性拟合方程和线性度

类型	序号	线性拟合方程	线性度	压力灵敏度/（nm/MPa）	压力灵敏度系数/（×10⁻⁵/MPa）
压力栅	1	$y=0.1461x+1529.8645$	0.9999	0.1461	9.55
	2	$y=0.1607x+1531.9392$	0.9998	0.1607	10.49
	3	$y=0.1428x+1538.4630$	1.0000	0.1428	9.28
	4	$y=0.1575x+1540.7019$	1.0000	0.1575	10.22
	5	$y=0.1809x+1546.3223$	1.0000	0.1809	11.70
	6	$y=0.1390x+1549.0472$	0.9999	0.1390	8.97
	7	$y=0.1504x+1555.4600$	1.0000	0.1504	9.67
	8	$y=0.1561x+1557.7876$	0.9999	0.1561	10.02
	9	$y=0.1361x+1563.9539$	0.9998	0.1361	8.70
	10	$y=0.1557x+1565.7715$	1.0000	0.1557	9.94
	11	$y=0.1883x+1573.6132$	1.0000	0.1883	11.97
温度补偿栅	1	$y=-0.0000x+1532.8457$	0.0058	−0.0000	0.00
	2	$y=-0.0000x+1534.0586$	0.0002	−0.0000	0.00
	3	$y=0.0000x+1540.8996$	0.0000	0.0000	0.00
	4	$y=0.0001x+1543.9638$	0.0233	0.0001	0.01
	5	$y=0.0001x+1549.5469$	0.0595	0.0001	0.01
	6	$y=0.0001x+1551.3093$	0.1004	0.0001	0.01
	7	$y=-0.0002x+1558.4150$	0.3171	−0.0002	−0.01
	8	$y=-0.0002x+1560.6554$	0.1879	−0.0002	−0.01
	9	$y=0.0001x+1566.0259$	0.0824	0.0001	0.01
	10	$y=0.0001x+1568.4517$	0.0118	0.0001	0.01
	11	$y=0.0000x+1576.6516$	0.0008	0.0000	0.00

　　这种结构的压力传感器的压力灵敏度的理论公式为 $\kappa=\lambda_{\mathrm{B}}(1-P_{\mathrm{e}})\cdot\dfrac{3xd}{2L^{3}}\cdot\gamma$（式中，$d$ 为悬臂梁的厚度，x 为悬臂梁自由端和波登管的接触点到光栅的距离；L 为悬臂梁的长度，γ 是一个与波登管结构参数有关的数）。由于 11 个压力传感器选用的波登管是从西安仪表厂购买的高精度（精度 0.25，量程 10MPa）压力表的零部件，所以 γ 的值可近似认为是一个常数。11 个压力栅都是封装在结构尺寸相同的悬臂梁上，表 7-3 中反映出它们的压力灵敏度有一定的差别，这是由于封装后的光栅到悬臂梁自由端和波登管的接触点的距离不同所致。由于对悬臂梁和波登管之间的装配装置作了特殊设计，在装配时可以调节悬臂梁自由端到光栅之间的距离，因此不需要改变悬臂梁的结构参数和重新封装光栅就可以实现小范围内压力灵敏度系数的调控。从压力灵敏度的理论公式可以看出，通过改变悬臂梁和波登管的结构参数，就可以大范围调控压强灵敏度系数。

　　4. 封装工艺的性能评价

　　在传感特性方面：封装后的传感器应具有良好的重复性和线性度等优良的传感特性。

在工艺性方面：设计的传感器应尽量做到结构简单，易于加工生产，传感器的各项性能指标要易于控制。在使用性能方面：传感器安装、保护和调试简单、方便，便于实现分布传感和网络集成，满足大型工程结构的现场施工要求。现在从这三个角度来评价本文研究的封装工艺的性能。

在传感特性方面：通过改进后的封装工艺封装了 47 个光栅，对其中的 44 个光栅进行了温度实验，实验表明无论是封装在管式结构还是封装在片式结构上的传感器，都实现了温度增敏，灵敏度为"裸"栅的 3 倍。封装后的光栅波长对温度的响应具有良好的线性度，其中 43 个传感器的线性度均在 0.99 以上。对个别传感器进行多次升温、降温实验，温度响应灵敏度基本保持不变，具有良好的重复性。对 11 个压力传感器进行了在 10MPa 范围内的升压、降压实验，实验表明，通过结构设计和封装实现了压力增敏，灵敏度为"裸"栅的 45~63 倍，11 个压力栅的波长与压力有良好的线性关系，线性拟合度系数均在 0.9998 以上。对每个压力传感器进行多次升压降压实验，压力栅的压力响应灵敏度基本保持不变，具有良好的重复性。

在工艺性和使用性能方面：由于铍青铜材料具有良好的机械加工和热处理性能，具有良好的温度特性，线膨胀系数大，在 200℃ 以内线膨胀系数稳定，是常用于高精度高强度的弹性敏感材料。因此选用铍青铜材料作为封装光纤光栅的衬底材料。结合工程应用，考虑到输油管线中通常需要检测管道压力、温度和应变三个物理量，在设计结构时，作为检测管道压力的传感器，采用了悬臂梁和波登管相组合的结构，这种结构的优点是理论成熟，结构简单，由于波登管接口是标准接口，安装方便，压力灵敏度和量程可以根据改变悬臂梁和波登管的结构参数可调。考虑到光纤光栅对温度、压力同时敏感，对悬臂梁作了结构调整，压力传感器增加了一个温度补偿栅，实现了温度、压力区分测量。作为检测管道温度的传感器，采用了管式结构，由于光纤光栅封装在细铜管内，既可以起到温度增敏作用又可以对光纤光栅进行有效保护。作为检测管道应变的传感器，采用了薄片式结构，这种结构有利于将封装后的传感器沿环向固定在输油管道的表面。通过实验表明，封装后传感器的压力、温度灵敏度、线性度和重复性等各项性能指标得到了非常好的控制。

7.4 光纤光栅传感器在油气管线上的应用

光纤光栅传感器由于具有本质优点，例如抗干扰能力强、耐久性好、准分布式传感、绝对测量、尺寸小、灵敏度较高、精度高、频带宽、信噪比高等，是结构局部健康监测最理想的智能传感元件之一，可以直接（或间接通过某种封装或灵巧装置）监测应变、温度、裂缝、位移、振动、腐蚀、应力等物理量，广泛应用于土木工程，航空航天工业，船舶工业，电力工业，石油化工，核工业，医学等领域。目前，FBG 传感器正从实验室走向实际工程应用[22]。

7.4.1 光纤光栅传感器的工程化设计

1. 实用化光纤光栅传感器的设计要求

为满足实用化要求，在设计光纤光栅温度、压力（或应变）等传感器时，要考虑以下几点：

（1）方案可行性理论验证。对于大多以往文献报道的方案，均经过严格的理论推导，一般情况下理论上的可行性都能得到验证。

（2）传感特性。光纤光栅自身有着很好的传感特性，但传感器的特性与光纤光栅的封装、保护和传感器的结构密切相关，在进行传感器的工艺和结构设计时，要保证好的传感特性。良好的重复性和线性度是对传感器的基本要求，所以在研究中要重点考察这两项性能。

（3）传感器封装工艺研究，即传感器结构可实现性。设计的传感器应尽量做到结构简单，易于加工生产，传感器的各项性能指标易于控制。当传感器结构难加工时，很容易造成测量误差，对推广应用造成一定困难。

（4）传感器实际应用中的工程可实现性。这一点最为关键，有很多方案理论上都可以实现，或者在实验室条件下可以实现，但在工程实际中却难以应用。

（5）在传感器设计过程中，还需要对整个光纤光栅传感系统进行考虑[23,24]。例如准分布式测量、解调系统、传感器阵列优化设计等问题。

（6）传感器的使用性能。传感器要便于安装、保护和调试、易于实现准分布传感和网络集成，满足大型工程结构的现场施工要求。封装结构必须给光纤光栅提供足够强度，同时要具有良好的稳定性，以满足长期使用的要求。

2. 光纤光栅传感器设计思路

第一步，确定传感器测量范围，提出传感器灵敏度、测量范围、使用条件、测量精度等技术参数。

根据传感器使用条件、技术规范，决定光纤光栅传感器结构、温度与压力灵敏度系数及光纤光栅传感器阵列之间的波长间隔。虽然有关光纤光栅温度、压力或者温度压力区分测量的方案比较多，但将光纤光栅应用于输油管线或者油气井下目前几乎没有。油气井环境恶劣，温度压力都比较高。注气井，瞬时温度可能高达300℃，压力高达30MPa甚至更高，温度测量难度很大，在高温高压同时存在的情况下，需要对光纤光栅传感器甚至整个传感系统进行重新构思和设计。光纤光栅反射波长移动是有限的，应该根据光纤光栅传感器要求的最大量程、解调系统的分辨率以及现场要求的测量精度，决定传感器所允许的最大的温度和压力响应灵敏度。同时要根据现场温度和压力分布情况，设定传感器之间的信道带宽，使得阵列中的各传感器测量不发生串扰。

第二步，光纤光栅温度与压力传感器优化设计。

如果光纤光栅传感器温度与压力灵敏度不能满足使用要求时，区分测量会受到严重影响；对于一些方案，由于光纤光栅的温度与压力灵敏度相差太大，使温度压力灵敏度之间不匹配，测量误差增大。因此，光纤光栅要采用封装等方法提高温度与压力灵敏度，达到光纤光栅温度与压力灵敏度之间的优化。

第三步，光纤光栅的封装结构要具有工程可实现性。

首先封装的传感器结构要保证温度和应力（或应变）的有效传递，以保证封装后光纤光栅对温度和压力（或应变）的精确测量。由于应变和压力测量需要精细结构保证传感器能灵敏探测到被测物的微小变化，因此，用于应变和压力测量时，光纤光栅传感器对封装结构要求很高。封装结构必须能保证光纤光栅容易实现光纤光栅传感器的多点传感或阵列传感。例如传感器要用于油气井环境中，传感器必须能承受高温高压，而且，还需要封装材料良好的抗老化性和稳定性，保证光纤光栅传感器在测试环境中的长期稳定工作。

第四步，光纤光栅传感器稳定性和重复性验证。

目前，困扰光纤光栅传感器实用化的一个难题是光纤光栅对外界温度和压力测量过程中的稳定性和重复性。光纤光栅传感器稳定性与可重复性包括单次温度与压力（或应变）升降实验中测量值的重复情况，以及多次实验中温度与压力响应规律的重复性和稳定性。重复性与稳定性是光纤光栅传感器实用化的一个主要指标。很多方案在单次测量中线性度很好，但长期重复性很差，或者只在某一测量范围内能够达到要求，不能满足整个量程需要。因此，在设计传感器时需考虑到应用的具体环境，在最初实验模拟环境中应尽量保证实验条件与实际工程环境的相似，特别是对温度和压力进行双参量测量时，稳定性和重复性显得更为重要，一个参量的误差直接影响到另一个参量的准确性。

7.4.2 光纤光栅传感器的应用研究

油气管线承担着油气的正常外输，因此管道内油气的温度和压力对于油气的正常外输起着重要的作用。特别是在我国北方产油地区，生产井到炼油厂一般几十甚至几百公里，通过油气管线传输原油占有很大的比例。由于原油比较稠，在传输过程中，必须保证原油有较高的温度，使原油不会由于温度过低而沉积在管道中。因此长输油管道中间有很多阀室，阀室负责对传输的原油进行温度和压力的测量，一旦发生管道泄漏等异常情况，可以及时关闭阀门，减少原油泄漏和环境污染。另外，由于原油经过长时间的传输，温度或者压力会降低，长输油管道中间还有一些中继站，中继站可以通过加温加压装置进行加温和加压，保证原油的顺利外输。利用传感器监测管道温度、应变和压力，可以及时掌握管道的泄漏、异常情况的发生等，这对于原油的安全运输更为重要。因此，油气管线都安装了许多传统电子类温度和压力传感器。由于光纤光栅传感器抗电磁干扰、重量轻、准分布式测量以及易于网络化等，使得在输油管线使用光纤光栅传感器比传统电子类传感器有着更优越的优势。因此，应用光纤光栅传感器监测管线的温度和压力是一个崭新的课题，对于拓展光纤光栅传感器的应用领域有更积极的意义。

由于输油管线内原油温度和压力不是很高，管道温度一般在 $20 \sim 80℃$，压力一般在 $0 \sim 10MPa$，为了精确测量管线内原油的温度和压力，就有必要对 FBG 进行有效增敏，以提高光纤光栅温度和压力传感器的响应灵敏度。

本书最初根据输油气管线现场压力为 3MPa 左右，设计了一种 FBG 压力增敏方法：利用圆柱形容器和活塞组成密闭容器，容器底部有标准接口与实验油压泵相连，将 FBG 粘贴在弹性性能好的基底材料上，此材料的两端有孔，利用销子与圆柱形容器底部和活塞固定。实验中圆柱形容器中油压的变化将引起活塞的上下移动，从而引起粘贴在基底材料上的 FBG 受到的拉力变化，测量 FBG 的波长来实现对外界压力的测量。制作的压力传感器具有较高的压力灵敏度，压力灵敏度系数为 0.8223nm/MPa，是裸光栅压力灵敏度系数的 274 倍，并且有良好的线性，线性度为 0.9998；温度灵敏度系数为 0.0323nm/℃，温度灵敏度系数是裸光栅温度灵敏度系数的 3 倍，线性拟合度达到 0.997。而且根据压力和温度的测量范围和灵敏度的要求，可以考虑不同的材料，或者调节有关参数以改变传感器的压力灵敏度系数，实现不同压力范围的测量[25]。

在实验室标定的光纤光栅温度和压力传感器，由于只是模拟环境，与实际环境有差别，实际环境比模拟环境可能要恶劣，而且，温度和压力的变化是随机的。因此，将封装好的光纤光栅温度和压力传感器应用在实际输油气管线进行现场实验，来检测光纤光栅温度和压力传感器的重复性，测量的准确性等，对于将光纤光栅传感器应用在实际工程领域是非常重要的。

在油田输油管线的中继站上的进站口、中间站和出站口分别安装 FBG 温度传感器和 FBG 压力传感器。将温度传感器和压力传感器安装输油管线上，安装的光纤光栅温度和压力传感器是在实验室标定好的。光源和解调系统在控制室，通过光纤进行信号的传输。信号解调系统直接在电脑上显示，显示测量的温度和压力数值。光纤光栅传感系统现场控制室显示系统和安装的传感器分别如图 7-18(a)、(b)所示。

(a)光纤光栅传感系统控制显示部分   (b)FBG温度压力现场测试图

图 7-18 FBG 温度压力现场实验装置图

FBG 温度和压力传感器安装在该站传统的电类温度和压力传感器附近，便于数值的对比。首先对 FBG 传感系统进行调试，调试顺利后就可以进行输油管线中的温度和压力测试。表 7-4 是记录的 FBG 压力传感器与该站传统的电子类压力传感器的数值情况。由表 7-4 可知，FBG 传感器与传统的电子类传感器测量值符合得很好。

表 7-4 FBG 压力传感器与电子类压力传感器测量结果

测试次序	电子类压力传感器/MPa	光纤光栅压力传感器/MPa	测试次序	电子类压力传感器/MPa	光纤光栅压力传感器/MPa
1	0.26	0.25	6	0.44	0.47
2	0.28	0.26	7	0.35	0.35
3	0.26	0.26	8	0.54	0.54
4	0.38	0.39	9	0.57	0.56
5	0.40	0.39	10	0.57	0.56

测试次序	电子类压力传感器/MPa	光纤光栅压力传感器/MPa	测试次序	电子类压力传感器/MPa	光纤光栅压力传感器/MPa
11	0.55	0.55	17	2.34	2.28
12	0.64	0.65	18	2.25	2.24
13	1.30	1.25	19	2.15	2.12
14	2.33	2.37	20	2.10	2.04
15	2.33	2.36	21	2.05	2.01
16	2.35	2.34	22	2.05	2.01

对传感器进行半个月的现场实验，光纤光栅传感器经受了长时间温度和压力变化以及输油管线原油的腐蚀等。通过实验，得到 FBG 温度和压力传感器在输油管线能准确地测量温度和压力的变化，压力误差不超过 0.05MPa，温度误差不超过 0.2℃，基本满足输油管线温度和压力精度的要求，为光纤光栅传感器用于实际石油输油气管线领域奠定了良好的基础。

7.5　本章小结

光纤光栅传感器作为一种波长调制型光纤传感器，继承了传统光纤传感器测量参量多、本质安全、耐高温等优点，加之具有对光强不敏感、可绝对测量、容易复用等优点，成为近年来传感器的研究热点，光纤光栅传感技术因此也得到了迅速发展，部分光纤光栅传感器已经商品化。但就目前来说，光纤光栅传感器真正走向实用化，还存在一系列问题急需解决。基于以上背景，本章针对困扰光纤 Bragg 光栅实用化的关键技术难题：温度和压力增敏、区分测量、封装保护、传感网络等问题进行了理论以及实验研究，主要内容为：

（1）采用耦合模理论研究了光波在光纤光栅中的传输规律，在此基础上分析了光纤光栅温度、应变、压力传感机理，并讨论了光纤光栅温度与应变交叉敏感问题。

（2）针对光纤光栅温度和应力灵敏度低的问题，研究了光纤光栅的增敏技术，并从改进光纤光栅制作材料、写入方法、封装方法方面，讨论了实现光纤光栅温度和应变增敏的基本原理和方法。根据对光纤光栅不同封装实现增敏的原理和技术，提出了一种封装实现温度、压力增敏的封装方案，通过结构设计实现了温度、压力区分测量，并对封装后的传感器进行了温度、压力实验研究。

（3）在对光纤光栅的原先封装工艺进行深入研究的基础上进行了大量光纤光栅封装实验，针对封装过程中出现的光纤光栅啁啾化和温度压力响应不稳定问题，通过改进封装工艺加以解决。实验证明改进后的封装工艺对光纤光栅传感器的灵敏度、重复性、线性度等性能指标起到了很好的控制，使其满足实用化的要求。

（4）针对实用化光纤光栅传感器的设计要求，分析了实用化光纤光栅传感器的设计思路和波分复用技术对传感器性能的要求，然后针对光纤光栅温度、压力传感器在输油管线中测量的实际应用，对封装的光纤光栅温度、压力和应变传感器进行了现场测试。

参 考 文 献

[1] 陶鹏. 基于相移光纤光栅传感的周界安防系统入侵探测技术研究[D]. 上海：上海师范大学，2018.

[2] 刘鸿文，材料力学[M]. 北京：人民教育出版社，1980.

[3] 董新永，关柏鸥，张颖，等. 单个光纤光栅实现对位移和温度的同时测量[J]. 中国激光，2001，28(7)：621-624.

[4] Qiao Xueguang, Li Yulin. Hybrid FBG/LPFG Sensors for Simultaneous Measuring Strain and Temperature of Oil/Gas Bottomline[J]. Journal of Optoelectronics. Laser, 1999, 10(1)：42-45.

[5] 王目光，魏淮，童治等. 利用双周期光纤光栅实现应变和温度同时测量[J]. 光学学报. 2002, 22(7)：867-869.

[6] Qiao Xueguang, Li Yulin. Simultaneous Measurement of Strain and Temperature with Different Period Λ and Superimposed Optic Fiber Bragg Grating sensors[J]. Applied Laser, 1998, 18(6)：254-258.

[7] BaiOu Guan, HwaYaw Tam, SiuLau Ho. Simultaneous strain and temperature easurement using a single fiber Brag grating[J]. Electronic Letter, 2000, 3(12)：1018-1021.

[8] LiuYunqi, Guo Zhuanyun, Zhang Ying, et al. Simultaneous pressure and temperature measurement with polymer-coated fiber Bragg grating[J]. Electronic Letters 2000, 36(6)：564-566.

[9] Dong NN, Wang SM, L. Jiang, etal. Pressure and temperature sensor based on graphene diaphragm and fiber Bragg gratings[J]. IEEE Photonics Technology Letters, 2018, 30(5)：431-434.

[10] D. Q. Yang, Y. G. Liu, Y. X. Wang, et al. Integrated optic-fiber sensor based on enclosed EFPI and structural phase-shift for discriminating measurement of temperature, pressure and RI[J]. Optics and Laser Technology, 2020, 126.

[11] J. EcheyArria, A. Quintela, C. Jauregui. Uniform fibre Bragg grating first and second-order diffraction wavelength experimental characterization for strain - temperature discrimination[J]. IEEE. Photonics Technology Letter, 2001, 13(7)：696-698

[12] 戎小戈. 光纤光栅的发展现状[J]. 广西物理，2001，22(4)：31-34.

[13] 刘永红，江山. 温度不敏感光栅[J]. 光电子·激光，1997，24(10)：895-898

[14] M. G. Xu, H. Geiger and J. P. Dakin. Fiber grating pressure sensors with enhanced sensitivity using a glass-bubble housing. [J]Electron. Lett 1996, 32(2)：128-129.

[15] 姜德生，徐先东，何伟. 聚合物封装的高灵敏度光纤Bragg光栅温度传感器[J]. 光学与光电技术，2003, 1(2)：27-30.

[16] 孙安，乔学光，贾振安，等. 大范围光纤布拉格光栅温度传感器增敏实验研究[J]. 光学学报，2003，24(11)：1491-1493.

[17] Xu M G, Greekie L, Chowetal Y T, et al. Optical in-fiber grating high pressure sensor[J]. ElectronicLetter, 1993, 29(4)：398-399.

[18] ZhangYing, Liu Zhiguo, Guo Zhuanyun, et al. A high sensitivity fiber grating pressure sensor and its pressure sensing characteristics[J]. Acta Optica Sinica, 2002, 22(1)：89-91.

[19] FuHaiwei, Fu Junmei, Qiao Xueguang. Novel high sensitivity fiber Bragg grating pressure sensor[J]. Journal of Optoelectronics·Laser(光电子·激光)2004, 15(8)：892-895.

[20] HuShuyang, He Shiya, Zhao Qida, et al. A novel high-sensitivity fiber grating pressure sensor[J]. Journal of Optoelectronics·Laser(光电子·激光), 2004, 15(4)：410-412.

[21] 王宏亮，乔学光，周红，等. 压力与温度双参量传感优化系统的研制[J]. 光学学报，2005，25(7)：875-880.

［22］Rao YJ. Recent progress inapplications of in-fiber Bragg grating sensors［J］. Optics and Lasers in Engineering, 1999, 31(4)：297-324

［23］J. Sun, Z. Wang, M. Wang, et al. Fabrication of π phase-shifted fiber Bragg grating and its application in narrow linewidth 1. 5 um Er-doped fiber lasers［J］. Optics Communications, 2018, 407：344-34.

［24］姜德生，何伟. 光纤光栅传感器应用概况［J］. 光电子·激光，2002，3(4)：420-430.

［25］禹大宽，乔学光，贾振安. 新颖的光纤 Bragg 光栅压强传感器的实验研究［J］. 光电子·激光，2006，17(5)：513-516.

［26］张伟刚，开桂云，董考义. 光纤光栅多点传感的理论与实验研究［J］. 光学学报，2004，24(3)：330-336.

第8章 相移光纤光栅制作与传感特性研究

8.1 基于遮挡法的 PSFG 制作及传感特性研究

8.1.1 基于相位掩模法的 FBG 制作

相位掩模法写栅是一种较为成熟的刻写方法，具有很多优点，诸如对光路稳定性和光源相干性要求较低，操作简单，刻写的光纤光栅质量很高，适用于批量生产某一周期的光栅。因此，本章所制作的非均匀光栅都基于此方法。理论上，相移光纤光栅根据引入的相移点位置的不同会表现出不同的光谱形状，且根据引入的相移的个数可分为单相或多相移光纤光栅。但是由于实际操作中并不能更为精确地控制相移，所以我们仅制作了相移量大小为 π，相移点位置位于光栅中间的单相移光纤光栅。

基于相位掩模法刻写 FBG 的光路如图 8-1(a)所示。

具体刻写过程是：首先将剥去涂敷层的单模光纤(实验中使用的单模光纤均为长飞公司生产，纤芯和包层的直径分别为 8.5μm、125μm。)靠近相位掩模板(实验室所用相位掩模板周期为 1077.51nm，这种特殊设计的掩模板会抑制其他级次的衍射光，只让±1 级衍射光发生干涉)，但不要贴着掩模板放置；然后打开激光器，准分子激光器发出的紫外激光先经过光阑变为矩形光斑，再经过两个聚光镜使光束汇聚后，经柱透镜扩束后垂直照射到相位掩模板上并在掩模板上形成衍射光斑。位于相位掩模板近场衍射所产生的衍射光将在其后面形成干涉条纹，进而会对置于相位掩模板后面的光纤进行曝光使得光纤纤芯折射率发生周期性变化，形成光栅(所刻写的光栅周期为相位掩模板周期的一半)。

图 8-1(b)是实验室刻写 FBG 的实物图，实验使用的激光器是德国生产的 ATLEX-300-I 型号的 193nm 准分子激光器，工作气体为氟化氩、最大脉冲能量为 30mJ、平均功率为 2.4W、最大重复频率 300Hz(写栅时脉冲频率设置为 50Hz 即可)、脉宽 4~8ns、单光子能量为 6.4eV、能量密度为 0.45J/cm^2、光斑尺寸为 4×6mm，图 8-1(c)是激光辐射光纤形成光栅的示意图。

8.1.2 PSFG 的制作

根据相移光纤光栅最初的定义，即通过在折射率周期性变化的均匀 FBG 的中间位置引入折射率调制的突变即可形成相移光纤光栅[1]。因此，我们采用遮挡法在普通单模光纤上制作了 PSFG，其示意图如图 8-2(a)所示。基于相位掩模法刻写 FBG 的光路，如图 8-1(a)所示，通过在相位掩模板前放置一直径约为 1mm 的遮挡物(如细丝、铁丝等)，如图在激光曝光过程中被遮挡区域的光纤不会被紫外激光辐射，便不会产生折射率调制，因此导致遮挡区前后光栅将引入一个相位突变，从而形成 PSFG。PSFG 的反射光谱可通过计算机实时记录数据，然后经 Origin 软件处理得到，如图 8-2(b) 所示。

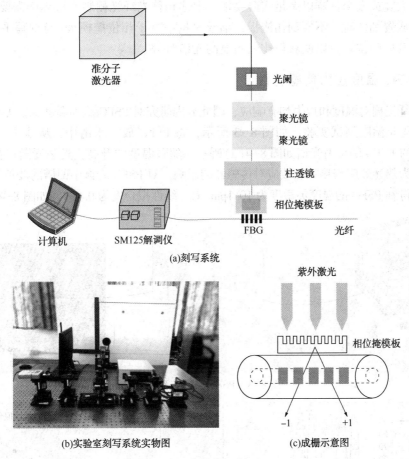

图 8-1　相位掩模法刻写 FBG

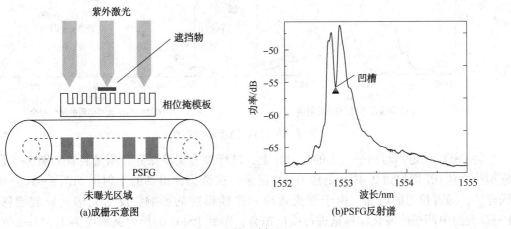

图 8-2　遮挡法刻写 PSFG

此外在采用遮挡法刻写相移光纤光栅过程中，我们还进一步验证了以下因素对相移光纤光栅光谱的影响，并得出结论：①准分子激光器重复频率为50Hz时便能写出满足要求的PSFG，如适当增加重复频率或电压，刻写速度则会提高；②遮挡物尺寸为1mm时才能形成光谱凹陷，太宽或太窄都难以满足实验要求。上述相移光纤光栅制作过程中需要注意几点：在掩模板前放置细丝时，不要刮伤掩板；细丝尽量平行于相位掩模板(与刻写平台垂直)放置，且置于其中间位置，以便获得比较明显的光谱"凹陷"。

8.1.3　PSFG 温度拉力传感特性

相移光纤光栅对温度和拉力均有响应，因此分别研究对 PSFG 施加温度和拉力后的光谱变化情况。首先是温度测试实验，如图 8-3 所示，将 PSFG 放入水浴中，从 30℃ 开始升温至90℃，得到的 PSFG 的反射光谱如图 8-4(a)所示。随着温度的升高，光谱逐渐往长波方向移动，这是因为热光效应与热膨胀效应对传感器的影响。对 PSFG 光谱中凹槽的波长漂移量进行线性拟合，得到 PSFG 的温度灵敏度为 10.1pm/℃，线性拟合度为 0.998，如图 8-4(b)所示。

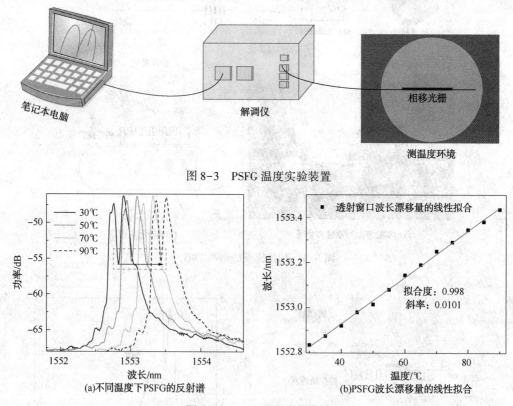

图 8-3　PSFG 温度实验装置

(a)不同温度下PSFG的反射谱　　　　(b)PSFG波长漂移量的线性拟合

图 8-4　PSFG 温度响应特性

将 PSFG 固定到写栅平台上的拉力计上，进行拉力实验探究，测量装置如图 8-5 所示。施加拉力从 0N 增加到 2.4N，每隔 0.4N 记录一次数据，得到的反射谱如图 8-6(a)所示。同样的，随着拉力的增加，由于弹光效应和弹性形变的影响，反射光谱向长波漂移。对PSFG 光谱中凹槽的波长漂移量进行线性拟合，得到 PSFG 的拉力灵敏度为 1.361nm/N，线性拟合度为 0.9995，如图 8-6(b)所示。

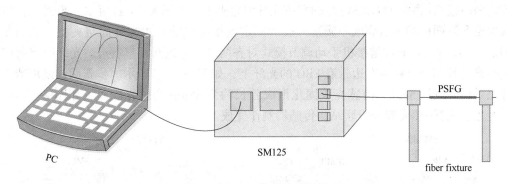

图 8-5　PSFG 拉力实验装置

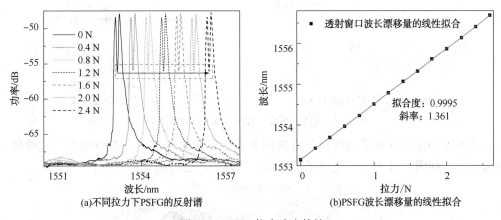

(a)不同拉力下PSFG的反射谱　　　　(b)PSFG波长漂移量的线性拟合

图 8-6　PSFG 拉力响应特性

8.2　结构相移光栅制作及传感特性研究

由图 8-2(a)可知，相移光纤光栅本质结构为由一腔体连接的两段相同的光栅，在结构上可看作光栅-FP 腔。因此本节我们通过在光栅栅区位置制作 FP 腔来制作结构相移光栅，这种结构相移光栅将表现出 FP 干涉谱与光纤光栅光谱集成的现象。

8.2.1　光栅-感光胶腔的制作

近年来，光栅与 FP 腔级联并用于多参量测量的传感器已经得到了大量的研究。此外，利用基于全光纤的本征型 FP 腔和光纤光栅的集成结构传感器来实现温度与压强[2]、温度与拉力[3]、温度与折射率[4]、温度与湿度[5]等的双参量同时区分测量的技术已经非常成熟，但其响应灵敏度也仅限于光纤水平，且制作过程较为复杂，成本也较高。为突破全光纤结构传感器的灵敏度限制，本文利用一种具有高透明度、可快速固化以及粘接强度高等特点的感光胶来制作密闭 FP 腔而形成非本征型干涉仪。

首先，将感光胶腔级联于 FBG 栅区之外，制作了光栅-感光胶腔级联结构传感器，其制作过程如图 8-7 所示。传感器的制备技术方案主要包括以下四个步骤：步骤一，一段标准单模光纤采用 193nm 准分子激光器刻写的栅区总长度约为 15mm 的 FBG 被光纤切刀切平后固定到熔接机(古河 FITELS177)的左边光纤固定夹上，如图 8-7(a)所示。步骤二：另取一根单模光纤同样切平后蘸取一滴紫外胶后固定到熔接机的右边光纤固定夹上，如图 8-7 (b)所示。步骤二：通过熔接机手动调节模式对齐两段光并逐渐调整右边的光纤固定夹使光纤上的感光胶部分转移至左边带有 FBG 的光纤上，如图 8-7(c)所示。步骤四：使用紫外固化灯照射感光胶约 5min，使感光胶固化形成腔长约为 48μm 的感光胶腔，如图 8-7(d)所示。至此，光栅-感光胶腔级联结构传感器制作完成。

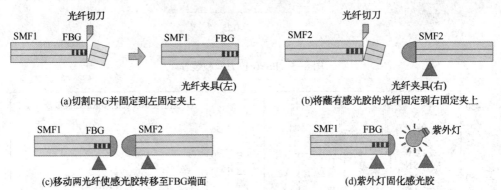

图 8-7　光栅-感光胶腔级联传感器制作过程

如图 8-8 所示为在光学显微镜下看到的集成传感器的显微图，在图中光纤光栅的图像是不可见的。如图 8-9 所示，记录了整个制作过程中传感器的光谱变化。

图 8-8　光栅-感光胶腔级联传感器显微图像

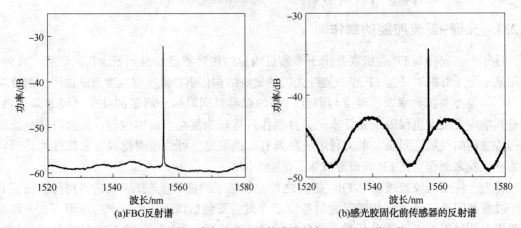

图 8-9　光栅-感光胶腔级联传感器制备过程的光谱变化

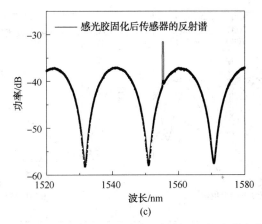

(c)

图 8-9 光栅-感光胶腔级联传感器制备过程的光谱变化(续)

上述实验需要注意：第一，光纤蘸取感光胶固定到熔接机的光纤固定夹上后，应快速调整熔接机马达使感光胶转移，避免感光胶滴到熔接机上而损坏仪器；第二，感光胶腔腔长的大小与蘸取的感光胶的多少有关。

8.2.2 光栅-感光胶腔传感特性研究

传感器制作完成后，接下来研究其对温度和压强的传感特性。测量装置如图 8-10 所示，置于测量环境中的光栅—感光胶腔传感器一端通过 SM125 解调仪与计算机相连。测量环境分别为气温和气压，实验中通过计算机实时记录传感器在不同环境中的光谱变化。在测量过程中应特别注意的是，传感器末端的感光胶腔保持干净；在放入温箱与气室时，注意不要触碰到容器壁。

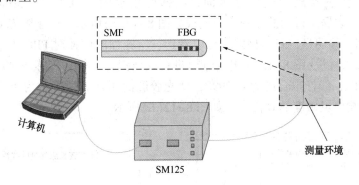

图 8-10 光栅-感光胶腔级联传感器测量装置

首先是温度测试实验，将传感器置于温箱中，温度测试范围为 30~110℃，每隔 10℃ 记录一次数据。得到的级联传感器的反射谱如图 8-11(a)所示，可以看到由于热膨胀效应和热光效应的影响，随着温度的升高，感光胶腔和 FBG 的反射光谱都发生了红移。对感光胶腔光谱波长漂移量[图 8-11(a)中 P 点]进行线性拟合，得到了感光胶腔的温度响应灵敏度为 223.4pm/℃，线性拟合度为 0.9986，该感光胶腔的温度灵敏度约为由全光纤材料制作的 FP 腔的温度响应灵敏度的 22 倍[6]；FBG 的温度灵敏度为 11.6pm/℃，线性拟合度为 0.9989，如图 8-11(b)和(c)所示。

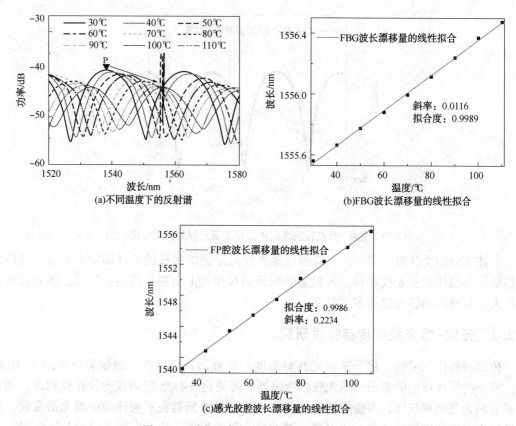

(a)不同温度下的反射谱

(b)FBG波长漂移量的线性拟合

(c)感光胶腔波长漂移量的线性拟合

图 8-11 光栅-感光胶腔传感器温度响应特性

接下来，将传感器放到气压计里面，压强变化范围为 0.1～0.7MPa，压强每增加 0.1MPa 记录一次数据。得到的压强响应谱线如图 8-12(a)所示，由于弹光效应的影响，感光胶腔的反射谱红移明显，且从插图中可以看到，所施加的压强对 FBG 光谱没有影响。将感光胶腔的波长漂移量[图 8-12(a)中 Q 点]进行线性拟合，得到传感器对压强的响应灵敏度为 25.0nm/MPa，线性拟合度为 0.9990，感光胶腔的压强灵敏度约为由全光纤材料制作的 FP 腔的压强响应灵敏度的 6 倍[7]，如图 8-12(b)所示。

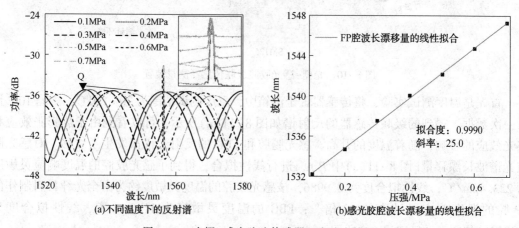

(a)不同温度下的反射谱

(b)感光胶腔波长漂移量的线性拟合

图 8-12 光栅-感光胶腔传感器温度响应特性

总之，该光栅-感光胶腔集成传感器中，感光胶腔传感元件对温度和压强都敏感，而FBG仅对温度响应。那么，FBG可起温度补偿作用，应用于温度和压强双参量区分测量研究。将该传感器的温度和压强响应灵敏度代入式(7-21)，可得到其灵敏度系数矩阵为：

$$\begin{bmatrix} \Delta P \\ \Delta T \end{bmatrix} = \frac{1}{M} \begin{bmatrix} 0.0116 & -0.2234 \\ 0 & 24.99 \end{bmatrix} \begin{bmatrix} \Delta\lambda_{FPI} \\ \Delta\lambda_{FBG} \end{bmatrix} \tag{8-1}$$

因此，该光栅-感光胶腔集成传感器测量温度和压强的分辨率分别为 0.086℃ 和 0.730kPa。

8.2.3 结构相移光栅的制作

上述光栅-感光胶腔级联传感器在传感应用中，如折射率、湿度和液位等传感，结构中的光纤 FBG 传感器元件由于纤心模态对环境折射率的变化不敏感而无法工作。所以，我们设计将感光胶腔置于光栅栅区约中间位置(将感光胶控制于光栅栅区中间位置是为了更好地获得明显的光谱凹陷)，制备了结构相移光栅传感器。主要制备技术方案是：步骤一为 FBG 被光纤切刀在栅区大约中间位置切断分为两小段，导致均匀折射率调制的光栅被破坏，如图 8-13(a)所示；步骤二为将两小段光栅分别固定在熔接机左右两个光纤固定夹上，然后通过熔接机手动调节模式对齐两段光栅并调整至合适间距。因为 FP 腔的自由谱范围与腔长呈反比，所以将腔体长度调节为 $L=57\mu m$，(为便于观察反射光谱的波峰与波谷)如图 8-13(b)所示；步骤三为另取一段光纤，将其末端剥去一段距离的涂覆层并用酒精擦洗干净，然后蘸取一小滴感光胶(AUSBONDA332)将其滴在固定好的两段光栅(如步骤二所述)的缝隙中，如图 8-13(c)所示；步骤四为使用紫外固化灯照射感光胶约 5min，使感光胶固化形成感光胶腔，而引入结构相移，如图 8-13(d)所示。图 8-14(a)为利用熔接机正在固化感光胶图，图 8-14(b)为在光学显微镜下看到的 FP 腔与结构相移级联的传感器的显微图，在图中结构相移图像同样是不可见的。

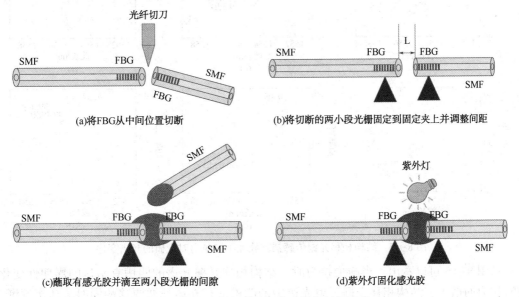

图 8-13 结构相移光栅传感器的制备过程

 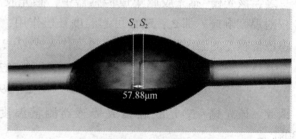

(a)熔接机固化感光胶　　　　　　　(b)结构相移光栅传感器的显微图像

图 8-14　结构相移光栅传感器图像

将感光胶腔制作于光栅栅区里面时，构成的这种结构相移光栅传感器的光谱表现出了与 8.2.2 节所示的光栅–感光胶腔级联传感器完全不同的光谱特征。因此，通过对该传感器简单施加拉力，定量的观测与研究其光谱特性，如图 8-15 所示。

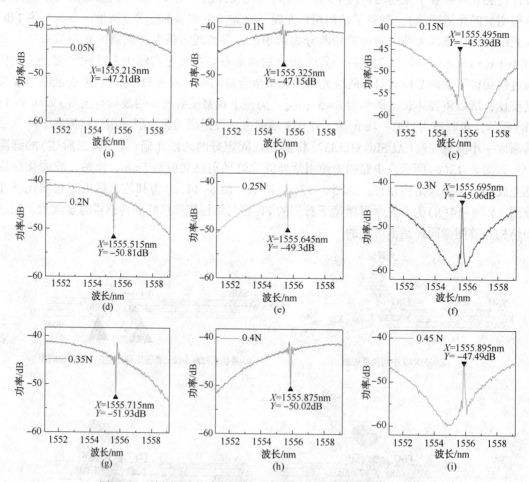

图 8-15　结构相移光栅传感器被施加不同拉力时光栅的光谱变化

从图 8-15 可以看出，当施加拉力时，结构相移光栅光谱的凹槽有明显的周期性变化。随着拉力的增大，结构相移光栅反射光谱中的凹槽波长在向长波漂移的同时，功率逐渐减小即向上移动。但需要注意的是，由于整个传感器是由一个感光胶腔连接了两段光栅而构成，因此施加的拉力不宜过大，以免损坏传感器结构。

8.2.4 结构相移光栅传感特性研究

图 8-16 为传感器测量装置，置于测量环境中的光纤传感器一端通过 SM125 解调仪与计算机相连。测量环境分别为气温、气压和蔗糖溶液折射率，实验中通过计算机实时记录传感器在不同环境中的光谱变化。

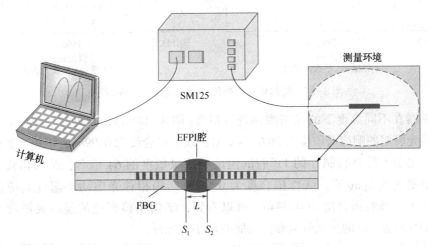

图 8-16 结构相移光栅传感器测量装置

气体温度特性实验研究：将传感器置于温箱内，并设置参数，起始温度为 25℃，经 10min 后到达 35℃，然后经 30min 到达截止温度 50℃。得到的传感器温度响应谱线如图 8-18(a)所示，由于热膨胀效应的影响，可以看到感光胶腔与光栅的反射谱都发生明显的红移。图 8-17(b)~(d)是温度分别为 25℃、40℃和 50℃时放大的光栅反谱线，以便清楚地看到光栅光谱波长和功率的变化。

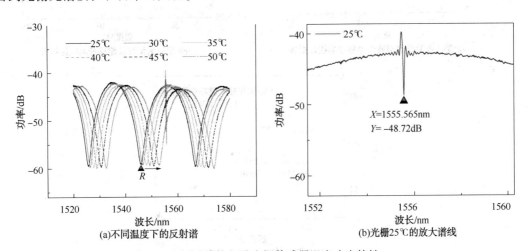

(a)不同温度下的反射谱　　(b)光栅25℃的放大谱线

图 8-17 结构相移光栅传感器温度响应特性

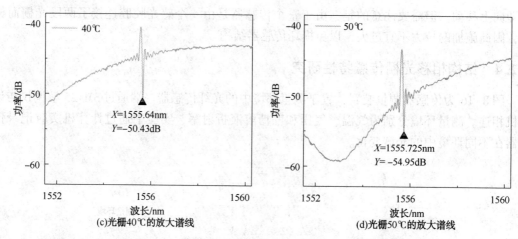

图8-17 结构相移光栅传感器温度响应特性(续)

将传感器在不同温度下的光谱漂移进行拟合[图8-17(a)R点处],如图8-18所示,可以得到感光胶腔的响应灵敏度为307.6pm/℃,线性拟合度为0.9965,该感光胶腔的温度灵敏度约为由全光纤材料制作的FP腔的温度响应灵敏度的64倍[8],结构相移光谱波长光栅的灵敏度为6.2pm/℃,线性拟合度为0.9979 结构相移光谱功率温度响应灵敏度为-0.2299dB/℃,线性拟合度为0.9946。可以看到,结构相移光栅的温度灵敏度小于普通FBG,这是因为感光胶的热光效应和热膨胀效应小于光纤。

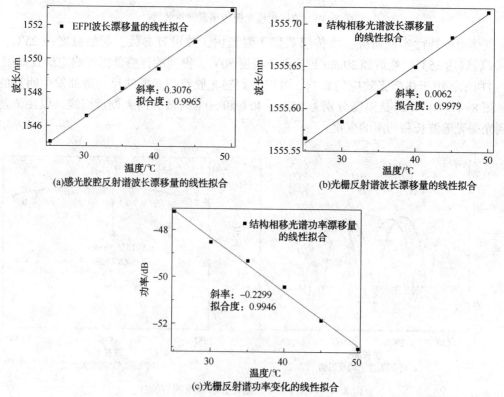

图8-18 结构相移光栅传感器光谱漂移的线性拟合

气体压强实验研究：将传感器放入气压计中，使气体压强从0MPa逐渐升压至1.2MPa，图8-19是得到的传感器对压强的响应谱线。图8-19(a)是传感器被施加不同压强的反射谱，从插图可以看到，由于弹光效应的影响，感光胶腔发生明显的红移。但是，如图8-19(b)所示，施加压强并未引起光栅光谱的变化。通过对感光胶腔波长漂移量[图8-19(a)Q点处]进行线性拟合，可以得到其灵敏度为0.81nm/MPa，如图8-19(c)所示。此压强响应灵敏度较全光纤结构的FP腔的压强灵敏度小，这是因为这种特殊的感光胶腔的弹光效应比光纤小。

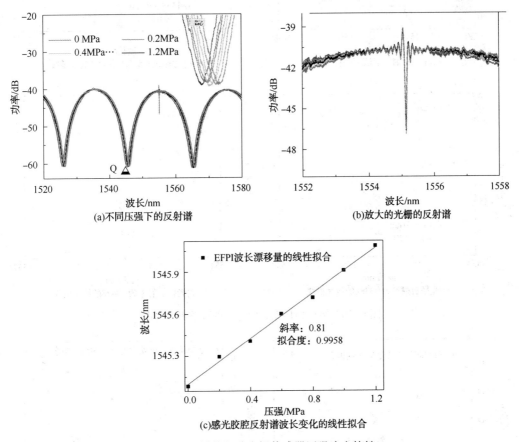

图8-19　结构相移光栅传感器压强响应特性

折射率实验研究：将传感器放置在提前配制好的折射率分别为1.3342、1.3360、1.3373、1.3388、1.3408、1.3418、1.3438、1.3438、1.3450、1.3466和1.3478的蔗糖溶液中，并记录得到的反射谱线如图8-20(a)所示。随着蔗糖溶液折射率的增加，感光胶腔的腔长增加，因此反射光谱发生红移。图8-20(b)~(d)是蔗糖溶液折射率分别为1.3342、1.3388和1.3347时放大的光栅的反射谱线，以便清楚地看到光栅光谱波长和功率的变化。

分别将该传感器中感光胶腔波长漂移量[图8-20(a)P点]和结构相移功率变化进行拟合，如图8-21所示，得到响应灵敏度分别为355.03nm/RIU和319.82nm/RIU，线性拟合度为0.9941和0.9897。

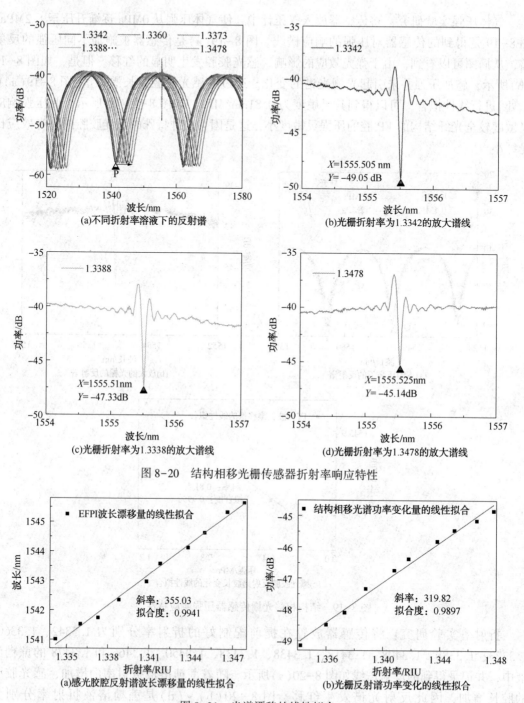

图 8-20 结构相移光栅传感器折射率响应特性

图 8-21 光谱漂移的线性拟合

综上，该结构相移光栅传感器对温度、压强和折射率均响应，那么便可应用于多参量传感研究。而对于多参量传感应用，传感器的稳定性和重复性是两个非常重要的因素。因此，将传感器分别置于空气和水中，监控约 1h 内的光谱变化，如图 8-22 所示。传感器在不同环境中稳定性良好。

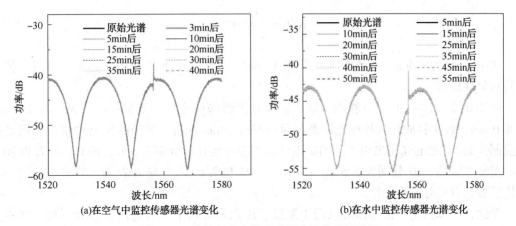

(a)在空气中监控传感器光谱变化　　　　　(b)在水中监控传感器光谱变化

图 8-22　结构相移光栅传感器光谱稳定性验证

为了验证传感器的重复性，我们重复进行了四次温度实验，其温度变化范围为 25 ~ 45℃，以步长为 5℃ 所获得的反射谱如图 8-23(a) ~ (d)所示。

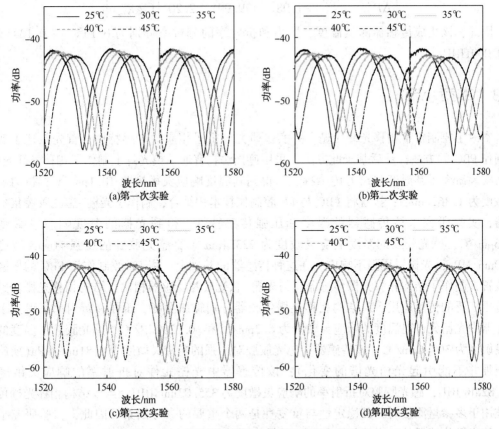

(a)第一次实验　　　　　　　　　　　(b)第二次实验

(c)第三次实验　　　　　　　　　　　(d)第四次实验

图 8-23　结构相移光栅传感器光谱重复性验证

重复性定义为在同一实验室使用相同的分析方法，在短时间内反复测定同一样品结果之间的相对标准偏差(RSD)。RSD 可以表示为[9,10]：

$$RSD = \frac{SD}{\overline{X}} \times 100\% \tag{8-2}$$

式中，SD 为标准差；$\overline{X}$ 为结果的算术平均值。一般情况下，当 RSD 小于 10% 时，传感器的重复性较好。

从图 8-23(a)~(d) 可以看出，感光胶腔光谱漂移量分别为 7.52nm、7.86nm、7.97nm 和 8.02nm，各实验的结构相移光谱漂移量均在 0.13nm 左右，光栅的重复性很好，但是感光胶制作的 FP 腔的光谱出现了波动。因此，当温度变化量分别为 5℃、10℃、15℃ 和 20℃ 时，重复实验的 RSD 分别为 5.5%、1.1%、3.1% 和 2.1%，平均 RSD 为 3.0%。结果表明，该传感器具有良好的重复性。

至此，可以认定该传感器可以用于温度、压强和折射率三参量同时区分测量。将所获得的响应灵敏度代入式(8-21)，可得到其灵敏度系数矩阵为：

$$\begin{bmatrix} \Delta n \\ \Delta T \\ \Delta P \end{bmatrix} = -\frac{1}{1.61} \begin{bmatrix} 0 & -0.19 & -0.01 \\ 0 & -259.05 & 0 \\ -1.98 & 179.99 & 2.20 \end{bmatrix} \begin{bmatrix} \Delta \lambda_{EFPI} \\ \Delta \lambda_{PS} \\ \Delta K_{PS} \end{bmatrix} \tag{8-3}$$

因此，该集成传感器测量温度、压力和折射率的分辨率分别为 0.16℃、-0.1245MPa 和 0.0001RIU。

8.3 本章小节

本章主要制作了相移光纤光栅，并实验研究分析了相应的传感特性。首先叙述了实验室制作 FBG 的方法，然后基于此方法，采用遮挡法在普通单模光纤上制作了相移光纤光栅，然后实验研究了其温度和拉力传感特性，得到其温度响应灵敏度为 10.1pm/℃，拉力响应灵敏度为 1.361nm/N；接着将 FBG 与 FP 腔制作技术相结合，制作了光栅-感光胶腔集成传感器，实验研究了该传感器的温度和压强传感特性，得到光栅的温度响应灵敏度为 11.6pm/℃，感光胶腔的温度响应灵敏度为 223.4pm/℃，感光胶腔的压强响应灵敏度为 25.0nm/MPa，光栅对压强不响应。在这种传感器的基础上，将 FP 腔制作于 FBG 的栅区中间位置，制作了结构相移光栅传感器，与光栅-感光胶腔传感器相比，结构相移光栅传感器具有更广泛的传感应用。对结构相移光栅传感器分别施加温度、压强和折射率，得到了该传感器中光栅元件对温度的响应灵敏度为 6.2pm/℃ 和 -0.2299dB/℃，感光胶腔对温度的响应灵敏度为 307.6pm/℃；该传感器中感光胶腔对压强的响应灵敏度为 0.81nm/MPa(所施加的压强并不能引起光栅光谱的变化)；该传感器中光栅元件对折射率的响应灵敏度为 319.82dB/RIU，感光胶腔对折射率的响应灵敏度为 355.03nm/RIU。当该结构相移光栅传感器被用于多参量测量时，其稳定性与重复性是两个重要的参考因素。因此，实验研究了结构相移光栅传感器的稳定性与重复性，结果表明其稳定性与重复性良好。

参 考 文 献

[1] J. Sun, Z. Wang, M. Wang, etal. Fabrication of πphase-shifted fiber Bragg grating and its application in narrow linewidth 1.5 um Er-doped fiber lasers[J]. Optics Communications，2018，407：344-348.

［2］ S. N. Wu, G. F. Yan, C. L. Wang, et al. FBG Incorporated Side-Open Fabry-Perot Cavity for Simultane-ous Gas Pressure and Temperature Measurements［J］. Journal of Lightwave Technology, 2016, 34 (16)：3761-3767.

［3］ X. P. Zhang, W. Peng, L. Y. Shao, et al. Strain and temperature discrimination by using temperature-in-dependent FPI and FBG［J］. Sensors and Actuators A：Physical, 2018, 272：134-138.

［4］ Y. G. Liu, X. Liu, T. Zhang, W. Zhang. Integrated FPI-FBG composite all-fiber sensor for simultaneous measurement of liquid refractive index and temperature［J］. Optics and Lasers in Engineering, 2018, 111：167-171.

［5］ Y. Wang, Q. Huang, W. J. Zhu, et al. Simultaneous Measurement of Temperature and Relative Humidity Based on FBG and FP Interferometer［J］. IEEE Photonics Technology Letters, 2018, 30(9)：833-836.

［6］ T. Zhang, Y. G. Liu, D. Q. Yang, et al. Constructed fiber-optic FPI-based multi-parameters sensor for simultaneous measurement of pressure and temperature, refractive index and temperature［J］. Optical Fiber Technology, 2019, 49：64-70.

［7］ Y. G. Liu, T. Zhang, Y. X. Wang, et al. Simultaneous measurement of gas pressure and temperature with integrated optical fiber FPI sensor based on in-fiber micro-cavity and fiber-tip［J］. Optical Fiber Technology, 2018, 46：77-82.

［8］ C. R. Liao, T. Y. Hu, D. N. Wang. Optical fiber Fabry-Perot interferometer cavity fabricated by femtosec-ond laser micromachining and fusion splicing for refractive index sensing［J］. Optics Express, 2012, 20 (20)：22813.

［9］ 韦林洪. 农药多残留免疫亲和色谱技术研究［D］. 扬州：扬州大学, 2005.

［10］ 王艳红, 吴晓民, 朱艳萍. 同时测定不同人参加工产品中 20 种人参皂苷的 UPLC-PDA 方法开发和验证［J］. 食品科学, 2019, 40(6).

第9章 超结构光纤光栅制作与传感特性研究

超结构光纤光栅是另一种非常重要的非均匀光纤光栅，在光纤传感领域也具有广泛的应用。本章主要在传统相位掩模法制作普通单模 FBG 方法的基础上，通过在相位掩膜板前固定不同周期的振幅掩膜板，对刻写光束进行幅度调制，分别在单模光纤和七芯光纤上刻写超结构光纤光栅，并进了相关实验研究。因此，本章将具体阐述这种非均匀光纤光栅的制作过程，并探究其传感特性。

9.1 超结构光纤光栅的制作

超结构光纤光栅是采用相位掩模板叠加振幅掩模板来刻写。刻写原理如图 9-1 所示，与相位掩模法刻写 FBG 的光路不同的是，只需在相位掩模板前一定距离处固定一个振幅掩模板即可。

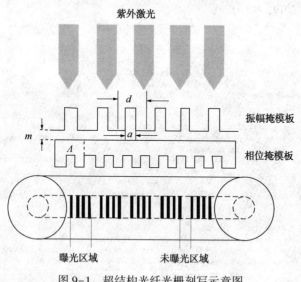

图 9-1 超结构光纤光栅刻写示意图

9.1.1 SMF-SFG 的制作

刻写超结构光纤光栅的振幅掩模板如图 9-2(a) 和 (b) 所示 (仅以周期分别为 220mm 和 380mm 的振幅掩模板为示例说明)。对于周期为 220mm 和 380mm 的掩模板，其透光部分宽度分别为 120mm 和 205mm，不透光部分宽度分别为 110mm 和 175mm。

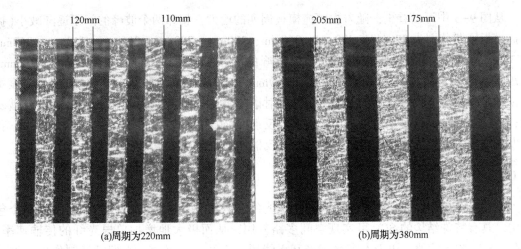

(a)周期为220mm　　　　　　　　　　(b)周期为380mm

图 9-2　振幅掩模板周期

　　在普通单模光纤(SMF)上刻写了振幅掩模板周期分别为 220mm、240mm、260mm、280mm、300mm、320mm、340mm、360mm 和 380mm(相位掩模板不变)的超结构光纤光栅(SMF-SFG),其反射谱如图 9-3 所示。

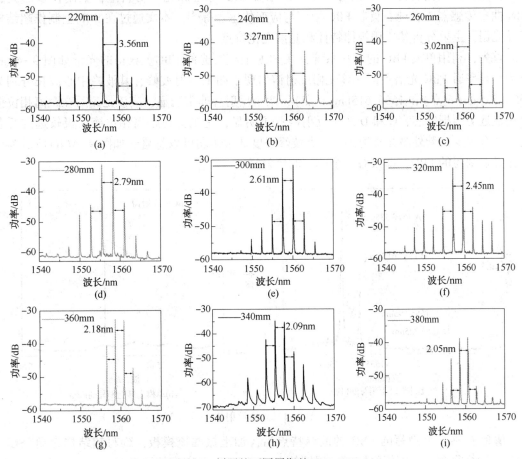

图 9-3　刻写的不同周期的 SMF-SFG

从图9-3中可以看出，随着振幅掩模板周期的增大，相邻两个波峰的间距逐渐减小(振幅掩模板周期分别为220mm、240mm、260mm、280mm、300mm、320mm、340mm、360mm和380mm时，对应的反射光谱相邻两个波峰的间距分别为3.56mm、3.27mm、3.02mm、2.79mm、2.61mm、2.45mm、2.18mm、2.09mm和2.05mm)。通过调整相位掩模板与振幅掩模板之间的距离，可以控制SMF-SFG反射谱中波峰的个数。为了能更好地观察光谱变化，我们一般在写栅时尽量使之出现较多的反射峰(大约6~7个)。并且在写栅过程中，我们发现振幅掩模板周期越大，更易刻写较多反射峰的光栅。

9.1.2 SCF-SFG 的制作

七芯光纤(SCF)是一种结构新颖的特殊光纤，其主要特征是多个纤芯存在于同一个包层中。具有特殊结构的SCF可实现空间多路复用，从而极大地增加单根光纤的传输速率。因此，SCF被广泛地应用于大容量载光和无线通信系统中。目前，人们已经制作出了许多种类的基于SCF的传感器，并应用于传感测量领域。例如基于SCF和少模光纤的新型光纤曲率传感器[1]，单模光纤-SCF-单模光纤进行纤芯错位熔接的光纤干涉型传感器[2]，多芯光纤与单模光纤错位熔接再将其与FBG级联，可以实现横向压力和温度双参量同时测量[3]。同时，人们也将FBG刻写在了一些诸如SCF等特殊光纤材料上，如制作多芯光纤FBG曲率传感器[4]，纯石英芯FBG温度与应变传感器等[5]。本文通过在SCF上制作超结构光纤光栅，主要分析其成栅规律特性和光谱变化特点。

首先，利用单模FBG的刻写系统，在SCF上刻写光纤FBG。获得的光谱如图9-4(a)所示，与普通FBG光谱不同，该光栅反射谱出现了四个反射波峰，其波峰中心波长分别为1558.535nm(A点)和1556.615nm(B点)，两个反射峰非常明显，应该是刻写在距离相位掩模板最近的两根纤芯，C和D两个反射峰并不明显，是刻写在距离相位掩模板较远的纤芯上，只有很少的紫外激光辐射到，C点波峰强度非常微弱可以忽略。如图9-4(b)所示为单模光纤上刻写的FBG，即只有一个单一的反射峰。

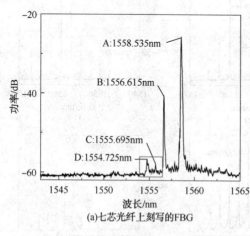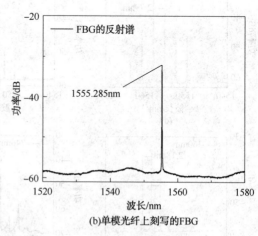

(a)七芯光纤上刻写的FBG (b)单模光纤上刻写的FBG

图9-4 光栅反射谱

清楚了SCF上刻写的FBG的波峰特点后，加上振幅掩模板，刻写超结构光栅(SCF-SFG)，同样得到了不同振幅掩模板周期的SCF-SFG反射谱，如图9-5(a)~(i)所示。SFG

主要刻写在距离相位掩模板最近的纤芯(即被紫外激光辐射最多的纤芯)上，图中小箭头所指的是与主芯平行的两个纤芯上也被刻写上反射率较低的几个峰。随着振幅掩模板周期的增加，相邻两个波峰的间距与 SMF-SFG 相比，也是随振幅掩膜板周期的增加而减小，且刻在不同材料上的 SFG 相邻两个波峰的间距并未发生变化(误差允许范围内)。但是，随着振幅掩模板周期的增加，图中箭头所示波峰逐渐被吞没，直至振幅掩膜板周期增加到 380mm 时消失不见。

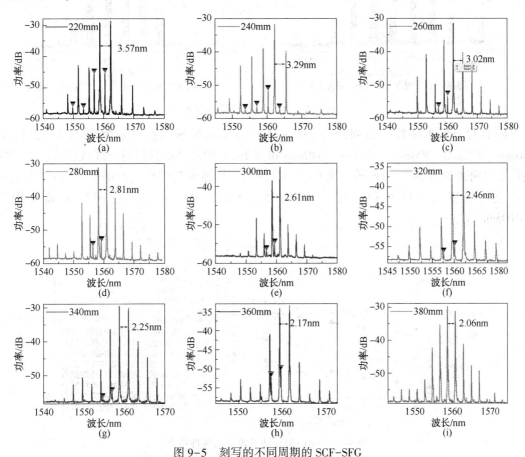

图 9-5　刻写的不同周期的 SCF-SFG

9.2　超结构光纤光栅传感特性研究

9.2.1　SMF-SFG 传感特性

超结构光纤光栅是由多个反射峰级联而成，当对 SFG 施加温度和拉力时，这多个波峰将会如何变化是接下来传感实验研究的主要内容。首先对 SMF-SFG 进行温度实验，温度变化范围为 25~85℃，步长为 10℃，如图 9-6 所示，仅展示了振幅掩膜板周期为 220mm 和 360mm 时刻写的 SMF-SFG，简要观察反射峰的变化，可以看出，随着温度的升高，整个 SMF-SFG 的反射峰整体向长波移动。

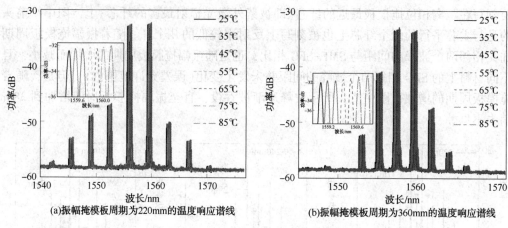

(a)振幅掩模板周期为220mm的温度响应谱线　　(b)振幅掩模板周期为360mm的温度响应谱线

图9-6　SMF-SFG对温度的响应光谱

随后对不同振幅掩模板周期的 SMF-SFG（振幅掩模板周期分别为 220mm、240mm、260mm、280mm、300mm、320mm、340mm 和 360mm）的波峰漂移量进行线性拟合，得到的线性拟合曲线如图9-7(a)所示。表9-1为得到的不同振幅掩模板周期的 SMF-SFG 对温度的响应灵敏度及其线性拟合度。可以看出，SMF-SFG 对温度的响应灵敏度约为 0.0105nm/℃。

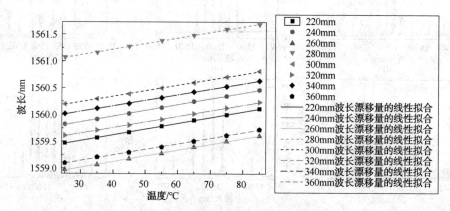

图9-7　SMF-SFG 波长漂移的线性拟合

表9-1　不同振幅掩膜板周期的 SMF-SFG 对温度的响应灵敏度

序号	振幅掩膜板周期/mm	温度灵敏度/（nm/℃）	拟合度
1	220	0.01070	0.9995
2	240	0.01073	0.9993
3	260	0.01073	0.9918
4	280	0.01043	0.9990
5	300	0.01032	0.9989
6	320	0.01041	0.9992
7	340	0.0103	0.9992
8	360	0.01043	0.9988

对不同振幅掩模板周期的 SMF-SFG 施加拉力，如图 9-8 所示，以振幅掩模板周期为 220mm 和 260mm 时刻写的 SMF-SFG 为例观察反射峰的变化，可以看出，随着温度的升高，SMF-SFG 的反射峰也是整体向长波移动。

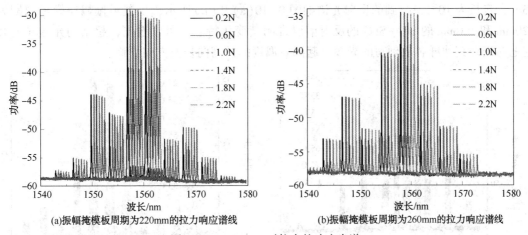

(a)振幅掩模板周期为220mm的拉力响应谱线　　(b)振幅掩模板周期为260mm的拉力响应谱线

图 9-8　SMF-SFG 对拉力的响应光谱

图 9-9(a) 是不同振幅掩模板周期的 SMF-SFG 被施加拉力后波峰漂移量的线性拟合曲线图。获得的拉力灵敏度如表 9-2 所示，可得 SMF-SFG 的拉力灵敏度约为 1.3263nm/N。

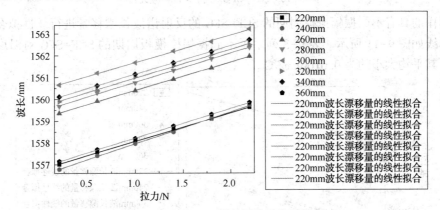

图 9-9　SMF-SFG 波长漂移的线性拟合

表 9-2　不同振幅掩膜板周期的 SMF-SFG 对拉力的响应灵敏度

序号	振幅掩膜板周期/mm	拉力灵敏度/(nm/N)	拟合度
1	220	1.2993	0.9997
2	240	1.4554	0.9993
3	260	1.2921	0.9997
4	280	1.3375	0.9987
5	300	1.2579	0.9987
6	320	1.3136	0.9975
7	340	1.3042	0.9999
8	360	1.3500	0.9998

9.2.2 SCF-SFG 传感特性

对上节制作的 SCF-SFG 进行温度测量。首先将对其施加温度，温度变化范围为 25 ~ 85℃，步长为 10℃，得到的反射光谱如图 9-10(a) 和(b) 所示，仅展示振幅掩模板周期为 220mm 和 360mm 的 SCF-SFG 的反射谱以说明其变化特点。可以看出，超结构光纤光栅和在七芯光纤其他纤芯上刻写的光栅一起随着温度的升高向长波方向漂移。

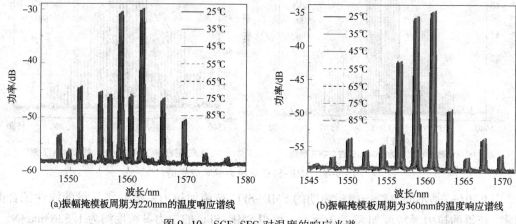

(a)振幅掩模板周期为220mm的温度响应谱线   (b)振幅掩模板周期为360mm的温度响应谱线

图 9-10   SCF-SFG 对温度的响应光谱

对制作的具有不同振幅掩模周期的 SCF-SFG 的反射谱波长漂移量进行线性拟合，得到的拟合曲线如图 9-11 所示。表 9-3 列举了不同振幅掩模板周期的 SCF-SFG 对温度的响应灵敏度，其平均大小约为 0.0106nm/℃。

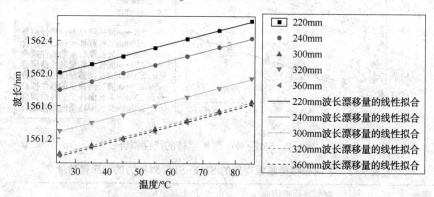

图 9-11   SCF-SFG 波长漂移的线性拟合

表 9-3   不同振幅掩膜板周期的 SCF-SFG 对温度的响应灵敏度

序号	振幅掩膜板周期/mm	温度灵敏度/(nm/℃)	拟合度
1	220	0.01054	0.9993
2	240	0.01059	0.9995
3	300	0.01068	0.9983
4	320	0.01073	0.9985
5	360	0.01064	0.9985

在拉力测量实验中，如图9-12所示，施加的拉力变化范围为0.2~1.4N，步长为0.2N。图中仅展示了振幅掩模板周期分别为220mm和280mm的SCF-SFG的反射谱，简要观察其光谱变化特点，可以看出，所有反射光谱都随着拉力的增加向长波方向移动。

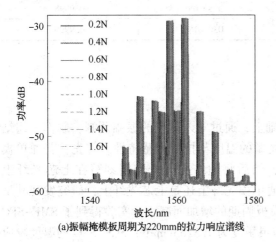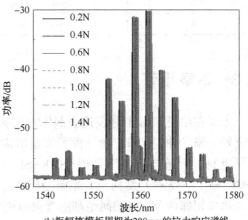

(a)振幅掩模板周期为220mm的拉力响应谱线　　　(b)振幅掩模板周期为280mm的拉力响应谱线

图9-12　SCF-SFG对拉力的响应光谱

将因拉力增加而引起的不同振幅掩模板周期的SCF-SFG的反射谱的波长漂移量进行线性拟合，得到的拟合曲线如图9-13所示。表9-4列举了不同振幅掩膜板周期的SCF-SFG对温度的响应灵敏度，其大小约为0.9113nm/N。此拉力灵敏度值较SMF-SCF传感器的拉力灵敏度小。

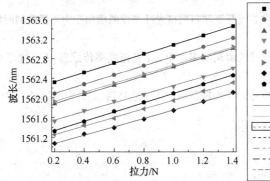

图9-13　SCF-SFG波长漂移的线性拟合

表9-4　不同振幅掩膜板周期的SCF-SFG对拉力的响应灵敏度

序号	振幅掩膜板周期/mm	拉力灵敏度/(nm/N)	拟合度
1	220	0.94375	0.9996
2	240	0.94411	0.9999
3	260	0.93571	0.9999
4	280	0.87411	0.9971
5	300	0.87768	0.9991

续表

序号	振幅掩膜板周期/mm	拉力灵敏度/(nm/N)	拟合度
6	320	0.92232	0.9999
7	340	0.85268	0.9998
8	360	0.94018	0.9990

9.3 本章小节

本章在单模 FBG 的相位掩膜制作方法基础上，通过对入射光的振幅调制，制作了超结构光纤光栅，并实验研究和分析了该超结构光栅的温度与拉力传感特性。首先在普通单模光纤上制作了超结构光纤光栅(SMF-SFG)，然后将超结构光纤光栅刻写在七芯光纤上(SCF-SFG)。无论超结构光纤光栅是刻在普通单模光纤上还是七芯光纤上，研究发现其反射光谱中相邻两个波峰的间距都随着振幅掩模板周期的增加而减小。实验得到了 SMF-SFG 的温度响应灵敏度为 0.0105nm/℃、拉力响应灵敏度为 1.3263nm/N；SCF-SFG 的温度响应灵敏度为 0.0106nm/℃、拉力响应灵敏度为 0.9113nm/N。

参 考 文 献

[1] 许西宁，陈雍君. 基于七芯光纤和少模光纤拼接结构的曲率传感测量[J]. 光学学报，2019，39(03)：90-96.

[2] 上官春梅，张雯，何巍，等. 基于七芯光纤的 M-Z 双参数同时测量传感器[J]. 压电与声光，2018，40(04)：608-611.

[3] 蒋友华，傅海威，张静乐，等. 基于多芯光纤级联布喇格光纤光栅的横向压力与温度同时测量[J]. 光子学报，2017，46(01)：124-129.

[4] 郑狄，潘炜，Sales Salvador. 基于匹配滤波解调的多芯 Bragg 光栅曲率传感器[J]. 光学学报，2018，38(03)：179-184.

[5] 丁旭东，张钰民，宋言明，等. 纯石英芯光纤光栅高温应变响应特性[J]. 中国激光，2017，44(11)：175-181.

第 10 章　微纳光纤光栅与折射率传感应用研究

10.1　微纳光纤光栅

随着纳米光子学以及纳米技术的快速发展，纳米技术与化学、生物、医学和光子技术等有机结合和大范围应用，利用新的传输机理，实现结构微型化与多功能化，成为新一代的光纤传感技术的发展趋势。而作为新型光波导的微纳光纤（Micro/Nanofiber-MNF），由于具有强倏逝波传输、极低的光纤到器件再到光纤的耦合损耗、粗糙度极低的波导表面、高折射率差的强限制光场、极轻的质量以及灵活的色散等特性，其性能卓越成为未来光器件微型化、集成化的一种可供选择的基本单元。对微纳光纤特性、微纳光纤光子器件及微纳光纤应用的研究正吸引越来越多研究者的关注，微纳光纤研究已成为光子学前沿的研究热点[1]，也是当前物理学的五大研究热点之一。

微纳光纤布拉格光栅（Micro/Nanofiber Bragg Grating，MNFBG）是一种直径在微米或纳米量级的新型光波导器件，它结合了微纳光纤倏逝场传输的光学特性和光纤光栅强波长选择的特性[2-4]，即光栅的谐振波长与对应峰值功率会受到纤芯尺寸、光栅周期、环境温度和充当光纤包层的环境物质折射率的影响。当 MNFBG 的结构尺寸确定时，其反射光谱中，不同阶次模式的反射峰功率（基模反射峰最强）和对应的波长会因为环境折射率变化而发生变化，具有对环境折射率变化的高灵敏特性。这一特性可用于液体或气体物质环境的折射率测量，不但具备高灵敏度、响应速度快、不受电磁干扰以及在易燃易爆环境中安全工作等优点外，还具有体积小、可靠性强以及能够实现在线式实时检测等特点。由于物质的许多物理、化学参数与折射率有关，因此微纳光纤光栅折射率测量技术吸引了国内外研究者关，成为了气体或液体折射传感检测的新热点[5,6]。

10.1.1　微纳光纤及其特性与应用

1. 微纳光纤

微纳光纤是一种直径尺度在微米或亚波长量级的以空气为包层的圆柱光波导，其芯径比通常使用芯径为微米量级的单模光纤要细几十到几百倍，是微纳尺度上的玻璃细线，其特点在于：波导横截面直径小于入射光波长，光纤本身没有纤芯和包层结构。将其置于介质（如空气、液体等）中，可将微纳光纤本身视为纤芯，而光纤周围介质视为包层，从而构成折射率凸型分布的光纤波导。微纳光纤具有大比例倏逝场传输的光学特性，光纤的直径越小，倏逝场的比例越大。在入射波长为 633nm 的氧化硅光纤中，当光纤的直径降到

200nm 时，大于90%的能量移到了光纤外部，以倏逝场的形式在光纤外部介质中传输。大比例倏逝场的特性使得其与周围介质的接触十分紧密，可用于探测周围环境的变化，当周围介质折射率改变时，导模的有效折射率随之改变，从而影响微纳光纤的模场分布。微纳光纤作为未来小型化、集成化光子器件的基本单元，深入研究和分析微纳光纤的光波导特性，对微纳光纤器件的设计、制作和应用是非常重要的。

当一束光从折射率高的介质传播到折射率低的介质时，如果入射角大于临界角时，就会有全反射现象发生。依据折射定律，可以得到全反射临界角 θ_c 为 $\theta_c = \sin^{-1}(n_2/n_1)$，式中，$n_1$ 及 n_2 分别为高折射率及低折射率介质的折射率。从几何光学的角度来看，如果发生全反射，光完全不会由高折射率介质传播到低折射率介质内。但将光看作电磁波，在发生全反射的界面根据波导光学知识可知，电磁波会渗透到低折射率介质内传播一小段距离，而且其强度呈现为指数衰减形式，这个波被称为倏逝波，如图10-1所示。其电场强度随透射深度之间的关系式（10-1）所示。

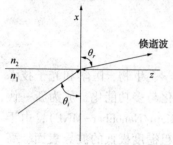

图 10-1　倏逝波示意图

$$I_z = I_0 e^{-z/d} \tag{10-1}$$

式中，$d = \lambda/4\pi\sqrt{n_1^2\sin^2\theta_1 - n_2^2}$，$d$ 为穿透深度，nm；I_0 为入射光光强，mW；z 为纵轴距离，nm；λ 为入射波长，nm。

2. 微纳光纤电磁场理论

光属于电磁波的一种，那么麦克斯韦方程组同样适用。从电磁场的基本方程出发，我们同样能够得到光波在微纳光纤波导中传播的基本性质，对应的麦克斯韦方程组可表示为：

$$\left.\begin{array}{l} \nabla \times H = \dfrac{\partial D}{\partial t} + J \\[2mm] \nabla \times E = -\dfrac{\partial B}{\partial t} \\[2mm] \nabla \cdot D = \rho \\[2mm] \nabla \cdot B = 0 \end{array}\right\} \tag{10-2}$$

式中，H 为磁场强度矢量，A/m；E 为电场强度矢量，V/m；D 为电位移矢量，C/m^2；B 为磁感应强度矢量，T；J 为电流密度矢量，A/m^2；ρ 为自由电荷密度，C/m^3。∇ 为哈密顿算符：

$$\nabla = l_x\frac{\partial}{\partial x} + l_y\frac{\partial}{\partial y} + l_z\frac{\partial}{\partial z} \tag{10-3}$$

从电荷守恒定律可得知：

$$\nabla \cdot J = -\frac{\partial \rho}{\partial t} \tag{10-4}$$

要获得矢量 E，D，B，H 的值，就必须联立物质方程。而物质方程与电磁场存在的传播介质有关。光纤介质不仅是为各向同性，而且是无磁性，还是无自由电荷的介质，式中，$J=0$，$\rho=0$，物质方程可表示为：

$$\left.\begin{array}{l} D = \varepsilon E \\[2mm] B = \nu H \end{array}\right\} \tag{10-5}$$

式中，ε 为介电常数；μ 为磁导率。

麦克斯韦方程组只适用于介质物理性质（由 ε 和 μ 来表征）空间区域处处连续的情况。如果介质空间发生变化，那么矢量 E、B、H、D 也要随之而变成不连续的，这时就要用到边界值条件来求解，公式(10-6)就是边界值条件关系。

$$\left.\begin{array}{l} n\times(E_2-E_1)=0 \\ n\times(H_2-H_1)=J_s \\ n\cdot(D_2-D_1)=\rho_s \\ n\cdot(B_2-B_1)=0 \end{array}\right\} \tag{10-6}$$

式中，J_s 为介质的面电流密度，A/m^2；ρ_s 为介质的面电荷密度，C/m^2。

采用联立微分方程组对麦克斯韦方程组的各个矢量进行求解。基于不导电的介质可以满足物质方程式(10-5)条件，代入化简麦克斯韦方程组可得到 E 和 H 分别满足的方程：

$$\left.\begin{array}{l} \nabla^2 E-\varepsilon\mu\dfrac{\partial^2 E}{\partial t^2}+\nabla(\ln\mu)\times(\nabla\times E)+\nabla[E\nabla\cdot(\ln\varepsilon)]=0 \\ \nabla^2 H-\varepsilon\mu\dfrac{\partial^2 H}{\partial t^2}+\nabla(\ln\varepsilon)\times(\nabla\times H)+\nabla[H\nabla\cdot(\ln\mu)]=0 \end{array}\right\} \tag{10-7}$$

光纤为均匀分布介质，则有 $\nabla(\ln\varepsilon)=\nabla(\ln\mu)=0$，那么 E 和 H 的矢量方程就可以经过化简而获得标准波动方程：

$$\left.\begin{array}{l} \nabla^2 E-\varepsilon\mu\dfrac{\partial^2 E}{\partial t^2}=0 \\ \\ \nabla^2 H-\varepsilon\mu\dfrac{\partial^2 H}{\partial t^2}=0 \end{array}\right\} \tag{10-8}$$

联想到数学知识中的波动方程，光波在介质中传播的速度表示为：

$$v=1/\sqrt{\varepsilon\mu} \tag{10-9}$$

假设光纤中为传播的是单色波，则有：

$$\left.\begin{array}{l} E(r)=E_0(r)\exp[-ik_0\phi(r)]\exp(i\omega t) \\ H(r)=H_0(r)\exp[-ik_0\phi(r)]\exp(i\omega t) \end{array}\right\} \tag{10-10}$$

即 $\partial/\partial t=i\omega$，$\partial^2/\partial t^2=-i\omega$，则公式(10-8)变为：

$$\left.\begin{array}{l} \nabla^2 E+k^2 E=0 \\ \nabla^2 H+k^2 H=0 \end{array}\right\} \tag{10-11}$$

式中，ω 为光波的角频率；$k_0=2\pi/\lambda$ 表示真空中的空间波数；λ 是真空中光的波长，nm。方程(10-11)是矢量亥姆赫兹方程。当转化为直角坐标系的标量时，E 和 H 的 x，y，z 轴分量应该满足标量亥姆赫兹方程：

$$\nabla^2\phi+k^2\phi=0 \tag{10-12}$$

式中，ϕ 表示 E 或 H 的各坐标轴的分量。

为了简化模型，我们假设微纳光纤是圆柱结构的无源、无损耗、折射率按阶跃型分布的光纤波导，其直径均匀并不是很小、表面无缺陷，有足够的长度来建立空间稳定分布。

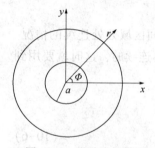

图 10-2 微纳光纤模型
横截面的刨面

其模型的横截刨面如图 10-2 所示，微纳光纤可分为两层：纤芯和包层并且折射率分别为 n_1、$n_2(n_1 > n_2)$。光纤折射率分布可表示为：

$$n(r) = \begin{cases} n_1, & 0 < r < a \\ n_2, & a \leqslant r < \infty \end{cases} \qquad (10-13)$$

式中，a 为光纤直径。

光在微纳光纤中传播时同样满足亥姆霍兹方程：

$$\left.\begin{array}{l} (\nabla^2 + n^2 k_0^2 + \beta^2)\vec{E} = 0 \\ (\nabla^2 + n^2 k_0^2 - \beta^2)\vec{H} = 0 \end{array}\right\} \qquad (10-14)$$

式中，k_0 表示空间波数，$k_0 = 2\pi/\lambda$，$1/nm$；λ 为波长，nm；β 为光波的传播常数；$\vec{E}$ 是电场强度矢量，V/m；$\vec{H}$ 是磁场强度矢量，A/m。

对方程(10-14)进行分析可得下面特征方程(10-15)并使得矢量模 EH_ν 和 HE_ν 模是此特征方程的解。

$$\left\{\frac{J_\nu'(U)}{UJ_\nu'(U)} + \frac{K_\nu(W)}{WK_\nu(W)}\right\}\left\{\frac{J_\nu(U)}{UJ_\nu'(U)} + \frac{n_2^2 K_\nu(W)}{n_1^2 WK_\nu'(W)}\right\} = \left(\frac{\nu\beta}{nk_1}\right)^2 \left(\frac{V}{UW}\right)^4 \qquad (10-15)$$

式中，$J_\nu'(U)$ 代表第一类 Bessel 函数，$K_\nu'(W)$ 是第二类修正 Bessel 函数，ν 是 Bessel 函数的阶数；$U = a(k_0^2 n_1^2 - \beta^2)^{1/2}$；$W = (\beta^2 - k_0^2 n_2^2)^{1/2}$；$V = ak_0(n_1^2 - n_2^2)^{1/2}$。

3. 微纳光纤场模特性

对于尺度很小的微纳光纤原来的弱导近似求解法已不能使用，童利民等人基于麦克斯韦方程组的精确解，呈现了微纳光纤内部和周围电磁场的分布情况，通过解电磁场方程计算获得了各阶模式传播常与光纤直径之间的函数关系，尤其 HE_{11} 模更为详细。普通光纤的导模大部分集中在纤芯内，只有极小份额倏逝场存在于包层。纤芯直径越小倏逝场越强，如果纤芯直径达到百纳米量级，那么在包层百微米范围内就会分散 90% 以上的模场能量，形成了"大模场倏逝波"。

微纳光纤单模条件。微纳光纤中所传播的光波模式数取决于纤芯折射率与包层的折射率差及纤芯半径的大小。由 ν、U 和 W 来决定导波模式在微纳光纤中的横向分布特征。纤芯径向的模式分布状态依赖于 U 的大小，沿着包层的径向衰减速率则被 W 控制，然而要使导波模沿光纤的径向无衰减传播，必须让 U、W 均为正实数。当 W 的值为正实数时，包层中沿径向传播的电磁场按指数衰减规律迅速减小，W 越大衰减越快，纤芯区域是电磁场最为密集的地方；反之，W 越小弥散到包层区域内的电磁场就越多。导波模和辐射模相互转化的临界点就是 $W^2 = 0$。为了更好地研究单模条件，归一化频率 V 就被人们引入研究中，而 $V^2 = U^2 + W^2$，对于微纳光纤来说，当光纤的纤芯与包层的折射率一定时，V 值随光纤的芯径与导波的波长变化而变化。要使微纳光纤保持单模工作，即光纤只支持 HE_{11} 或 LP_{01} 者模，则应满足：

$$0 < V = ak_0(n_1^2 - n_2^2) < 2.405 \qquad (10-16)$$

$V_c = 2.405$ 被称为截止频率，微纳光纤纤芯、包层都是由石英玻璃制成，其折射率分别 $n_1 =$

1.464，$n_2 = 1.456$，为将上述 n_1，n_2 代入上式中，如果在已知波长大小的条件下，就可以计算出微纳光纤芯径单模工作的临界值。

微纳光纤传播常数。为了方便计算传播常数，我们先建立如图 10-3 所示基本模型，设定模型的基本要求：光纤的折射率阶跃型分布及截面必须是圆形，纤芯材质为二氧化硅(折射率为 n_1)，空气为其包层($n_2 = 1$)；光纤直径大于 200nm；为保证在光纤内部能够有稳定的模场存在，则要求光纤长度要大于 6μm；光纤的表面光滑、粗细均匀、无传输损耗。这些条件微纳光纤是能够轻易满足的。基于这些条件基础上，基模 HE_{11} 在微纳光纤的能量中几乎都有，考虑到亥姆霍兹方程(10-14)和单模条件公式(10-16)，则模式的本征方程为：

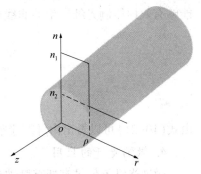

图 10-3　模型示意图

$$\left\{ \frac{J_1'(U)}{UJ_1'(U)} + \frac{K_1'(W)}{WK_1'(W)} \right\} \left\{ \frac{J_1'(U)}{UJ_1'(U)} + \frac{n_2^2 K_1'(W)}{n_1^2 WK_1'(W)} \right\} = \left(\frac{\upsilon\beta}{nk_1} \right)^2 \left(\frac{V}{UW} \right)^4 \qquad (10-17)$$

式中，$J_1'(U)$ 是第一类 Beccel 函数；$K_1'(W)$ 代表第二类修正贝塞尔函数；υ 是贝塞尔函数的阶数 $U = a(k_0^2 n_1^2 - \beta^2)^{1/2}$，$W = a(\beta^2 - k_0^2 n_2^2)^{1/2}$，$V = ak_0(n_1^2 - n_2^2)^{1/2}$。观察超越方程两边仅有一个未知量，但却无法给出解析解，只能通过数值求解的方法来计算传播常数 β 的值。在求得传播常数的基础上，我们可以得到电场矢量、磁场矢量、坡印亭矢量、芯内外能量分布、波导色散等反映光纤导波特性的物理量。

微纳光纤能量密度。微纳光纤的纤芯和包层区域折射率分布不同导致这两个区域波导面不连续，其电磁场分布有着显著的不同特性。为了便于分析光纤中某个传播模式在纤芯内传输的能量所占全部能量的份额，定义一个参数 η 表示纤芯内能流密度的比值：

$$\eta = \frac{\int_0^a s_{z1} \, dA}{\int_0^a s_{z1} \, dA + \int_a^\infty s_{z2} \, dA} \qquad (10-18)$$

式中，$dA = a^2 RdRd\phi = rdrd\phi$，则在光纤纤芯和包层中坡印亭矢量的向分量分别表示为：

$$S_{z1} = \frac{1}{2}\left(\frac{\varepsilon_0}{\mu_0} \right)^{1/2} \frac{kn_1^2}{\beta J_1^2(U)} \left[a_1 a_3 J_0^2(UR) + a_2 a_4 J_2^2(UR) + \frac{1 - F_1 F_2}{2} J_0(UR) J_2(UR) \cos(2\varphi) \right]$$

$$S_{z2} = \frac{1}{2}\left(\frac{\varepsilon_0}{\mu_0} \right)^{1/2} \frac{kn_1^2}{\beta K_1^2(U)} \left[a_1 a_5 K_0^2(UR) + a_2 a_6 K_2^2(WR) + \frac{1 - 2\Delta - F_1 F_2}{2} J_0(WR) J_2(WR) \cos(2\varphi) \right]$$

$$(10-19)$$

在许多光纤应用领域中都会遇到非线性效应，当我们要利用非线性效应时，就要加强它。而有效模场面积决定了微纳光纤的非线性系数 γ 的大小，其表达式如下：

$$\gamma = \frac{2\pi}{\lambda} \cdot \frac{n_2}{A_{\text{eff}}} \qquad (10-20)$$

这里 n_2 是材料的非线性折射率，选定材料后 n_2 为定值，为了进一步让非线性系数 γ 增大，就只有减小 A_{eff}(有效模场面积，μm^2)；因此最简单的方法就是使微纳光纤直径最优化，让有效模场面积达到最大值，在非线性光学中对于微纳光纤的应用具有巨大意义。由此可知，有效模面积 A_{eff} 是光纤的重要参量，当光纤的其他参量不发生变化时，有效模面积能够有效地压制光纤产生的非线性效应。在光纤基模中 A_{eff} 的表达式如下：

$$A_{eff} = 2\pi \frac{\int_0^\infty \psi_0^2(r, \varphi_0) r dr}{\left(\int_0^\infty \psi_0(r, \varphi_0) r dr \right)^4} \qquad (10-21)$$

由式（10-21）可以看出由纤芯半径和纤芯折射率与包层折射率之差决定了 A_{eff} 的大小。

4. 微纳光纤的应用

微纳光纤不但具有拥有微纳米量级的尺寸、周围存在强的倏逝波、很高的光波耦合效率等优势，而且还是优良的波导器件，所以在原子波导、光传感领域、制造微纳光学器件、加强非线性光学效应等方面具有潜在的应用价值。利用微纳光纤的小尺寸、强约束和由于倏逝波耦合等特性，可以研制小尺寸的光子器件，比如超连续光谱的产生以及制作光纤耦合器、滤波器、传感器、倏逝场放大器、光学微腔、光纤光栅等。依赖微纳光纤倏逝场效应工作的，如 Loop/Knot/Coil 型环腔包括(干涉仪、谐振腔、激光器、滤波器、传感器、干涉仪)。依赖微纳光纤反射效应工作，如单根微纳光纤或纳米线激光器、微纳光纤光栅传感器等。微纳光纤在非线性光学和原子波导方面也具有潜在的应用价值，例如英国 Bath 大学的研究人员发现了超连续光谱可在微纳光纤中产生，所以微纳光纤应用在光纤激光中以提高泵浦功率，从而很大程度上减小光纤的使用长度。有相关研究微纳光纤的人设想用很强的倏逝场捕获冷原子，在实验中发现原子可被导光的微纳光纤束缚住，基于此现象有望将微纳光纤制作成原子波导。

10.1.2　微纳光纤光栅及其光学特性

亚波长直径微纳光纤具有大比例倏逝波传输的光学特性，使得微纳光纤对其附近及表面介质的变化非常敏感，具有很高的灵敏度。光纤光栅是一种纵向上纤芯折射率周期性变化的微结构，表现出了非常优异的波长选择性。微纳光纤光栅结合了微纳光纤倏逝波传输的光学特性和光纤光栅强波长选择的特性，利用光波长来感知外界环境折射率的变化，使得传感测量准确可靠。

1. 微纳光纤光栅的概念

微纳光纤光栅是一种直径在微米或纳米量级的新型光波导器件[7]，它结合了微纳光纤倏逝场传输的光学特性和光纤光栅强波长选择的特性，波长变化会受到外界环境折射率变化的影响，因此可用于溶液折射率的测量，由于具有体积小、感测量准确、可靠以及可用于生化传感领域的特点，成为国内外研究的热点。

2. 微纳光纤光栅的理论与特性

微纳光纤中传输的光在经过光栅区域时，会发生模式间的耦合。图 10-4 是微纳光纤光栅模型示意图，设定引入折射率调制为正弦型的光纤光栅，则沿纵向的折射率分布如下：

$$n(r, z) = \begin{cases} n_1(z) = n_1 + \overline{\delta n}[1 + m\cos(2\pi z/\Lambda)], & r \leqslant a \\ n_2, & r > a \end{cases}$$

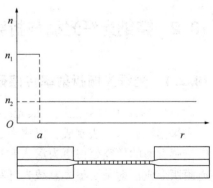

$$(10-22)$$

式中，n_1 为光纤纤芯折射率；Λ 光栅周期，nm；m 就是调制可见度 $0 \leqslant m \leqslant 1$；$\overline{\delta n}$ 为折射率平均变化量。

当光在经过栅区时，模式之间会发生耦合，利用耦合模式理论，模式之间如果满足相位的匹配条件就有可能会发生模式间能量转换。这样，由相位匹配条件就可以确定光栅的谐振波长，两个模式 ν 和 μ 的耦合系数可以表示为：

图 10-4　微纳光纤光栅模型示意图

$$K_{\nu\mu}^t = \frac{\omega}{4} \iint \mathrm{d}x\mathrm{d}y \Delta\varepsilon \cdot E_\nu^t \cdot E_\mu^t \qquad (10-23)$$

通过计算想获得耦合系数的值，首先要计算 ε 由于引入折射率引起的变化。假设光栅为弱光栅，折射率变化的平均值 $\overline{\delta n}$ 在 $10^{-3} \sim 10^{-4}$ 量级，$\Delta\varepsilon = \varepsilon_0 \Delta(n^2) \cong 2\varepsilon_0 n \Delta(n)$ 可以近似。再由式(10-22)，得：

$$\Delta\varepsilon(r, z) = \begin{cases} 2\varepsilon_0 n_1 \overline{\delta n}(z)[1 + m\cos(2\pi z/\Lambda)], & r \leqslant a \\ 0, & r > a \end{cases} \qquad (10-24)$$

故耦合系数可写为：

$$K_{\nu\mu}^t(z) = \kappa_{\nu\mu}(z)[1 + m\cos(2\pi z/\Lambda)] \qquad (10-25)$$

式中，$K_{\nu\mu}^t(z)$ 为耦合常数，对于纤芯基模的耦合，有：

$$\kappa_{01-01}^{co-co}(z) = \frac{\omega\varepsilon n_1 \overline{\delta n}(z)}{2} \int_0^{2\pi} \mathrm{d}\phi \int_0^a r\mathrm{d}r(|E_r^{co}|^2 + |E_\phi^{co}|^2) \qquad (10-26)$$

式中，$\kappa_{01-01}^{co-co}(z)$ 为耦合常数。对于纤芯基模的耦合，我们在小尺寸条件下对 MNFBG 的情况进行分析，由于空气为微纳光纤的包层，并不满足弱导条件，模式场的分量需采用 Maxwell 方程精确求解[8]。当满足单模条件时，仅有 HE_{11} 模的存在，将此模式的分量代入积分，可获得空气为包层时，MNFBG 的纤芯基模之间耦合系数：

$$\kappa_{01-01}^{co-co}(z) = E_0 \overline{\delta n} \frac{2\pi}{\lambda} \frac{n_1 \pi a}{Z_0} \frac{1}{J_1^2(u)} \{a_1{}^2[J_0^2(u) + J_1^2(u)] + a_2{}^2[J_2^2(u) - J_1(u)J_1(u)]\}$$

$$(10-27)$$

$$P = \frac{1}{2} \boldsymbol{Re} \int_0^{2\pi} \mathrm{d}\phi \int_0^a r\mathrm{d}r E_{co}^* E_{co} = 1w \qquad (10-28)$$

式中，$a_1 = \dfrac{F_2 - 1}{2}$；$F_2 = \left(\dfrac{V}{\nu w}\right)^2 \dfrac{1}{b_1 + b_2}$；$b_1 = \dfrac{1}{2u}\left\{\dfrac{J_0(u)}{J_1(u)} - \dfrac{J_2(u)}{J_1(u)}\right\}$；$b_2 = -\dfrac{1}{2w}\left\{\dfrac{K_0(w)}{K_1(w)} + \dfrac{K_2(w)}{K_1(w)}\right\}$；$Z_0$ 是真空电磁阻抗；E_0 为 HE_{11} 的归一化常数，其大小为基膜下的 1w。由式(10-28)可见描述了直接由模式决定的模式耦合能力。

10.2 微纳光纤光栅与折射率传感研究进展

10.2.1 光纤光栅折射率传感研究与进展

自从 1978 年世界上第一根光纤布拉格光栅由加拿大渥太华通信研究中心的 K·O·Hill 等人采用驻波写入法制成功以来[9]，光纤光栅的制造技术不断完善，人们对光纤光栅在光电传感方面的研究变得更为深入和广阔。1993 年，Hill 等人又提出用紫外光垂直照射相位掩膜版形成衍射条纹曝光氢载光纤写入光纤布拉格光栅的相位掩膜法[10]，使得光纤光栅正真走向实用化和产业化。光纤光栅传感器除了具有尺寸小、重量轻、成本低、抗电磁干扰能力强、灵敏度高，适于恶劣环境中使用的优点外，还具有本征自相干能力强和在一根光纤上利于复用、技术上实现多点复用及多参量分布式区分测量等独特优势。

光纤光栅折射率传感器一般分为检测型和传输型两种，对于检测型光纤光栅折射率传感器而言，光纤不仅具有光传输的媒介作用，而且可作为光敏感元件。而传输型光纤传感器中光纤仅是光信号通过的工具，当外界环境发生变化引起光在光纤中传输的特征参量发生变化时，由此获得外部环境的状态。环境参量变化使得光波的特征参量发生变化，通过实验的方法来获得对应的函数关系应用于检测环境折射率的变化这就是光纤光栅折射率传感器的测量原理。

另外，由于纯物质的折射率与物质的本性、测试温度和光源的波长等因素有关，对于混合物或溶液还与组分的组成有关。通过折射率的测定，不仅可以定性地检验物质的纯度，还可以定量分析混合物的组成，因此折射率常作为检测某些药物、药物合成原料、溶剂、中间体和最终产物浓度、纯度以及鉴定未知样品的依据之一，如《中国药典》2005 年版中挥发油、油脂和有机溶剂药物的性状都列有折光率一项指标。特别是在食品生产中，折射率已是常用的工艺控制指标，通过测定液态食品的折射率，可以鉴别食品的组成，确定食品的浓度，判断食品的纯净程度及品质，例如利用蔗糖溶液的折射率随浓度增大而升高规律，通过测定折射率可以确定糖液的浓度及饮料、糖水罐头等食品的糖度，还可以测定以糖为主要成分的果汁、蜂蜜等食品的可溶性固形物的含量。在油脂生产行业，国标 GB/T 5527 中已明确规定了各种油脂的折光率测定方法以及常见油脂的折光率，作为油脂质量评价的特征参量。因此，折射率的测量具有重要的应用价值，而传统的光学折射率测量方法通常是对一定量的取样进行测定，虽然操作不太复杂，但不能满足那些要求在线监测折射率变化的应用要求，特别是在基于折射率监测的质量监控过程中，例如食品、药品工厂生产线的杀菌清洗，要检测杀菌液(常为双氧水)浓度是否达到杀菌效果和可安全灌装的指标，通常要求实时在线监测折射率这一指标。因此，在生化分析与生物传感领域，寻求一种空间体积小、能够实现高精度在线实时的折射率传感检测技术，成为了折射率检测技术研究的热点。

1. 氢氟酸腐蚀 FBG 折射率传感研究进展

Asseh 等最早提出将腐蚀光纤包层的方法用于实现折射率传感测量[11]，理论计算出外界折射率非常接近包层折射率时的灵敏度可达到 4.6×10^{-6} RIU(折射率单位)。2004 年，

Dionisio A. Pereira 等用双 FBG 实现了温度和浓度同时测量[12]，FBG 腐蚀后对折射率灵敏度为 7.3nm/RIU。而后，Athanasios N. Chryssis[13] 等将 FBG 的光纤包层几乎全部腐蚀掉，在 1.45 和 1.33 附近的分辨率分别为 10^{-5} 和 10^{-4}。2005 年，Chryssis[14] 等将 FBG 的光纤直径腐蚀到 3.4μm，获得 1394nm/RIU 的高灵敏度倏逝场传感器，这是迄今为止报道 FBG 折射率传感的最高灵敏度。同年，Agostino Iadicicco 等又提出了一种将 FBG 中间的一小段光纤包层腐蚀掉的微结构 FBG[15]，当光纤直径被腐蚀到剩余 10.5μm 时，其对折射率测量分辨率为 $4×10^{-5}$。Liang Wei[16] 等提出了全光纤 F-P 干涉仪结构，其具有更窄的干涉条纹更便于波长的测量，腐蚀两个 FBG 中间的那段光纤到直径为 1.5μm，可测到 $4×10^{-5}$ 折射率的微小变化。将多模斜光栅腐蚀到直径为 12μm 后进行折射率测量，在 1.33～1.442 的测量范围内，对应 LP_{co-co}^{0-1} 耦合的波长移动为 5.35nm，在 1.43 附近灵敏度为 0.23nm/%（% 为蔗糖浓度单位）。K. Zhou[17] 等利用写在 D 型光纤上的 FBG 进行折射率测量，不腐蚀的情况下对折射率不敏感，而将其腐蚀后折射率变化的灵敏度为 11nm/RIU。2014 年，Shivananju B.[18] 等证实了碳纳米管涂覆在腐蚀 FBG 表面上可制作高度敏感湿度传感器，其室温下检测湿度的范围为 20%～90%，灵敏度约为 31pm%RH，最低检测极限约为 0.03RH，是现有基于 FBG 的湿度传感器的最高灵敏度。

2. 侧边抛磨 FBG 折射率传感研究进展

在 2001 年，K. Schroeder[19] 等人提出将 FBG 固定在弯曲直径为 2m 的基底上，用侧边抛磨法去除部分光纤包层，中间部分包层最薄厚度大约为 0.5μm，用此 FBG 传感器对外界折射率进行测量，同时在未抛磨的区域用另一个 FBG 作温度参考测量，可除去温度对折射率测量带来的影响。1pm 波长移动对应折射率变化为 10^{-3}（$n_A=1～1.3$）到 $2×10^{-5}$（$n_A=1.44～1.46$）之间。侧面抛磨的 FBG 上涂覆一层高折射率的膜可以提高较低折射率区域的灵敏度，实验中用 0.25μm 厚、折射率为 1.68 的膜，在 $n_A=1.33～1.37$ 范围内，使分辨率从 10^{-3}RIU 提高到 $2.5×10^{-5}$RIU。2005 年，沈乐[20] 等人通过将光纤 Bragg 光栅侧边抛磨，使得光纤 Bragg 光栅结合了侧边抛磨光纤的特性，以波长变化和功率变化同时作为传感度量，具有更高的传感精度和准确性。2007 年，刘林合[21] 通过理论计算和实验得出由轮式侧边抛磨法制备的侧边抛磨光纤光栅的 Bragg 波长会随抛磨区覆盖材料的折射率的增大向长波长方向偏移，最大可出现偏移 1.402nm。2009 年，范若岩[22] 等基于双布拉格反射峰效应提出了侧边抛磨光纤光栅（SPFBG）进行折射率测量的新型光纤折射率传感器，当折射液在 1.4298～1.4479 范围内，其折射率测量分辨率为 0.0001。2013 年，白春河[23] 等利用在线抛磨和测量对抛磨区域长度和剩余包层厚度与光纤折射率传感的影响进行了实验研究，发现抛磨长度增加会使传感器稳定性增加，但不提高灵敏度；折射率在 1.30～1.45 区间内，灵敏度小、线性度高；在 1.45～1.50 区间内，灵敏度高、线性度差；在 1.50 以上区间内，灵敏度、线性度、稳定性较好。2014 年，陈小龙[24] 等提出轮式侧边抛磨法和磁控溅射法制成镀膜侧边抛磨光纤表面等离子体共振传感器，其共振波长随折射率的增大向长波方向漂移，而随温度的升高向短波方向漂移；其平均折射率灵敏度和温度灵敏度分别为 $4.1×10^3$nm/RIU、0.36nm/℃。

3. 镀膜 LPG 折射率传感研究进展

2002 年，N. D. rees[25] 等用 L-B 镀膜技术将二十三烯酸镀到 LPG 上，引起共振波长的移动。2005 年，I. D. Villar[26]等用静电自组装技术将聚合物材料镀到 LPG 上，实验观察到当涂层达一定厚度时，其中的一个包层模将在涂层中传播。对具体外界折射率，通过优化涂层折射率及厚度以提高灵敏度。外界折射率变化范围为 1~1.1，没有涂层处理的 LPG 的三、四、五阶包层模对应的共振波长移动量分别为 0.01nm、0.03nm、0.05nm；而镀膜后相应共振波长移动量分别为 4.63nm、9.33nm、8.34nm。李顺秋[27]等用静电自组装的方法在长周期光栅的表面制备了聚二甲基二烯丙基氯化铵/聚苯乙烯磺酸钠膜，有望用于制作湿度传感器。顾铮先[28]等制作了具有双峰效应的镀银膜长周期光纤光栅，选择银膜厚为 103nm 的光纤光栅折射率传感，对溶液折射率分辨率可达 1.8×10⁻⁵。2013 年，韦树贡[29]等提出了将镀膜长周期光纤光栅应用于煤矿用乳化液浓度检测。欧启标[30]等利用薄膜 LPG 对浓度为 0%~8%的乳化液进行了谱特性分析，当乳化液浓度从 0%变化到 8%时（对应的折射率从 1.3316 增加到 1.3384），谐振波长的漂移达 9.32nm，灵敏度可达 0.13nm/10⁻⁴。

4. 腐蚀 LPG 折射率传感研究进展

文献[31]对用实验测定光纤腐蚀速率，为腐蚀 LPG 提供了参考。腐蚀基于力学微弯 SMF-28 光纤 LPG 折射率传感器，在 1.33~1.43 范围内，周期为 $580\mu m$ 的光栅 LP_{14} 耦合谐振模的折射率灵敏度为 72nm/RIU，约为 LP_{11} 模灵敏度的 10 倍。当其用于溶液浓度传感时，相同周期光栅 LP_{14} 模中心谐振波长在 NaCl 溶液浓度从 0 变化到 25%时向长波长方向迁移了 4.13nm，浓度灵敏度为 0.17nm/%C。文献[32]在对于弯曲应力不敏感的光纤和纤芯光敏光纤上分别使用高频 CO_2 激光脉冲写入 LPG，研究腐蚀前后的 LPG 基础特性，发现 LPG 对温度，应变，扭曲等特性的规律基本不变，但相应变化的灵敏度有所不同。关寿华[33]等利用 HF 酸溶液腐蚀光栅区光纤包层过程中，谐振波长向长波方向移动了约 117.19nm 时，该传感器的环境折射率传感特性是普通传感器的 3 倍。K. W. Chung 等[34]将写有 LPG 的光纤直径腐蚀到 $35\mu m$，利用其最低阶包层模的共振波长进行折射率测量实验，在 1~1.43 的折射率范围内，波长移动量为 34nm，而对未经过腐蚀的 LPG 波长飘移量只有 8nm。根据理论上计算并预测了三阶包层模耦合，当包层直径为 $35\mu m$ 时，LPG 的波长漂移量可达 225nm。金清理[35]等人经过模拟实验提出 LPG 的周期 $\Lambda=380\mu m$，包层半径 $R_{cl}=17\mu m$ 的最佳结构优化. 用 CO_2 脉冲激光器掺锗光纤写入 LPG，用 HF 酸溶液定位腐蚀包层半径，折射率传感的谐振波长设计在 $1.55\mu m$ 常规波长附近，在 $T=25$℃ 的条件下，对 1.26~1.38 之间变化的环境介质折射率进行测试，传感灵敏度达到 0.00012。

5. 结构化 LPG 折射率传感研究进展

T. Allsop[36]等人将基于 LPG 的马赫-泽德（M-Z）干涉仪应用于折射率测量，其可探测的最小折射率变化为 1.8×10⁻⁶，这也是目前光纤型折射率传感器中分辨率最高的。最近，T. Allsop[37]等人将长周期光纤光栅写到双锥型光纤上，利用透射光谱上的干涉条纹移动来测量外界折射率，在 1.33 附近的灵敏度为 643nm/RIU。丁金妃[38]等用 HF 腐蚀两个 LPG 构成的 M-Z 干涉仪，随着包层直径的减小透射光谱的干涉条纹出现了红移现象，包层模的阶数越高波长移动越大，对用于外界折射率传感的灵敏度得到了显著的提高。严金华[39]等采用 2 个具有相似透射谱（3dB 透射深度）的 LPG 组成光纤型 M-Z 干涉仪，通过减小两 LPG 之间的光纤包层直径，比常规的 LPG 折射率传感器灵敏度提高 4 倍左右。康娟[40]等将 LPG 和光纤 Sagnac 环相结，实现了折射率和温度的同时测量，温度灵敏度为-0.654nm/℃，折射率灵敏度为 49.9dB/RIU。王洁玉[41]等提出了一种单模–多模–单模结构与 LPG 级联的光纤传感器，实现了温度和折射率的同时测量。SMS 结构的干涉谱和 LPG 对温度和折射率具有不同响应灵敏度，其温度灵敏度分别为 0.017nm/℃ 和 0.006nm/℃；SMS 结构对折射率不敏感，而 LPG 的折射率灵敏度为 -35.60nm/RIU。

　　光纤技术与生化传感技术的结合为这一技术需求提供了发展空间，使基于光纤器件的气体或液体折射率生化分析与传感检测成为可能，不仅能够实现实时在线传感测量，而且体积小，特别适合于易燃、易爆、强电磁干扰等恶劣环境，在生物化学、医学、环境监测以及质量控制工程等领域，光纤光栅折射率传感技术的潜在优势必将得到发挥，也将向着更高 SRI 灵敏、更好地机械强度、温度不敏感性以及更加紧凑型方向发展。

10.2.2　微纳光纤光栅折射率传感研究进展

　　微纳光纤光栅是近几年兴起的一种全新型波导器件，既具有窄反射通带的光栅的特性又具有高比例倏逝波。这种器件不但能用于折射率传感中，还具有更广阔的应用领域有待于研究者去开发。在各种基于微纳光纤光栅的传感器中，研究最多的就是折射率传感器，因为当微纳光纤光栅外的媒介折射率发生变化时，将引起微纳光纤光栅有效折射率的改变，在微纳光纤光栅外传播的倏逝场将感知这种变化，这对于光场完全被限制在包层内传输的普通光纤光栅来说是不可能完成的任务。

　　国外在微纳光纤光栅制备技术研究方面起步较早，1999 年，Eggleton 等人首次采用传统的相位掩模法和振幅掩模法在纤芯掺锗的光敏三角型微纳光纤中成功地写制了布拉格光栅和长周期光栅（LPG）[42,43]，并对光栅的透射谱性质进行了研究，标志了微纳光纤光栅的诞生。2000 年，英国 Bath 大学的 A. Diez 等人利用声波诱导法成功地在单模 MF 上制备了 LPG，并对传播常数和模场分布等特性进行了分析[44]。这些研究成果的取得，使研究者们对在此类光纤上写制光栅产生了浓厚的兴趣，提出了多种在微米或纳米光纤上写制 FBG 的方法，促进了微纳光纤光栅写入技术不断发展，诸如化学腐蚀技术、双光子吸收技术以及飞秒激光技术等在微结构光纤上写制光栅不断被报道，微结构光纤光栅的发展日新月异，这些方法已经被应用于制造基于 MF 的光纤光栅，同时也为折射率的测量提供了实现可能。

　　2004~2005 年，意大利 Sannio 大学的 Iadicicco 对薄包层结构的光纤光栅折射率传感特性进行了数值模拟，并采用氢氟酸化学刻蚀单模光纤光栅包层方法制作了微纳光纤光栅折射率传感器，实验结果与数值模结果具有很好的一致性，在外部折射率为 1.45 和 1.333 的情况下，分别实现了 10^{-5} 和 10^{-4} 的分辨率，实验证明了高分辨率测量低折射率方法的可行性。为了提高折射率测量的灵敏度，包层的腐蚀深度越来越大，但同时降低了光栅的机械性能。为了解决此问题，有文献提出了用高阶包层模代替纤心基模进行折射率的测量方法，并且通过四阶包层模获得了 172nm/RIU 灵敏度，远大于纤芯基模 71.2nm/RIU 的灵敏度；2006 年，Chryssis 通过实验研究指出，折射率灵敏度随着纤芯模的阶数增加而增大，三阶芯模的灵敏度是纤芯基模的 6 倍，高阶芯模波长相对于纤芯基模波长的明显改变应归咎于环境折射率的变化，基于此原理提出了微纳光纤光栅可用于温度与环境折射率的区分测量。美国马里兰大学的 Chryssis 等人提出了单模光纤纤芯腐蚀方法，并且数值分析了折射率灵敏度随纤芯变化的关系，结果表明在相同的折射率下，FBG 波长随腐蚀深度的增加而变小，但波长改变量随腐蚀深度的增加而变快。Dagenais 实验研究了纤芯基模 SRI 的灵敏度，当光纤被腐蚀到 3.4μm 时，改变外部折射率直至与纤芯相同，测得最大的灵敏度为 1394nm/RIU，比包层腐蚀法提高了近 10 倍，使光纤光栅折射率传感器应用于 DNA 探测成为可能。不过，由于 FBG 的谐振带宽(小于 0.5nm)较 LPFG(大于 10nm)要小得多，而且温度灵敏度较后者低得多，故它对 SRI 测量的精度在理论上较 LPFG 要高得多，同时具有更好的温度不相关性。

在腐蚀技术发展过程中，2010 年，香港理工大学的 X. Fang 等人用飞秒激光器刻蚀微纳光纤[46]，研制成功了微纳光纤光栅，当纤芯直径为 2μm，外部折射率约 1.44 时，实验获得最大折射率灵敏度为 231.4nm/RIU；加拿大 Jewart 基于相似原理利用超快飞秒激光脉冲在微纳光纤上写入 FBG[47]，并应用于 800℃ 的高温传感，再次证明了飞秒激光器用于制作微纳 FBG 的可行性与应用前景，也促进了折射率传感器的发展与商业化进程。

由于微纳光纤光栅折射率传感器的纤芯模和包层模的波长变化随着折射率从 1.33 到纤芯或包层折射率增加而变化越来越快，均表现出一种非线性关系，而且大多数 MNFBG 的机械强度不够好。因此，国外的研究中，除了上述提到的微纳 FBG 折射率传感方法外，还有其他一些基于微结构的光纤光栅用于折射率测量，例如混合结构的 D 型光纤光栅、倾斜FBGs、温度与折射率同时传感的取样 FBGs、长周期光纤光栅 SRI 传感器等[48-53]。主要是用于提高灵敏度、改善机械强度和非线性等方面。

国内在微纳光纤折射率传感应用方面研究相对较晚，主要集中在微纳长周期光纤光栅折射率的研究上[54-64]，基本处于理论分析与数值模拟阶段，有关微纳光纤布拉格光栅折射率测量报道不多。浙江大学的童利民教授，提出了两步拉伸法来制作微纳光纤的工艺，制作出直径为 50nm~1.1μm 的微纳光纤，为克服环境气流和温度场不稳定等缺点，随后又提出利用蓝宝石棒自调制的二步拉伸工艺[65]，研制的微纳光纤直径均匀度达 0.1%，直径可小至 20nm。这样的研究成果成为国内研究开发基于微纳光纤波导器件的开端。2010 年，武汉光电国家实验室张新亮教授、张羽博士等人提出了在微纳光纤中引入更加精细的周期性结构，并且据此和新加坡南洋理工大学沈平教授、林波等合作，采用 248nm 的 KrF 准分子激光器，借助相位掩模板，在直径为微米量级的具有光敏性的微纳光纤上刻制了折射率周期性变化的微纳光纤布拉格光栅(MNFBG)器件[66]，相关研究成果已在 Optics Express 上发表，微纳光纤布拉格光栅器件的研制成功，为折射率传感应用提供了实现基础。

2010 年，张羽建立了微纳光纤布拉格光栅的物理模型[67]，并理论分析了将 MNFBG 用于折射率传感时，直径较小的 MNFBG 比直径较大的 MNFBG 具有更高的传感灵敏度，当微纳光纤光栅的直径大于 3.5μm 时，同样直径的 MNFBG，基模对应的反射峰比高阶模式对应的反射峰的传感灵敏度要低。吴平辉对微纳光纤 Mach-Zehnder 建立模型[68]，并给出灵敏度计算公式，还对白光干涉微纳光纤传感作了实验研究，传感器灵敏度约为 3665nm/RIU，对折射率的最小分别率约为 10^{-5}。因此，该传感器可用于液体折射率和各种气体传感。2011年，余小草[69]等证明了直径微米量级的微纳光纤可利用紫外刻栅技术成功制作出布拉格光栅，导致光栅的共振波长向短波长方向移动和反射率降低的重要原因是微纳光纤的直径变小会使有效折射率先是迅速减小而后变化速率变慢；提出了其可用于 WDM 信道滤波和对灵敏度要求很高的生物传感中。梁瑞冰[70]等提出一种基于微纳尺度光纤布拉格光栅的折射率传感器，结合微纳光纤倏逝场传输和FBG强波长的选择特性来实现高精度折射率传感，使用OptiGrating软件进行数值模拟，显示出MNFBG折射率测量的灵敏度随着光纤半径的减小而增加，其中光纤半径为400nm的MNFBG灵敏度可达到993nm/RIU，相比于包层蚀刻的FBG灵敏度增加170倍。Bai-Ou Guan[71]等指出了超细FBG传感器对于周围介质折射率变化的检测是基于倏逝场的相互作用，该传感器具有低刚度和小尺寸的优势。卫正统[72]等将先常规光敏光纤的包层利用HF腐蚀到直径为17μm，然后用超细光纤制造系统将光纤直径刻蚀到6μm，最后利用KrF准分子激光在载氢常规光敏光纤上写入FBG。该传感器应用于盐水的浓度测量，在折射率为1.33时最小分辨率可达7.2×10^{-5}。Wei Zhang[73]等基于阶跃型光纤基膜的有效折射率函数建立了MNFBG波长飘移的理论模型。数值模拟结果显示，对于给定半径的MNFBG，随环境温度的升高有效折射率降低，波长向短波方向飘移。特别是当MNFBG半径小于0.5μm时，对温度的灵敏度正比于周围液体的热光系数。Yu Wu[74]等采用石墨烯涂覆MNFBG的气体传感器来检测化学气体的浓度，具有增强表面场、吸附气体、超高灵敏度的优点。此气体传感器对氨气和二甲苯气体的灵敏度分别是0.2ppm和0.5ppm，比无石墨烯的微小气体浓度变化检测的灵敏度高出数十倍。

由于微纳光纤制备简易，且具有良好的特性包括机械特性、光学特性等优势，因此研究者们基于微纳光纤开展了许多微纳光纤器件和应用的研究，包括微纳光纤谐振腔、传感器、激光器、量子光学及原子波导等。微纳光纤光栅以其体积小、可靠性高、光谱特性好、易集成等特点，其应用领域包括制作光纤器件、光纤通信等。近年来正吸引着研究者们的注意。

10.3 微纳光纤光栅的制备

10.3.1 微纳光纤光栅的制备方法

微纳光纤光栅的制作方法大致可分为两类，一类是先制作微纳光纤，然后采用紫外光照射在相位掩膜法或飞秒激光器写入光栅法，这种方法的缺点是需要昂贵的实验仪器及高洁净度的实验室，制作成本高，优点是制作出的微纳光纤光栅机械强度高、柔韧性好；另一类就是利用HF腐蚀成品的光纤光栅，将光纤光栅的包层腐蚀掉而得到微纳光纤光栅，这种方法的缺点是作出的微纳光纤光栅机械强度低，这可能是因为腐蚀过程中破坏了原有的二氧化硅分子表面的结构，HF溶液易挥发，具有刺鼻气味，有毒，使用时要格外注意，优点是使用的原料便宜易购买，也不需要苛刻的实验条件。

1. 相位掩膜法

最早由Hill K. O. 等人及D. Z. Anderson等人提出了相位掩膜法制作光纤光栅。图10-5为紫外激光在微纳光纤上写入光栅示意图，其技术成熟，使用广泛，价格便宜。其原理是把紫外光照射在掩膜版上，通过模板的衍射作用产生衍射条纹，而正负1级衍射条纹在经过干涉后会形成明暗相间的条纹落在微纳光纤，当微纳光纤在亮条纹的位置时，其光敏性部分就会曝光发生折射率变化而形成光栅，相位掩模板周期是光栅周期的2倍，并且与入射激光波长毫无关系。在写栅过程中微纳光纤的固定和与相位掩膜版的对准调节时，要非常小心，微纳光纤极细很容易被弄断。

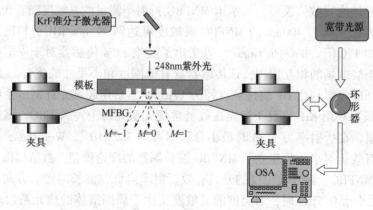

图 10-5　紫外激光在微纳光纤上写入光栅示意图

2. 飞秒激光器写入光栅法

在 2010 年，X. Fang[75] 等在直径为 $10\mu m$ 的微纳光纤上采用飞秒激光器和掩膜板成功写出了 FBG，其光栅的长度为 5mm，其微纳光纤光栅的照片如图 10-6 所示。利用飞秒激光制备光栅的方法和研究得到快速发展和广泛关注，这种技术操作简单，易于掌握。飞秒激光不仅峰值功率高，而且脉冲宽度极短，还具备在光纤和波导上快速刻写光栅，而光纤也不需要经过复杂的氢载处理。飞秒激光器可制备各种微光学结构和光子器件。这种方法写微纳光纤光栅的装制系统和相位掩膜法基本相同，只不过是激光器换成了能量更高飞秒激光器，其还可采用逐点写入法刻出光栅。由于该激光器能量大，使用时要特别注意，小心将微纳光纤熔断。

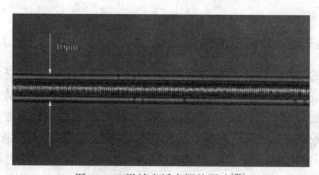

图 10-6　微纳光纤光栅的照片[75]

3. HF 腐蚀法

文献[76-82]中都提到了利用 HF 将成品的光纤光栅腐蚀到非常细的光纤光栅，说明此方法有效可行。由化学方面的知识可知，二氧化硅仅与 HF 反应，而裸光纤的材料正是二氧化硅，所以在选择腐蚀用化学药剂时，就只能用 HF 溶液进行腐蚀。虽然 HF 有毒，但只要小心操作就行。腐蚀光纤光栅的时候，环境温度和 HF 的浓度(一般为 40%~50%)也是十分重要的。这种方法的优点时操作简单易行，不需要昂贵的仪器设备。本研究中所选用的制作微纳光纤光栅的方法就是 HF 腐蚀法。

10.3.2　微纳光纤光栅的制备研究

微纳光纤光栅的制作有着许多种方法，很多都是要有精密、良好的设备，而且需要先制作微纳光纤，然后经过紫外激光器、KFR 准分子激光器、聚焦等离子激光器等价格高昂的精密仪器进行写栅，要求精确的控制系统以及良好的实验环境。为了简单易行，又能制作出微纳光纤光栅，我们选用了 HF 腐蚀成品的光纤布拉格光栅，省去了制作微纳光纤的过程及刻栅过程，为了能够保证 MNFBG 制作成功，先进行了单模光纤的腐蚀，经过所得数据的分析，确定实验的腐蚀液浓度、温度及光纤光栅的腐蚀时间。接下来就展开对腐蚀理论、单模光纤的腐蚀实验，光纤光栅腐蚀实验的研究。

1. 腐蚀理论

光纤是由二氧化硅制作并在外层包上聚乙烯塑料以增强韧性，腐蚀的时候由于聚乙烯塑料包层与氢氟酸不反应，故先用剥线钳出去聚乙烯塑料包层成为裸光纤然后才能腐蚀。当 HF 的浓度不同时，HF 与二氧化硅反应的速率不同及化学方程式有所不同。由文献[83]可知，HF 与二氧化硅的反应遵循下面化学方程式：

$$SiO_2+4HF \longrightarrow SiF_4+2H_2O \tag{10-29}$$

$$SiO_2+6HF \longrightarrow H_2SiF_4+2H_2O \tag{10-30}$$

在式(10-29)中因反应消耗的 HF 小于 0.5%，因此我们假设在腐蚀过程中酸的浓度是不变的，即腐蚀速率是恒定的。此外，HF 与光纤的接触面积是有限的，所以在腐蚀过程中 HF 扩散到硅晶格的速度过于缓慢而无需考虑。光纤质量的变化率考虑到一个常量溶解系数，而溶解系数又取决于溶解速率，影响溶解速率的因素是转移面积和 HF 的浓度。认为温度恒定，光纤被 49.5% 的 HF 均匀的包围着，设滴在光纤上的 HF 总体积为 V，接触到 HF 的裸光纤长度为 L。综上所述，我们由质量守恒有：

$$\frac{d}{dt}\left(\frac{\pi D^2 L\rho}{4}\right) = -k(\pi DL)C_{HF} \tag{10-31}$$

式中，ρ 为硅的密度，kg/m^3；t 为反应时间，s；C_{HF} 为 HF 的浓度的质量百分数，这是一个常量；D 为光纤的直径，m。左侧的表达式是指光纤的质量的改变率，而右侧的表达式表示基于变量进行量化的溶解速率。化简整理得方程：

$$\frac{d}{dt}\left(\frac{D}{D_1}\right) = -K \tag{10-32}$$

式中，$K=2kC_{HF}/(D_1\rho)$，因左边表达式中光纤原直径 D_1 和右边溶解率 K 是常量，K 与时间无关在对两边同时积分有：

$$\frac{D}{D_1} = 1-Kt \tag{10-33}$$

这一结果表明，在理想条件下，光纤的剩余直径随时间线性变化。

2. 腐蚀装置的设计

在腐蚀过程中考虑到室内温度变化范围较小及腐蚀液的浓度变化随时间在空气中的挥发较小的情况，设计出的实验装置的示意图如图 10-7 所示。

在腐蚀过程中考虑到温度恒定及在空气中腐蚀液的浓度会随腐蚀时间的变长而挥发减小的情况，设计出的腐蚀装置的示意图如图 10-8 所示。

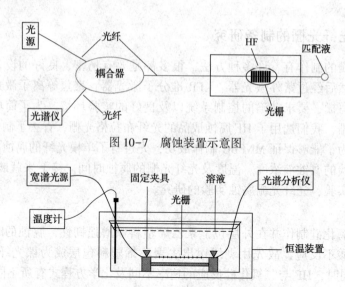

图 10-7 腐蚀装置示意图

图 10-8 恒温防挥发的腐蚀装置示意图

根据以上两种设计方案，我们又提出了一种新的腐蚀装置设计方案，既可以在恒温条件下完成腐蚀，又可以防止氢氟酸挥发，还可以控制腐蚀光纤光栅的部位。其光纤光栅固定装置及腐蚀装置示意图如图 10-9 所示，图中下面部分是固定装置，上面为腐蚀装置。固定架的使用方法是首先将制作好的透明有机玻璃管（长为 2.5cm，直径为 0.6mm，中空）横放在固定架上，然后将光纤光栅的一端穿过有机玻璃管，使光纤光栅位于管的中心线处，拉直光纤光栅，用光纤夹固定好光纤光栅两端的尾纤，再用改性丙烯酸酯胶黏贴剂（A、B胶）把有机玻璃管两端密封，等凝固好后，从固定架上取下，腐蚀用的装置就做好了。

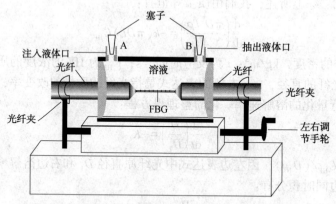

图 10-9 光纤光栅固定装置及腐蚀装置示意图

3. 腐蚀液浓度对腐蚀特性影响的实验研究

首先，将有机玻璃管切割成长 3cm 的小段（18 个）将其洗净晾干，用透明胶带贴上编号（1~18）以待备用。用剥线钳将单模光纤的塑料皮剥去约 2~3cm，露出光纤，用蘸有酒精的脱脂棉将其擦干净，然后用将单模光纤这一端用剥线钳剪掉约 6~7cm 长，接下来将光纤摆放在透明板上，用胶带固定好，用 CCD 读数显微镜对这根光纤的直径进行测量并做记录数据，并拍下图片。然后将 1 号管放于光纤光栅固定装置上，把光纤剥了的一端穿入有机玻璃管内，尽量让光纤处于管的中央，另一端用光纤夹加好，调整手轮使得被剥部分完全位于管内，然后将用蜡烛把这一端密封，再将其取下。其实验装置的示意图如图10-10所示。

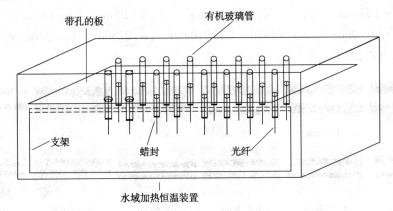

图 10-10　实验装置的示意图

依次进行7次以上步骤，这些工作完成以后，把7个做好的管子按编号，依次插入一块有18个0.65mm小孔的板中，接着将板放入22℃水浴锅中的架子上，注意不要让水面超过竖起的管口。接下来用吸管吸取40%的HF溶液，按编号依次加入7个管中并记录滴入时间，然后再用另一吸管吸取液态石蜡，依次滴入7个管中，以防止HF的挥发。每隔10min按编号取出管子并用针管迅速吸走HF和液态石蜡，并迅速滴上10%的NaOH溶液(浓度高的会反应剧烈震断细的光纤)和残留的HF。10min后，吸走管内溶液并用清水洗净光纤，晾干后再次CCD读数显微镜测量其直径、拍下照片及记录测量结果。腐蚀后拍得的光纤照片如图10-11所示，依次为按腐蚀时间为(a)10min、(b)20min、(c)30min、(d)40min、(e)50min、(f)60min的光纤照片。

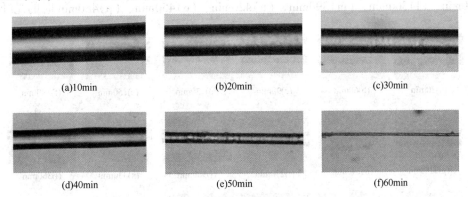

| (a)10min | (b)20min | (c)30min |
| (d)40min | (e)50min | (f)60min |

图 10-11　按腐蚀时间不同的光纤照片

由图10-11观察可以看出，从图片(d)开始浓度为40%的HF溶液腐蚀光纤就出现了缺陷，这对于腐蚀光纤光栅来说就会使光谱出现突变，而我们要获得尽量光滑的腐蚀效果，使得光纤光栅的光谱尽可能的光滑、易于检测中心波长、尽量减小光谱展宽。温度一定时，反应溶液的浓度决定了反应的速率，对于二氧化硅与氢氟酸的反应来讲，HF的浓度越高反应速率越快，不利于分子的扩散而致使反应出现不均匀现象。因此，接着对HF进行稀释后，在同样温度下再次实验。

用前述的腐蚀实验方法，得到在22℃时，20%的HF腐蚀单模光纤每隔15min后拍得的光纤照片如图10-12所示，依次为按腐蚀时间为（a）15min、（b）30min、（c）45min、（d）60min、（e）75min、（f）90min、（g）105min、（h）120min、（i）135min、（j）150min、（k）165min、（l）180min、（m）195min、（n）210min、（o）225min、（p）240min、（r）255min、（s）270min的光纤照片。

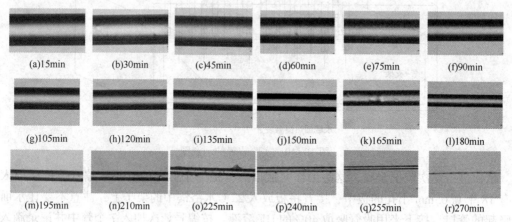

图 10-12　按腐蚀时间不同的光纤照片

研究图10-12可以观察到，由图片（o）开始腐蚀光纤出现了缺陷，说明20%的HF溶液对光纤的腐蚀210min以后，如果要获得更好的腐蚀效果，就得再次对HF溶液进行稀释。

用前述的腐蚀实验方法，测得到在22℃时10%的HF腐蚀单模光纤每隔30min后拍得的光纤照片如图10-13所示。依次为按腐蚀时间为（a）30min、（b）60min、（c）90min、（d）120min、（e）150min、（f）180min、（g）210min、（h）240min、（i）270min、（j）300min、（k）330min、（l）360min、（m）390min、（n）420min、（o）450min、（p）480min时的光纤照片。

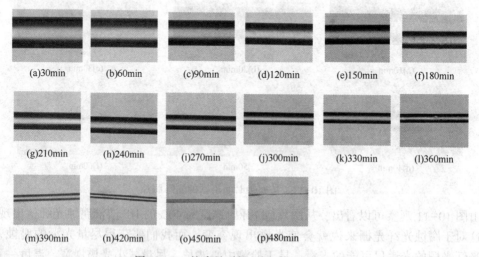

图 10-13　按腐蚀时间不同时的光纤照片

经过观察图10-13，可得到当HF溶液被稀释到10%时，图10-13（n）测得的光纤的直径为 $8.12\mu m$，图10-13（p）的光纤直径为 $1.85\mu m$，图中的光纤都十分的光滑，已达到了腐蚀光纤光栅的光滑度要求。综上所述，在温度恒定在22℃时，我们可以先用40%的 HF 溶液腐蚀大约30min，然后清洗掉腐蚀液后再用20%的 HF 溶液腐蚀大概80min，随后清洗掉腐蚀液，最后用10%的 HF 溶液腐蚀约90min就可以由普通 FBG 获得 MNFBG 了。

4. 温度对腐蚀程度影响的实验研究

光纤的腐蚀速率与温度有关，因此我们必须考虑温度引起光纤剩余直径与时间关系的影响。为了研究温度与腐蚀速率之间的关系，当 HF 浓度一定时，又分别作了温度为18℃、20℃、22℃、24℃情况下的腐蚀实验并记录实验结果。当 HF 的浓度分别为10%、20%、40%时，画出了腐蚀时间与腐蚀掉直径的关系曲线图，并模拟出腐蚀时间与蚀掉直径的函数关系，如图 10-14~图 10-16 所示。腐蚀时间与蚀掉直径之间为近似线性关系，这表明在同一温度下，腐蚀速率为一常数，那么将光纤腐蚀到某一所需直径时，只需要计算出腐蚀时间即可。因为是密封腐蚀，故不考虑 HF 易于挥发，HF 的浓度不会随反应时间的增加而变化。因此，设腐蚀时间为 t，腐蚀速率为 k，就可以得到腐蚀掉的光纤直径 y 与时间 t 的关系：$y=kt$。设光纤原来直径为 a，光纤剩余直径 y_1，我们可得到光纤剩余直径 y_1 与时间 t 的关系：$y_1=a-kt$，两边同时除以 a 得：$y_1/a=1-kt/a$，令 $K=k/a$，则有 $y_1/a=1-kt$，这也验证了前文腐蚀理论的正确性。

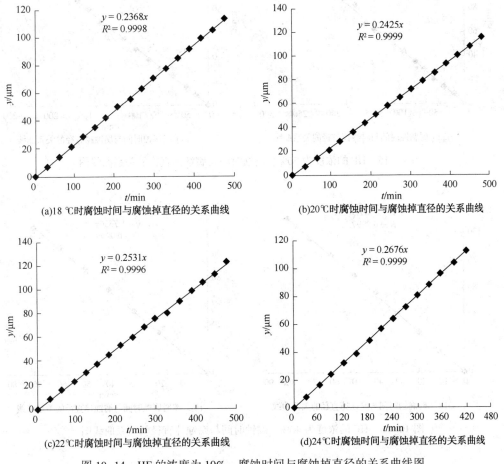

图 10-14　HF 的浓度为10%，腐蚀时间与腐蚀掉直径的关系曲线图

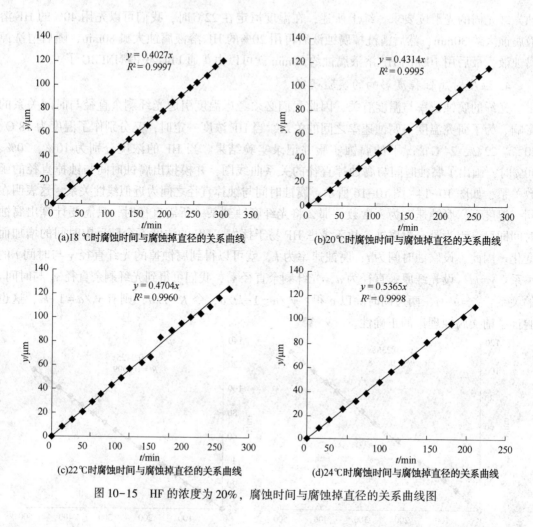

(a)18 ℃时腐蚀时间与腐蚀掉直径的关系曲线

(b)20℃时腐蚀时间与腐蚀掉直径的关系曲线

(c)22 ℃时腐蚀时间与腐蚀掉直径的关系曲线

(d)24℃时腐蚀时间与腐蚀掉直径的关系曲线

图 10-15　HF 的浓度为 20%，腐蚀时间与腐蚀掉直径的关系曲线图

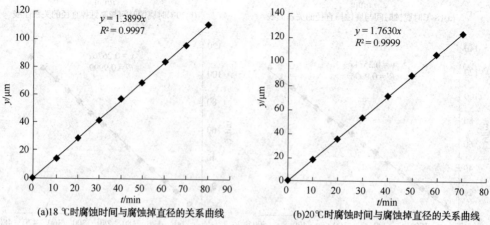

(a)18 ℃时腐蚀时间与腐蚀掉直径的关系曲线

(b)20℃时腐蚀时间与腐蚀掉直径的关系曲线

图 10-16　HF 的浓度为 40%，腐蚀时间与腐蚀掉直径的关系曲线图

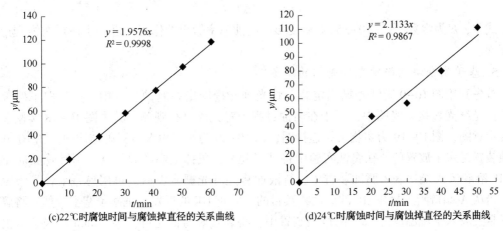

(c)22℃时腐蚀时间与腐蚀掉直径的关系曲线   (d)24℃时腐蚀时间与腐蚀掉直径的关系曲线

图 10-16　HF 的浓度为 40%，腐蚀时间与腐蚀掉直径的关系曲线图(续)

由图 10-14~图 10-16 可得出，HF 腐蚀光纤时，腐蚀速率随温度变化而变化的关系曲线如图 10-17 所示。温度对腐蚀速率有明显的影响，而且当温度一定时，随着腐蚀液浓度的增加，腐蚀速率会随腐蚀液浓度增大而增大；当腐蚀液浓度一定时，腐蚀速率在浓度越大时，温度对腐蚀速率的影响越明显，反之亦然。故选择腐蚀温度时，应选择比较低的温度，一般温度选择在 20~22℃，不仅能够得到光滑的腐蚀效果，而且温度变化相对较小，对腐蚀过程的影响会减小。

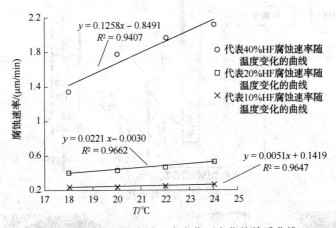

图 10-17　腐蚀速率随温度变化而变化的关系曲线

由于温度会影响腐蚀的速率，我们为了能更加精确地得到腐蚀后的尺寸，所以从图 10-17 腐蚀速率随温度变化曲线可知在一定的温度范围内腐蚀速率的增加可近似看作直线，设温度为 T，腐蚀率为 y，x 轴截距为 b，腐蚀速率随温度的变化率为 k'，那么就可得到腐蚀速率随温度变化的关系：

$$y = k'T + b \tag{10-34}$$

然后，同时考虑温度和腐蚀时间，来研究温度和腐蚀时间与光纤腐蚀掉直径的关系，设光纤原来直径为 a，腐蚀时间为 t，恒定温度 T_0 下腐蚀速率为 k，温度变化为 $\Delta T = T - T_0$（T 为末温），腐蚀速率随温度的变化率为 k'，我们可得到光纤剩余直径 y 与时间的关系：

$$y=a-(k'\Delta T+k)t \qquad (10-35)$$

式中，k' 为常数。式(10-35)对温度影响腐蚀速率做出的修正，进一步使得腐蚀理论更加完善。

5. 基于腐蚀法的微纳光纤光栅的制备

首先利用图 10-9 光纤光栅固定装置将光纤光栅固定在腐蚀装置中，然后取下腐蚀装置，把光纤光栅接入光路中，利于在腐蚀过程中对光谱进行观测，其中图 10-18 实验装置连接示意图，图 10-19 为实物装置连接图，图 10-20 为水浴恒温装置内结构图。图 10-9 的腐蚀装置是水平放置的，在腐蚀实验中将其竖起来，拔掉上端的塞子 A，用针管吸取 40% 的 HF 溶液从 A 端口滴入腐蚀装置中，待液面将光纤光栅淹没后，再用另一个针管吸取液态石蜡从 A 端口滴入封住 HF 的液面，其目的是防止 HF 的挥发。把塞子塞上，然后将腐蚀装置竖直放入水域温度为 22℃ 的恒温装置中，将装置竖直固定好。经 30min 后竖直取出腐蚀装置，从 B 端用针管吸走腐蚀液，加入 10% 的氢氧化钠溶液，等待 5min 后对装置内的光纤光栅进行清洗，之后加入 20% 的 HF 溶液，水域中腐蚀 80min，然后待光纤光栅清洗干净后再次加入 10% 的 HF 溶液，腐蚀 90min 后取出腐蚀装置，清洗完成后 MNFBG 就做好了。这种腐蚀装置可以对光栅起到保护作用，对于完成封装十分有利，只要将功能性液体注入到腐蚀装置中，把两个塞子塞紧，就完成传感器封装。

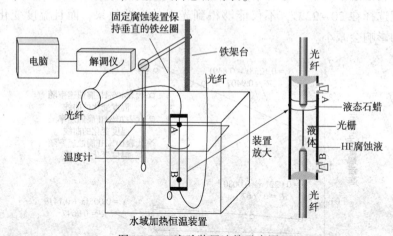

图 10-18　实验装置连接示意图

图 10-19　实物装置连接图

图 10-20　水浴恒温装置内结构图

为了实现腐蚀部位的可控性,我们采用了三层液
体分层法,图 10-21 是腐蚀装置的内液体分层图示。
根据液体的密度不同和相互之间不能发生反应,易于
分层,易于清洗等原则,选取的液体为四氯化碳,液
态石蜡。四氯化碳的密度最大置于底层,HF 溶液位
于中层,而液态石蜡密度最小位于顶层。液态石蜡由
于不溶,又不易挥发,不与 HF 发生反应,因此选择
其为顶层溶液。选择加入三种液体的多少来控制腐蚀
发生的部位,加液体时一定要注意顺序,先从下端的
塞子处用针管加入四氯化碳,然后由上端塞子处依次
加入 HF、液态石蜡。

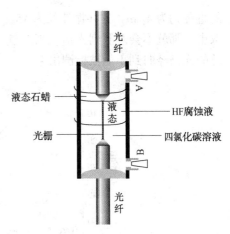

图 10-21　腐蚀装置的
内液体分层图示

取一根 FBG,用 CCD 读数显微镜测得其初始直
径为 125.77μm,将其按照前述方法做好腐蚀装置,
然后放入水浴恒温装置中测量其初始光谱(见图 10-22),其初始的共振波长为
1531.999nm,然后取出腐蚀装置。首先用 40% 的 HF 腐蚀 30min,再用 20% 的 HF 腐蚀
80min,最后用 10% 的 HF 腐蚀 85min,光纤光栅的直径大约为 8μm,经公式(10-35)计算
可知,7min 后光纤光栅的直径约为 6μm。在 40%、20%HF 腐蚀过程中利用解调仪检测 FBG
的光谱,发现此过程中 FBG 的光谱是不会发生飘移和变化。当用 10% 的 HF 腐蚀到 81min
时,光谱解调仪检测 FBG 的光谱开始向左移动,光谱会随着腐蚀时间的继续增加而缓慢展
宽。再过 4min,共振波长为 1530.962nm 飘移了 1.037nm,光谱如图 10-23 所示。清洗装
置,做折射率实验,等实验完成后,接着用 10% 的 HF 进行腐蚀,7min 后共振波长为
1530.237nm,飘移了 1.762mn,其光谱如图 10-24 所示。在做完折射率实验时,结果光栅
由于清洗过程水的冲击断了。在 10% 的 HF 腐蚀过程中,腐蚀时间在 81~92min 的过程中,
光谱的能量会持续下降。

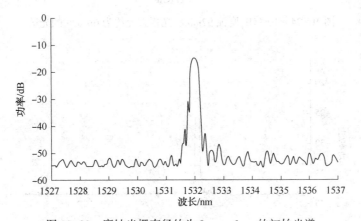

图 10-22　腐蚀光栅直径约为 8μm、6μm 的初始光谱

另取一根光纤光栅,测量其直径为 122.65μm,按照前一个 FBG 的方法先测原始光谱
(见图 10-25),其共振波长为 1548.750nm。先用 40% 和 20% 的 HF 溶液腐蚀,时间分别为
30min、90min。再经过公式(10-35)计算可知,10% 的 HF 腐蚀时间为 88min 时,光纤光栅

的直径约为 4μm，其共振波长为 1546.726nm 漂移 2.024nm(见图 10-26)。如果将腐蚀溶液取走，那就不会观测到光谱。当空气为包层时，对光的约束能力下降，反射回来耦合进光纤的光已经弱到不能被检测出来。

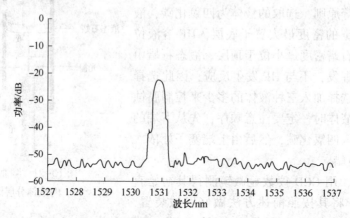

图 10-23 10%HF 腐蚀 85min，光栅直径约为 8μm 时的光谱图

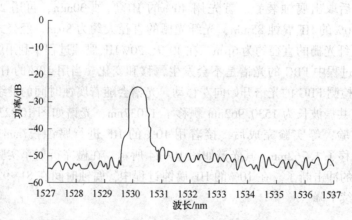

图 10-24 10%HF 腐蚀 92min，光栅直径约为 6μm 时的光谱

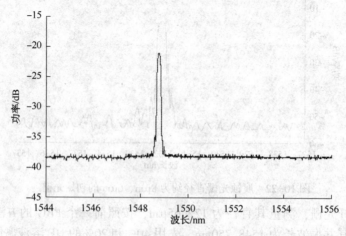

图 10-25 腐蚀光栅直径到约为 4μm 的原始光谱

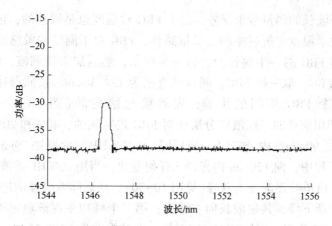

图 10-26 10%HF 腐蚀 88min，光栅直径约为 4μm 时的光谱

再取一根 FBG 测量其直径为 124.23μm，按照前一个 FBG 的方法先测原始光谱(图 10-27)，其共振波长为 1548.792nm。先用 40% 和 20% 的 HF 溶液腐蚀，时间分别为 30min、90min，再经过公式(10-35)可知，10% 的 HF 腐蚀时间为 102min 时，光纤光栅的直径约为 2μm，其共振波长为 1546.468nm 飘移了 2.325nm(见图 10-28)。在空气为包层时是检测不到共振波长的，而在加入溶液后可以检测到共振波长。

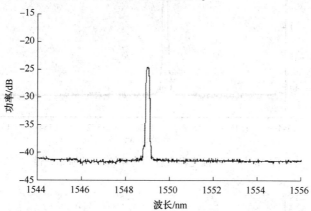

图 10-27 腐蚀光栅直径约为 2μm 的原始光谱

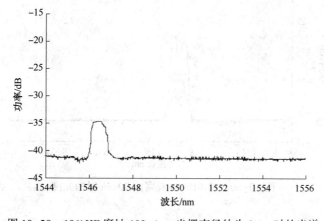

图 10-28 10%HF 腐蚀 102min，光栅直径约为 2μm 时的光谱

温度会对共振波长的测量带来误差，由于 FBG 对温度也是敏感的，也会引起共振波长的移动。为了解决了温度对折射率的交叉敏感性，FBG 对于温度的敏感性而言包层和纤芯是一样的，故此将 FBG 的一半腐蚀掉，另一半保留，然后加入待测液，温度监测用 FBG，折射率检测用 MNFBG。取一根 FBG，测量其直径为 124.36μm，按照前述方法做好腐蚀装置，然后按第一个 FBG 相同的步骤，先测量初始光谱（图 10-29），共振波长为 1548.826nm，再利用前述的三层液体分层法对 FBG 进行腐蚀，40% 和 20% 的 HF 溶液腐蚀时间分别为 30min、90min。由公式(10-35)计算出 10%HF 溶液腐蚀 79min，FBG 的直径约为 4.5μm。在此过程中，前 120min 内光谱无任何变化，当用 10%HF 溶液腐蚀到 70min 时，其光谱发生变化，由单峰逐渐变为双峰（见图 10-30），然后随着腐蚀的进行双峰逐渐分开，第一个峰的功率逐渐下降，共振波长向左移动；第二个峰功率逐渐稳定不变，共振波长为 1548.826nm 基本保持不变；腐蚀到 79min 时第一个共振波长 1547.514nm，腐蚀结束时光谱如图 10-31 所示。

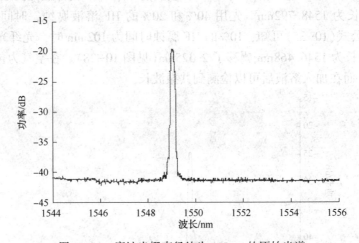

图 10-29 腐蚀光栅直径约为 4.5μm 的原始光谱

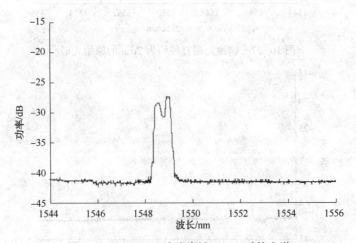

图 10-30 10%HF 溶液腐蚀 70min 时的光谱

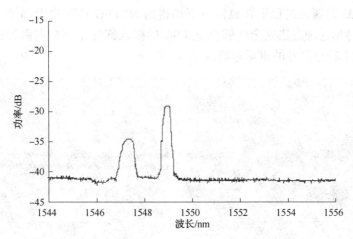

图 10-31　10%HF 溶液腐蚀 79min，FBG 的直径约为 4.5μm 的光谱

　　分析上述所有腐蚀过程中的光谱图，可知随着腐蚀时间的继续增加，光谱的能量会一直持续下降，这是因为光纤光栅的包层已经被腐蚀完了，纤芯直径再减小，对光的约束能力下降，在光纤光栅的纤芯周围存在大量的倏逝场。当芯径减小到 2μm 左右时，如果再继续腐蚀几分钟，解调仪就观测不到光谱了，其原因有可能是在写栅过程中写栅的深度不够深，或者是光纤光栅已经腐蚀完了。

　　MNFBG 制作虽然是通过氢氟酸腐(HF)腐蚀普通 FBG 而制得的，但在腐蚀工艺上，我们进行了大量研究，采用特不同的腐蚀装置来制作高质量的 MNFBG。

　　方案一，利用如图 10-32 所示的腐蚀和监测系统，对 MNFBG 反射光谱及布拉格波长进行监控。

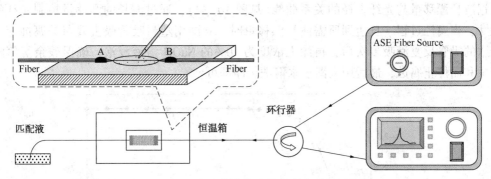

图 10-32　MNFBG 制作与液体折射率传感系统图

　　由于光纤被腐蚀到几微米时，其机械强度远低于未腐蚀光纤，为了避免制作过程和测量过程中光纤易断问题，我们先将普通裸 FBG 的两端尾纤拉直，采用两点固定方法，将光纤用石蜡固定在事先加工有圆形凹槽的有机玻璃板上，并让 FBG 的栅区正好处在圆形凹槽上方，两石蜡固结点(图 10-32 放大部分的 A 和 B 点)处在凹槽左右两边沿。当把 HF 溶液用塑料滴管低滴至凹槽后，尽管光纤与 HF 溶液的吸附作用会使腐蚀液沿光纤移动，但会因 A 和 B 处石蜡的存在而被阻挡，同时由于液体表面张力的影响，凹槽处的 HF 溶液表面基本呈椭球形，完全把 FBG 的整个栅区埋覆，只是在栅区两侧的 A 端和 B 端处形成较小的锥形

过渡区。图 10-33 是腐蚀过程中在显微镜下拍得的 MNFBG 栅区边沿（a 图）及栅区局部（b 图）的放大图，可见这种方法完全能够保证 FBG 的栅区部分是被均匀腐蚀的，在腐蚀区与未腐蚀区间形成了较小尺寸的锥形过渡区。

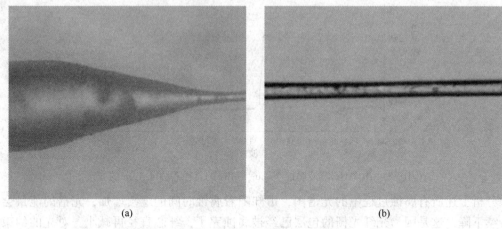

(a)   (b)

图 10-33　腐蚀后的 FBG 及其栅区边沿的锥形过渡区

整个腐蚀过程是在温度为 22℃ 的恒温箱中进行的，大体分三个阶段进行，第一阶段先用 40% 的 HF 溶液腐蚀，使 FBG 栅区光纤直径减小到大约 30 μm 以下，此时光谱分析仪显示的布拉格波长几乎没有变化。为了提高腐蚀区光纤的表面平整度和降低腐蚀的速率，以便能够根据波长移动判断并控制腐蚀程，在第二阶段换用 20% 的 HF 溶液继续腐蚀，当光纤直径减小到 20 μm 左右时，布拉格波长开始缓慢向长波方向移动，而且移动的速率逐渐加快，此时的光谱带宽虽有变化但不太明显，最后换用 20% 的 HF 溶液继续腐蚀。此过程可根据波长漂移量与光纤直径的关系曲线（见图 10-34），通过波长的漂移量控制光纤的腐蚀尺寸，当腐蚀过程一旦达到所需波长漂移量时，立即用塑料吸管吸去残留的腐蚀液，用装清水的吸管反复滴吸多次后，再涂上浓度为 10% 的 NaOH 溶液浸泡，确保残余氢氟酸被完全中和而停止腐蚀，最后用去离子水清洗干净即可。

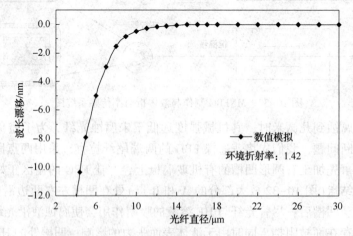

图 10-34　布拉格波长漂移与光纤直径关系曲线

优选腐蚀温度为22℃，采用40%、20%和10%的HF溶液对中心波长为1531.999nm、1548.750nm和1548.792nm的纤光栅分别进行了三阶段腐蚀，通过精确控制每个阶段的腐蚀时间，最终获得了直径分别约为8μm、4μm和2μm的MNFBG，图10-35是显微镜下腐蚀前后光纤光栅的对比图，MNFBG表面光滑能够满足需要。图10-36为腐蚀前后对应光谱图。由图可见，腐蚀后的MNFBG反射光谱中心波长均向短波方向移动，芯径尺寸越小波长漂移量越大；光栅光谱对应的3dB带宽（FWHM）明显展宽，反射功率也明显降低，但不影响解调仪对光谱中心波长的测量。MNFBG光谱的这一变化特性，源于MNFBG的纤芯直径尺寸减小所导致纤芯的有效折射率减小和传输进入环境物质中的倏逝波比例增大，在认为光栅周期不变的条件下，反射波长向短波方向移动，光谱反射率降低、带宽展宽。

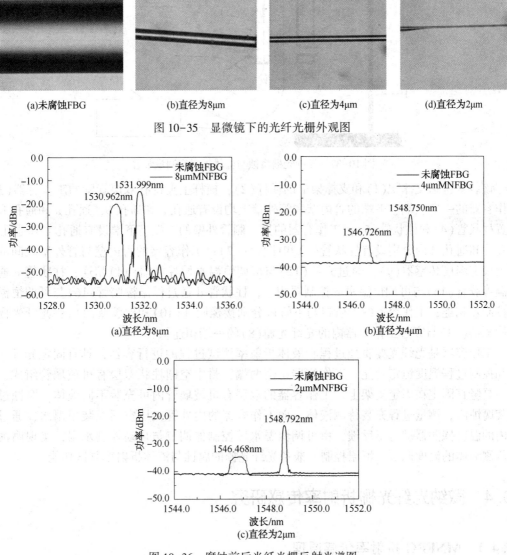

(a)未腐蚀FBG　　　(b)直径为8μm　　　(c)直径为4μm　　　(d)直径为2μm

图10-35　显微镜下的光纤光栅外观图

图10-36　腐蚀前后光纤光栅反射光谱图

方案二，克服腐蚀和测量过程中环境温度的影响，有效地控制腐蚀程度、解决光栅制作过程和液体折射率测量过程中光栅易断问题、实现温度的调节与自动控制，我们设计了一种光纤光栅腐蚀与液体折射率测量装置，如图 10-37 所示。将光纤光栅腐蚀装置和液体折射率测量装置集成为一体，具有结构简单、易操作、测量准确和信噪比高的特点。

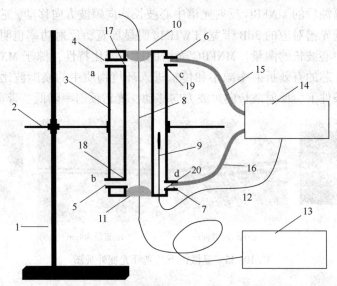

图 10-37 光纤光栅腐蚀与液体折射率测量装置

该装置包括支撑架(1)和支撑架上的横杆(2)；横杆上夹持有双层管壁的工作容器(3)；工作容器的一侧上端、下端的管内壁和管外壁上均设有通孔 a 和通孔 b，通孔 a 和通孔 b 内设置柱状管(4)和柱状管(5)；工作容器的另一侧管外壁的上端、下端设有通孔 c 和通孔 d，通孔 c 和通孔 d 内分别设有柱状管(6)和柱状管(7)；工作容器的管内壁与管外壁之间的空腔内设有温度传感器(9)，通过光纤(12)与可调恒温水域控制器(14)相连；柱状管 c 通过保温橡胶管(15)与可调恒温水域控制器相连，柱状管 d 通过保温橡胶管(16)与可调恒温水域控制器相连；工作容器的上管口与下管口分别接橡胶塞(10)和橡胶塞(11)；光纤光栅波长检测器(13)与穿过工作容器内的光纤光栅(8)的一端相连。

工作容器是光纤光栅腐蚀过程和液体折射率测试过程的进行容器，具有固定光纤、调温和控制过程温度恒定功能。工作容器是由两端密封中空圆柱状双层有机玻璃管组成，可用夹具竖直固定在固定支架上。工作容器的双层有机玻璃管内可充装不同液体，腐蚀过程充装腐蚀液，测量过程充装待测液体，而工作容器的内外管夹层空间充装恒温水，通过夹层内的温度探测器进行温反馈，由可调恒温水域控制器调节与自动控制水温，实现腐蚀液或待测液体的温度调节与恒温控制，兼备光纤光栅的腐蚀与液体折射率测试功能。

10.4 微纳光纤光栅折射率传感研究

10.4.1 MNFBG 折射率传感原理

基于耦合模式理论[84]，光纤光栅中周期性折射率调制引起满足相位匹配条件的波长处的模式耦合，光纤布拉格光栅的纤芯基模耦合的共振波长由式(10-36)决定：

$$\lambda_B = 2n_{eff}\Lambda \qquad (10-36)$$

式中，λ_B为光纤布拉格光栅的纤芯基模耦合的谐振波长，nm；n_{eff}为纤芯导模的有效折射率，RIU；Λ为光纤光栅周期，nm。n_{eff}与光纤的直径和外部折射率有关，外部折射率将引起n_{eff}发生变化，进一步引起布拉格中心波长的漂移。在FBG中，模式耦合发生在正向与反向传输的芯层导模中。由于芯层导模的绝大部分能量限制在光纤的芯层中，在光纤外的倏逝波场很小，所以共振波长几乎不受外界折射率影响。通过探测λ_B的偏移量就可以对外部折射率进行检测。当短周期光栅的直径减小到微纳尺度时，就具有倏逝场传输的光学特性和光纤光栅强波长选择的特性。根据倏逝场的特性可知，微纳尺度的短周期光纤光栅的中心波长易受外界环境折射率变化的影响。基于微纳光纤光栅的折射率测量原理图如图10-38所示。为了将FBG应用于折射率传感或提高灵敏度，就必须设法增加光纤外的倏逝波场，使倏逝波与外界介质的相互作用增强。

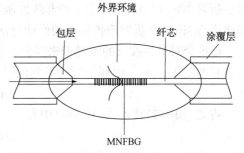

图10-38　基于MNFBG的折射率测量原理图

在恒温条件下，布拉格波长的变化仅由外界折射率变化导致的导模有效折射率变化决定，根据式(10-36)则有：

$$\Delta\lambda_B = 2\Delta n_{eff}\Lambda \qquad (10-37)$$

式中，$\Delta\lambda_B$为谐振波长的变化，nm；Δn_{eff}为导模有效折射率变化；Λ为光栅周期，nm。又根据光纤波导理论，单模微纳光纤基模的有效折射率可以表示为[85]：

$$n^2 = n_1^2 - \left(\frac{U}{V}\right)^2 (n_1^2 - n_2^2) \qquad (10-38)$$

式中，$U = a(k_0^2 n_1^2 - \beta^2)^{1/2}$，$V = ak_0(n_1^2 - n_2^2)^{1/2}$，$a$、$n_1$、$n_2$、$\beta$、$k_0$分别为纤芯半径、纤芯折射率、包层折射率、传播常数、相位因子。采用Gauss场近似，对于单模光纤基膜有$U = (1+\sqrt{2})V/[1+(4+V^4)]^{1/4}$。将该函数关系对应的$U$-$V$关系曲线与本征方程数值模拟精确解得的$U$-$V$曲线相比，其吻合程度较好，在$V<4$的范围内误差不超过3%。因此，当环境包层折射率$n_2$与芯层折射率$n_1$相近即满足弱导条件时，由于$V$较小，得到的横向传播常数$U$具有较好的近似度。当环境包层折射率与芯层折射率相差较大时，由于所研究光纤芯径较小，则会使归一化频率V减小到使U在允许误差的范围内，特别是对于r小于$1\mu m$且n_2大于1.2的情况。下文计算得到的V不超过3.5，所以上述近似方法完全可行。将U，V代入(10-38)中，则微纳光纤的导模有效折射率函数变为：

$$n_{eff}^2(n_2, a) = n_1^2 - \left[\frac{1+\sqrt{2}}{1+(4+V^4)^{\frac{1}{4}}}\right]^2 (n_1^2 - n_2^2) \qquad (10-39)$$

从此式可看出微纳光纤的导模有效折射率n_{eff}与光纤直径a，包层折射率n_2有关。对式(10-39)两端求导就可得n_{eff}随n_2变化的灵敏度S_n，其表达式如下：

$$S_n = \frac{n_2(1+\sqrt{2})^2}{n[1+(4+V^4)^{1/4}]^3} \times \left[1+(4+V^4)^{1/4} - \frac{V^4(n_1^2-n_2^2)}{(4+V^4)^{3/4}}\right] \qquad (10-40)$$

对于式(10-37)则有：

$$\Delta\lambda_B = 2\Lambda S_n \Delta n_2 = S\Delta n_2 \tag{10-41}$$

可见，布拉格波长随环境折射率变化的灵敏度 K 是光纤光栅周期 Λ 和有效折射率随环境折射率变化的灵敏度 k_n 的函数，而纤芯半径 r 和环境包层折射率 n_2 又是有效折射率灵敏度 k_n 的两个决定因素。因此，在折射率传感应用中，若忽略热膨胀效应引起的纤芯尺寸和光纤光栅周期变化，则效折射率 n 随环境折射率 n_2 的变化规律即为 MNFBG 的布拉格波长随环境折射率的变化规律。但这种变化规律并非是理想的线性关系，这主要源于 k_n 是环境包层折射率 n_2 以及纤芯半径 r 的非线性函数。因此，研究这一非线性规律将有助于利用该规律进行 MNFBG 折射率传感器的设计与优化，实现高灵敏度与大范围折射率的传感测量。

温度会对共振波长的测量带来误差，会引起共振波长的移动。设由温度变化引起的谐振波长的变化为 λ_T，由环境折射率变化引起的谐振波长变化为 λ_n，则有

$$\Delta\lambda_B = \lambda_n + \lambda_T \tag{10-42}$$

将式(10-42)代入式(10-36)中有：

$$\lambda_T + \lambda_n = 2\Delta n_{eff}\Lambda \tag{10-43}$$

由式(10-43)可见，如果测得 MNFBG 谐振波长随温度的变化，就可以对 MNFBG 谐振波长随环境折射率的变化进行修正，得到 MNFBG 谐振波长对环境折射率变化的灵敏度准确值。

10.4.2 MNFBG 折射率传感模拟研究

对于 SMF-28e 型应用于刻写光栅的光纤，其纤芯折射率取 $n_1 = 1.4682$，光纤光栅的周期取 $\Lambda = 529.04\text{nm}$，1550nm 光的波数 $k_0 = 2\pi/1550\text{nm}^{-1}$，光纤中传输光的有效折射率 n 可依据式(10-39)计算，有效折射率随环境折射率变化的灵敏度 k_n 可依据式(10-40)计算，它们均是纤芯半径 r 和环境折射率 n_2 的函数。为了研究布拉格波长随环境折射率变化的规律，下文分别研究讨论了不同纤芯半径和不同折射率环境下的有效折射率及其随环境折射率变化的灵敏度的变化规律。由于纤芯半径小于 0.1μm 时，纤芯内传输光功率已经降至约 3%以下[86]，光栅反射波长对应功率微乎其微，故文中对 0.1μm 以下的情况不做讨论。

图 10-39 是数值模拟的有效折射率随纤芯半径变化的关系曲线，曲线自上而下分别对应 1.45、1.40、1.35、1.30、1.20 和 1.00 的环境折射率。当纤芯半径较大时，有效折射率随着纤芯半径的减小而小幅减小，但当纤芯半径减小到约 2μm 以下时，有效折射率减小的幅度开始增大，只是不同环境折射率下的减小幅度不同，环境折射率越小有效折射率减小幅度越大，特别是在 $n_2 = 1.0$ 时，有效折射率随纤芯半径的变化最为明显。这主要源于传输光以倏逝波的形式进入环境物质中进而影响导模有效折射率，纤芯半径越小环境包层中倏逝波的比例越大[87]，倏逝波功率随半径的变化有着与图 10-39 所示相同的变化规律，这就决定了有效折射率的变化规律。

对于这一分析，文献[86]曾数值模拟了空气环境中纤芯传输功率百分数随半径的变化关系，当纤芯半径由 2μm 减小到 1μm 时，纤芯内的功率由 95%减少到 75%，减少幅度仅 20%，但当纤芯半径由 1μm 减小到 0.5μm 时，功率很快减少到 10%以下，减少幅度却达到 65%以上，纤芯光功率随半径减小而递减，与有效折射率随环境折射率变化的规律是相同

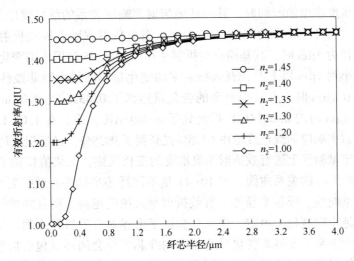

图 10-39　不同折射率环境下的有效折射率与纤芯半径关系

的。当纤芯半径减少到 0.3μm 以下时，绝大部分传输光以倏逝波的形式进入环境包层中，芯径的变化对传输功率的影响已很小了，倏逝波功率的变化也趋于平缓，验证了上述有效折射率随纤芯半径的变化规律。对于固定光栅周期的光纤布拉格光栅而言，根据式(10-39)所示关系，有效折射率随纤芯半径的变化规律即为光纤光栅布拉格波长随纤芯半径的变化规律，此规律可为制备不同芯径尺寸的 MNFBG 提供芯径尺寸判断依据。

不同纤芯半径的有效折射率随环境折射率变化曲线的模拟结果如图 10-40 所示，其中曲线自上而下对应的纤芯半径依次减小。当纤芯半径一定时，随着环境折射率的减小，有效折射率及其对应曲线的斜率均呈递减规律，说明环境折射率越大有效折射率的灵敏度越高。对于不同纤芯半径的 MNFBG，由于导模有效折射率的变化随纤芯半径的减小呈递增规律，致使同一环境折射率对应曲线的斜率即有效折射率的灵敏度在逐渐增大，纤芯半径越小有效折射率的灵敏度越大。同时由图 10-40 可知，当纤芯半径减小而有效折射率灵敏度增加的同时，有效折射率随环境折射率变化的关系曲线的线性度不断增加直至趋于恒定，

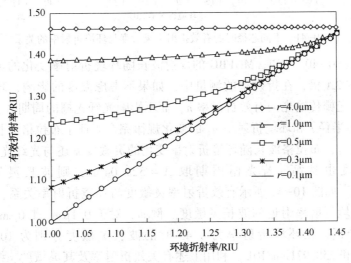

图 10-40　不同芯径的有效折射率与环境折射率关系

有效折射率的灵敏度在增加的同时，其对环境折射率响应关系的线性度以及线性响应区间也在增大。例如，当纤芯半径约在 2μm 以上时，有效折射率随着环境折射率的变化缓慢，特别是当纤芯半径为 4μm 时，其基模有效折射率在 1.0~1.45 范围内的变化量仅为 0.0012。随着纤芯半径减小到 1μm 以下时，有效折射率的变化量不断增大且非线性特性得到改善，当纤芯半径趋近 0.1μm 时，有效折射率的变化量达到了 0.435，是 4.0μm 时的 362.5 倍，平均灵敏度也由 4μm 时的 0.003/RIU 提高到了 0.989/RIU，而且在 1.0~1.45 的折射率范围内，对环境折射率响应的线性度也由 61.5%提高到了 99.9%，已经接近理论上限。

为了进一步定量验证上述有效折射率灵敏度的变化规律，又数值模拟了 k_n 随纤芯半径 r 和环境包层折射率 n_2 的关系曲线。图 10-41 是不同纤芯半径的有效折射率灵敏度随环境折射率变化的关系曲线。纤芯半径越小有效折射率灵敏度越高，而且在所讨论环境折射率范围内的变化量越小即越趋于恒定，进一步验证了上述对有效折射率随环境折射率变化规律的分析结论。由于灵敏度显著变化时所对应的纤芯半径会随环境包层折射率的减小而减小，因此要实现折射率传感检测的大范围和高灵敏度，在考虑微纳光纤光栅机械韧性的前提下，应选择芯径较小并且纤芯折射率与环境折射率相近的微纳光纤光栅，这样才会使布拉格波长在环境折射率传感检测过程中具有大范围、高灵敏度和高线性度的特性。

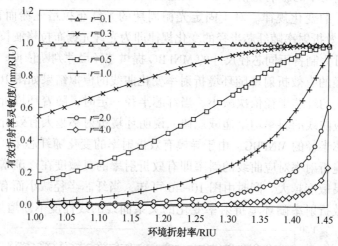

图 10-41　不同芯径时的有效折射率灵敏度与环境折射率的关系

另外，由式(10-40)可知，MNFBG 的反射波长随环境折射率变化的灵敏度是有效折射率灵敏度 k_n 的 2Λ 倍，在折射率的测量中，如果不考虑温度的影响，环境折射率变化影响的只是光纤光栅传输光的有效折射率 n，而不影响光纤光栅的周期 Λ，则有效折射率灵敏度 k_n 随纤芯半径 r 和环境折射率 n_2 的变化规律完全表征了布拉格波长随环境折射率变化的规律。同时，布拉格波长随环境折射率变化的灵敏度 k 还与光纤光栅的周期有关，周期越大灵敏度也越高。若光栅周期取 $\Lambda = 529.04$nm，则波长灵敏度极限值为 1058.04nm/RIU。如图 10-41 所示有效折射率灵敏度与环境折射率关系，可计算得出不同纤芯半径和环境折射率附近的波长灵敏度。例如，对于 0.1μm、1.0μm 和 4.0μm 的微纳光纤布拉格光栅，在环境折射率为 1.45 时的波长灵敏度分别为 1058.033nm/RIU、999.167nm/RIU 和 258.971nm/RIU。利用上述有关效折射率及其灵敏度、线性度和线性响应区间范围问题的研究结论，可为折射率传感器的设计、灵敏度的提高以提供优化依据，更好满足测量需求。

由上述研究结果可见，要在 1.0~1.45 环境折射率范围内取得较高的折射率传感线性度，纤芯半径就得达到 0.1μm 左右，这样 MNFBG 折射率传感器机械韧性会很差，而在小范围折射率区间内，波长对环境折射率的响应具有高线性度。图 10-42 曲线是纤芯半径分别为 1.0μm 和 0.5μm 时，布拉格波长在不同环境折射率范围内的拟合曲线，在 1.20~1.30 的折射率范围内，其线性度分别为 99.2% 和 99.58%；在 1.33~1.43 的折射率范围内，其线性度分别为 96.15% 和 99.7%，然而在 1.00~1.45 的折射率范围内的线性度仅为 77.7% 和 93.4%。因此，可以利用这种局部范围内的高线性关系特性进行折射率传感检测，只不过对应的波长灵敏度有所不同。纤芯半径为 1.0μm 时，在 1.20~1.30 和 1.33~1.43 折射率范围内的波长灵敏度分别为 88.53nm/RIU 和 299.14nm/RIU，灵敏度相差 3.4 倍；纤芯半径为 0.5μm 时，在 1.20~1.30 和 1.33~1.43 折射率范围内的波长灵敏度达到了 477.33nm/RIU 和 856.30nm/RIU，灵敏度相差 1.8 倍，纤芯半径缩小一半，对应折射率区间内的灵敏度成倍提高，这进一步说明，纤芯半径越小波长灵敏度随环境折射率的变化越小，环境折射率越大波长灵敏度越大并且随折射率的增加而趋于恒定值，即布拉格波长灵敏度是有理论上限的。同时也说明，在局部范围内利用线性关系进行折射率的测量是可行的。实际应用中可根据测量要求，合理选择灵敏度，最大限度增加 MNFBG 的芯径，以增加传感器应用的机械韧性。

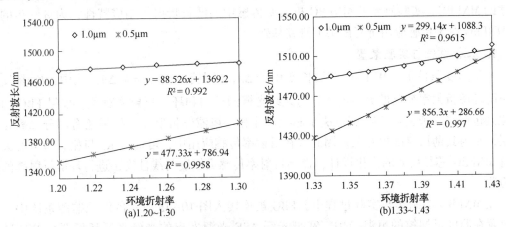

图 10-42　两种不同环境折射率范围内的布拉格波长变化拟合曲线

在纤芯导模有效折射率和布拉格波长随纤芯半径和环境折射率变化的关系模型基础上，数值模拟并详细讨论了有效折射率随纤芯半径和环境折射率的变化规律。研究结果表明：受到环境包层物质与倏逝波作用影响，不同纤芯半径 MNFBG 反射波长的灵敏度、线性度以及线性响应范围均随环境折射率的变化呈现一定的变化规律，纤芯半径越小环境折射率越大，布拉格波长随环境折射率变化的灵敏度越高，而且灵敏度随纤芯半径变化呈非线性关系。考虑到 MNFBG 应用的机械强度以及实际折射率测量范围特点，提出按小折射率区间内的高线性关系进行折射率传感测量，并拟合了纤芯半径为 0.5μm 的 MNFBG 的反射波长随环境折射率的变化关系，在 1.20~1.30 和 1.33~1.43 环境折射率范围内，分别获得了

477.33nm/RIU 和 856.30nm/RIU 的波长灵敏度，而且对应范围内的线性度也分别达到了99.58%和99.7%，论证了折射率区间划分测量方案的可行性，研究结果可为 MNFBG 折射率传感器的选择、设计、优化以及合理应用提供理论依据。

10.4.3 MNFBG 液体折射率传感实验研究

光纤布拉格光栅（FBG）是一种光纤芯区折射率受周期性调制的光纤波导。根据耦合模理论，其导模中心波长 λ_B 与纤芯有效折射率 n_{eff}、光栅周期 Λ 满足关系 $\lambda_B = 2n_{eff}\Lambda$。光栅周期和有效折射率的改变均可引起中心波长的改变，光纤光栅温度、应变以及压力等传感，正是基于此原理而实现的。然而，由于普通的光纤布拉格光栅导模光场被约束在纤芯内部，谐振波长不会受到外界环境折射率变化的影响，如果减少包层甚至部分纤芯的尺寸，其一部分传输光就会以倏逝场的形式在纤芯外的介质中传输。当环境折射率发生变化时，就会影响纤芯传输模的有效折射率，进而使光纤光栅的布拉格波长发生改变，根据波长与环境折射率变化的关系即可实现对环境折射率的测量，具有灵敏度高和测量准确的特点，也可实现在线传感检测。

目前，在制作方法上已报道微纳光纤紫外光刻写、化学腐蚀以及飞秒激光器加工等几种制作 MNFBG 的方法[88-95]，但由于这些成栅技术还有待完善，加上微米或纳米直径的MNFBG 韧性非常差，在实验过程中特别容易脆断，使 MNFBG 折射率传感实验研究受到了一定的限制。我们通过对化学腐蚀方法与装置的不断改进，用普通商用的 FBG 制作了微米尺寸的 MNFBG，实验研究了 MNFBG 折射率传感中的波长折射率响应特性，为进一步的有关 MNFBG 射率传感应用研究提供了研究基础。

1. 基本原理与实验装置

一定温度条件下，MNFBG 的波长变化量 $\Delta\lambda_B$ 可表示为 $\Delta\lambda_B = K_n\Delta n$，式中，$K_n$ 是反射波长随环境折射率变化的灵敏度，它与光纤光栅的结构和环境折射率有关。如果 FBG 的二氧化硅包层完全被去除，K_n 就取决于芯径尺寸和环境液体折射率，如果还有部分二氧化硅包层，则与其薄层厚度也有关。因此，在折射率传感应用中，可通过 K_n 与相关参量的关系进行 MNFBG 芯径尺寸的优化设计，提高折射率传感灵敏度与线性度，进行环境折射率的传感检测。

在 MNFBG 的制作与实验过程中，FBG 被连接入图 10-43 所示的波长监测系统中，并且放置在温度可调控的恒温箱中。宽带光纤 ASE 光源发出的光经光纤环形器（OFC）进入FBG，满足布拉格反射波长条件的光被光栅反射后再次经光纤环形器而进入光谱分析仪（OSA），从而实现对反射光谱波长的监控。经光栅透射的光通过尾纤被导入折射率匹配盒（IMC），光纤端面反射减小，则会提高反射信号的信噪比。

为了避免制作和测量过程中光纤易断问题，我们先将光纤平直放在加工有圆形凹槽的有机玻璃板上，并让 FBG 的栅区正好处在圆形凹槽上方，然后在凹槽左右两边用石蜡固定光纤（如图 10-43 放大部分的 A 点和 B 点）。当把 HF 溶液用塑料滴管低滴至凹槽后，尽管光纤与 HF 溶液的吸附作用会使腐蚀液沿光纤移动，但会因 A 处和 B 处石蜡的存在而被阻挡，起到控制腐蚀长度的作用。凹槽处的 HF 溶液会在其表面张力表面作用下呈椭球形，完全把 FBG 的整个栅区完全埋覆，从而提高腐蚀的均匀性。

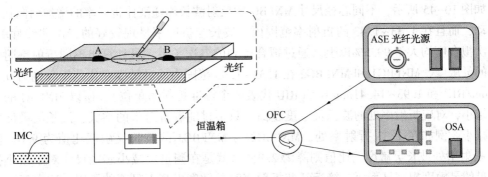

图 10-43　MNFBG 制作与液体折射率传感实验系统

2. 实验研究

实验所用的 MNFBG 是用普通商用 FBG 制作的。在研究腐蚀尺寸与腐蚀液浓度、温度和腐蚀时间关系基础上，最终选用 15% 的 HF 溶液在 20℃ 条件下，对中心波长为 1554.13nm、3dB 带宽为 0.201nm 的 FBG 先后进行了两次腐蚀，第一次腐蚀完毕，测得显微镜下直径为 11.8μm。在完成折射率测试实验后，对其进行了第二次腐蚀，获得了 8.7μm 的直径尺寸，再次进行实验研究。图 10-44 是获得的直径尺寸分别为 11.8μm 和 8.7μm 的 MNFBG 在蒸馏水中的光谱图。由图 10-44 可见，腐蚀后的 FBG 反射光谱中心波长均已向短波方向移动，芯径尺寸越小波长漂移量越大；光栅光谱对应的 3dB 带宽（FWHM）明显展宽，反射功率相应降低，但不影响光谱中心波长的测量。MNFBG 光谱的这一变化特性，源于 MNFBG 的纤芯直径尺寸减小导致的纤芯有效折射率减小和传输进入环境物质中的倏逝波比例增大[94]，因此在光栅周期不变的条件下，反射波长向短波方向移动，光谱反射率降低、带宽展宽。

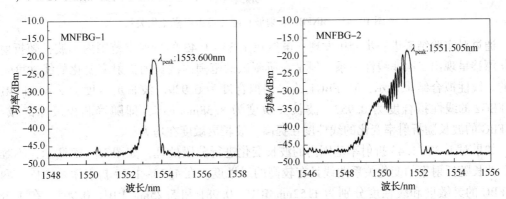

图 10-44　MNFBG 在蒸馏水中的光谱图（MNFBG-1：11.8μm；MNFBG-1：8.7μm）

实验中，用质量百分比浓度分别为 5%、10%、15%、20%、25%、30%、35%、40%、45%、50% 和 55% 的蔗糖溶液作为待测液体，测得对应折射率分别为 1.3329、1.3403、1.3478、1.3572、1.3648、1.3732、1.3811、1.3893、1.3999、1.4108、1.4218 和 1.4312，溶液的折射率与浓度基本呈线性关系。测量过程中，用吸管将待测液体滴到有机玻璃板的凹槽内，液体的表面张力会使待测液体表面呈椭球形而完全覆盖整个栅区，将恒温箱的温度设定在 22℃，波动范围为 ±0.5℃，观察光谱分析仪所示波长的变化情况，待波长变化稳定后，记录对应液体环境下 MNFBG 的布拉格波长。

如图 10-45 所示，不同芯径尺寸 MNFBG 的反射波长均随液体折射率的增加而向长波方向移动，而且在 1.33~1.43 的折射率范围内，波长与折射率呈现较好的二次非线性关系，其二次拟合度均大于 99.5% 以上。通过拟合得到的二次关系，可计算出不同折射率附近的波长的灵敏度，MNFBG1 和 MNFBG2 在 1.33~1.43 范围内的灵敏度变化范围分别为 0.20~4.98nm/RIU 和 1.93~14.41nm/RIU（RIU 代表一个标准折射率单位），所以 MNFBG 的芯径尺寸越小，对应折射率处的波长灵敏度越高，只不过随着折射率的增大，波长灵敏度的增幅度减小。例如在 1.33 折射率处，MNFBG2 与 MNFBG1 的波长灵敏度比值为 9.6，但在 1.43 折射率处波长灵敏度的比值则降为 2.9，这就是在测量中减小芯径尺寸对于较小折射率测量的灵敏度提高显著而在接近纤芯折射率时灵敏度提高不显著的原因，这主要源于波长灵敏度与环境折射率、纤芯直径和包层厚度的非线性关系[94]。

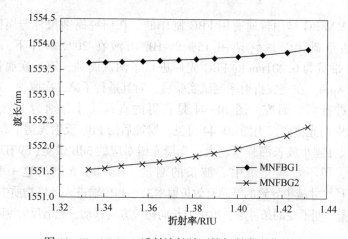

图 10-45   MNFBG 反射波长随环境折射率变化关系

通过对实验结果进一步分析发现，虽然在 1.33~1.43 的折射率范围内，波长随折射率变化漂移呈现出二次非线性关系，但是在所测试的范围内波长随折射率变化的线性度是增加的。线性拟合结果显示，MNFBG1 的线性拟合度为 0.939、波长灵敏度为 2.67nm/RIU，MNFBG2 的线性拟合度为 0.957、波长灵敏度为 8.38nm/RIU，即随着芯径尺寸的减小，MNFBG 的波长随折射率变化的线性度在提高，波长灵敏度在增大。

如果对 1.33~1.43 折射率范围内的波长变化进行分段处理，如图 10-46 所示，不难发现，波长随折射率的变化关系曲线具有较高的线性度。在 1.33~1.38 折射率范围内，两个 MNFBG 的灵敏度和线性度分别为 1.52nm/RIU、0.981 和 5.25nm/RIU、0.995；在 1.38~1.43 折射率范围内的灵敏度和线性度则分别为 3.91nm/RIU、0.972 和 11.63nm/RIU、0.982，均呈现出芯径尺寸越小波长随折射率变化的线性度和灵敏度越高的变化规律，同时也意味着随着芯径尺寸的减小，MNFBG 波长对折射率变化的线性响应范围在增加。

因此，随着 MNFBG 芯径尺寸的减小，反射波长随折射率变化的灵敏度、线性度和线性变化范围均增加，在较小的环境折射率变化范围内，反射波长随折射率变化具有良好的线性关系，利用该线性关系进行折射率的测量是完全可行的，证明了文献[95]提出的折射率区间划分测量方案的可行性。实际应用中可根据测量要求，合理选择灵敏度，最大限度增加 MNFBG 的芯径，以增加传感器应用的机械韧性。

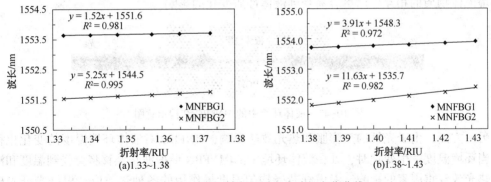

图 10-46　不同折射率区间内的波长变化曲线

3. 结论

对处于液体环境中的 MNFBG 而言，当环境液体折射率发生改变时，纤芯内的传输光将以倏逝场形式与环境发生作用，影响导模有效折射率变化，进而影响 MNFBG 反射波长随折射率发生变化。通过化学腐蚀方法，用普通商用的 FBG 制作直径不同的 MNFBG 并进行液体折射率传感特性的实验研究，得出随着环境液体折射率的增加，不同尺寸的 MNFBG 反射波长均向长波方向移动，较大折射率范围内具有良好的二次非线性关系，较小折射率范围内保持了良好的线性关系，而且这种波长移动特性会随着 MNFBG 芯径尺寸的减小进一步增强。因此可通过改进 MNFBG 制作方法，减小 MNFBG 的芯径尺寸，进一步提高折射率测量的灵敏度、线性度以及线性测量范围。研究结果可为 MNFBG 折射率传感器的选择、设计、优化以及合理应用提供依据。

10.4.4　液体包覆型 MNFBG 的温敏性研究

伴随光传感技术的快速发展，利用新的传输机理，实现结构微型化、多功能化以及网络化成为了新一代光纤传感技术的发展趋势。而微纳光纤布拉格光栅，由于具备倏逝场传播特性易受环境折射率变化影响的特点，其反射光谱对应的布拉格波长会随环境折射率的变化而变化，因而被应用于液体物质折射率传感检测和基于热光效应的热光开关中[96-100]。不过在已报道的有关 MNFBG 环境折射率传感研究中，虽考虑了布拉格波长漂移对温度和折射率变化的敏感和区分问题，但并没有考虑环境温度对特定溶液包层折射率的影响即环境包层液体的热光效应问题。本文以纤芯浸没在液体环境中的 MNFBG 为研究对象，在虑环境包层液体热光效应的情况下，通过理论模拟研究，探究了由环境液体充当包层的 MNFBG 谐振（反射）波长随温度的变化规律与特性，可为光纤光栅的温度补偿、热光开关以及液体折射率传感应用研究供参考。

1. 理论模型

将普通的光纤布拉格光栅，通过化学腐蚀方法去掉 SiO_2 包层或部分纤芯以后（如图 10-47 所示），其纤芯尺寸可以达到微米或纳米量级，即成为所谓的 MNFBG。若将 MNFBG 浸入液体环境后，由于原先的包层被新的液体物质替代，而液体的性质参量特别是折射率又容易受到环境温度变化的影响产生热光效应，致使纤芯导模的有效折射率相应发生变化。当液体环境折射率越大、纤芯直径越小时，液体包层中的倏逝场的比例会越大，大比例倏逝场与环境液体物质的相互作用更容易受到液体性质变化的影响。

图 10-47　液体环境中的 MNFBG 结构示意图

　　另一方面，由于光纤的热膨胀和热光效应影响，MNFBG 对液体环境温度的变化也很敏感，当环境温度发生变化时，处在液体环境中的 MNFBG 谐振波长漂移将会受到温度和液体包层热光效双重因素的影响。考虑纤芯受均匀温度场作用的各种热效应，根据光纤光栅布拉格方程 $\lambda_B = 2n\Lambda$，则有：

$$\Delta\lambda_B = 2n \cdot \Delta\Lambda + 2\Lambda \cdot \Delta n \tag{10-44}$$

　　式中，Δn 是纤芯导模有效折射率的变化量，它的产生主要是基于温度变化导致光纤的热光效应、热膨胀内应力产生的弹光效应以及光纤纤芯直径变化和包层折射率随温度变化产生的波导效应；$\Delta\Lambda$ 则是由于温度变化引起的布拉格光栅周期的变化产生的。所以式（10-44）可以改写成式（10-45）形式：

$$\frac{\Delta\lambda_B}{\lambda_B} = \frac{\Delta\Lambda_T}{\Lambda} + \frac{\Delta n_T}{n} + \frac{\Delta n_\varepsilon}{n} + \frac{\Delta n_r}{n} + \frac{\Delta n_n}{n} \tag{10-45}$$

　　式中，左边第一项代表热膨胀效应引起的光栅周期变化对波长的影响，$\dfrac{\Delta\Lambda_T}{\Lambda} = \dfrac{1}{\Lambda} \cdot \dfrac{\partial\Lambda}{\partial T}$

$\Delta T = a\Delta T$，$\dfrac{1}{\Lambda} \cdot \dfrac{\mathrm{d}\Lambda}{\mathrm{d}T}$ 代表光纤光栅的热膨胀系数用 α 表示，$1/℃$；式（10-45）左边第二项代

表纤芯的热光效应，$\dfrac{\Delta n_T}{n} = \dfrac{1}{n} \cdot \dfrac{\partial n}{\partial T}\Delta T = \xi\Delta T$，式中，$\dfrac{1}{n} \cdot \dfrac{\partial n}{\partial T}$ 为光纤光栅有效折射率的热光系

数，可用纤芯材料的热光系数 ξ 代替，$1/℃$；式（10-45）左边第三项代表光纤热膨胀内应力产生的弹光效应对波长的影响，对于折射率分布均匀且各向同性的光纤，认为光纤光栅折射率的变化是各向同性的，与介质极化状态没有关系，仅依赖于内应力产生的应变 ε，在忽略剪切应变的情况下，其轴向与横向的热膨胀内应力产生的应变可以表示为 $\varepsilon_i = a\Delta T$（$i$ 代表主轴方向）[101]，根据弹光理论：

$$\frac{\Delta n_\varepsilon}{n} = \frac{1}{n}\sum_i \frac{\partial n}{\partial\varepsilon_i}\Delta\varepsilon_i = -\frac{n^2}{2}\sum_i P_{ij}\varepsilon_i = -\frac{n^2}{2}(p_{11}\varepsilon_2 + p_{12}\varepsilon_2 + p_{12}\varepsilon_3) = -\frac{n^2}{2}(p_{11} + 2p_{12})a\Delta T$$

$$\tag{10-46}$$

　　式中，P_{ij} 代表光纤材料的弹光系数，式（10-46）中的负号说明热膨胀导致的弹光效应会降低光纤光栅的热灵敏度。

　　对于式（10-45）左边第四、第五项，则分别代表了纤芯半径热膨胀变化和液体包层折射率变化所产生的波导效应对波长变化的影响。当环境液体的折射率与纤芯折射率相差不太大，即满足弱导条件时[102,103]，MNFBG 传输基模的有效折射率函数关系可表示为：

$$n^2(n_2, r) = n_1^2 - \left(\frac{(1+\sqrt{2})}{1+(4+V^4)^{\frac{1}{4}}}\right)^2 (n_1^2 - n_2^2) \tag{10-47}$$

式中，$V=k_0 r\sqrt{(n_1^2-n_2^2)}$ 为光纤归一化频率，r、n_1、n_2 和 k_0 分别为纤芯半径、纤芯折射率、包层液体折射率和真空中的波数。将式（10-47）分别关于纤芯半径 r、包层折射率 n_2 求导，则有效折射率随纤芯半径和环境液体折射率变化的灵敏度分别为 k_r 和 k_n，则有：

$$k_r=\frac{\partial n}{\partial r}=\frac{(1+\sqrt2)^2 V^3 (4+V^4)^{-3/4}(n_1^2-n_2^2)}{[1+(4+V^4)^{1/4}]^3\left\{n_1^2-\left[\frac{1+\sqrt2}{1+(4+V^4)^{1/4}}\right]^2(n_1^2-n_2^2)\right\}^{1/2}}\tag{10-48}$$

$$k_n=\frac{\partial n}{\partial n_2}=\frac{n_2(1+\sqrt2)^2}{n[1+(4+V^4)^{1/4}]^3}\left[1+(4+V^4)^{1/4}-\frac{V^4(n_1^2-n_2^2)}{(4+V^4)^{3/4}}\right]\tag{10-49}$$

因此，在温度变化范围不太大的情况下，光纤的热膨胀系数和液体的热光系数可视恒定值，所以式（10-45）的第四、第五项可分别写成：

$$\frac{\Delta n_r}{n}=\frac{1}{n}\cdot\frac{\partial n}{\partial r}\Delta r=\frac{1}{n}k_r a\Delta T\tag{10-50}$$

$$\frac{\Delta n_n}{n}=\frac{1}{n}\cdot\frac{\partial n}{\partial n_2}\Delta n_2=\frac{1}{n}k_n\zeta_n\Delta T\tag{10-51}$$

式中，ζ_n 为液体折射率随温度变化的热光系数，由于温度升高液体折射率减小，液体热光系数 ζ_n 为负值。因此当温度升高时，环境包层液体折射率的减小会致使纤芯有效折射率减小，降低 MNFBG 的温度灵敏度。再将上述各式代入式（10-45），温度变化时 MNFBG 布拉格波长的变化可以表示为：

$$\Delta\lambda_B=2n\Lambda\left[\xi+\alpha-\frac{n^2}{2}(p_{11}+2p_{12})a+\frac{1}{n}k_r\alpha+\frac{1}{n}k_n\zeta_n\right]\Delta T=K_T\Delta T\tag{10-52}$$

$$K_T=2n\Lambda\left[\xi+a-\frac{n^2}{2}(p_{11}+2p_{12})a\right]+2\Lambda(k_r\alpha+k_n\zeta_n)\tag{10-53}$$

式中，K_T 为液体包层 MNFBG 的温度灵敏度函数关系式。

由关系式可见：在温度变化过程中，光纤光栅的热光效应、热膨胀效应以及热膨胀导致芯径变化而产生波导效应，会增加 MNFBG 的温度响应灵敏度，而光纤光栅热膨胀产生的弹光效应和环境包层液体的热光效应则会降低 MNFBG 的温度响应灵敏度。由于有效折射率 n 及其随纤芯半径 r 与包层折射率 n_2 变化的系数 k_r 与 k_n，与光纤光栅的芯径尺寸 r 和包层液体折射率 n_2 有关，而 n_2 又决定于定液体温下的折射率 n_{20} 与热光系数 ζ_n，致使光纤光栅反射波长随温度变化呈现出非线性复杂函数关系。由式（10-53）可知，无论是增加还是减小温度灵敏度的影响，并未表现出一种直观而简单的规律，很难直观上去判定某种因素对温度灵敏度影响的大小程度及其变化规律。因此，探究环境温度变化过程中各种效应或因素对 MNFBG 温度灵敏度的影响程度和影响规律，将有助于开展有关 MNFBG 折射率和温度传感测量及其交叉敏感问题的研究，也为此种新型光波导器件的功能化应用提供理论研究基础。

2. 数值模拟与分析

由理论关系可知，对于浸没在特定液体中的 MNFBG，其反射波长随温度变化的灵敏度 K_T 将由环境温度 T、纤芯半径 r 和具有折射率为 n_2、热光系数为 ζ_n 的包层液体决定。所以，分别讨论这几个因素对 MNFBG 波长变化规律及其灵敏度的影响情况。对于单模光纤，纤芯折射率取 $n_1 = 1.4682$，光纤的热膨胀系数和热光系数分别为 $\alpha \approx 5.5 \times 10^{-7}/℃$ 和 $\xi \approx 8.3 \times 10^{-6}/℃$，弹光系数 $P_{11} = 0.113$、$P_{12} = 0.252$[101]，20℃时光纤光栅的周期取 $\Lambda_0 = 535.5nm$。为了保证有效折射率计算所采用近似条件的有效性，根据液体热光系数，通过 $n_2 = n_{20} + \zeta_n (T-T_0)$（$n_{20}$ 是温度为 T_0 时的液体折射率）关系，选择在所研究温度范围内折射率在 $1.34 \sim 1.46$ 范围的液体环境充当包层。仿真中的材料常数和尺寸表见表 10-1。

表 10-1　仿真中的材料常数和尺寸

纤芯折射率	热膨胀系数	热光系数	应变光学系数		MNFBG 的光栅周期（20℃）	液体包层折射率
n_1	α	ξ	P_{11}	P_{12}	Λ_0	n_2
1.4682	5.5×10⁻⁷/℃	8.3×10⁻⁶/℃	0.113	0.252	535.5nm	1.34～1.46

如图 10-48 所示曲线，是数值模拟的同种包层液体不同纤芯半径条件下的 MNFBG 波长随温度变化关系，其中液体在 20℃的折射率取 1.450，其热光系数取 -4.0×10^{-4}。由于半径小于 $0.1\mu m$ 时，纤芯内传输光功率已经降至大约 3% 以下，光栅反射波长对应功率影响已微乎其微，故文中对纤芯半径在 $0.1\mu m$ 以下情况不作讨论。图 10-48 中曲线自上而下分别对应纤芯半径为 $4.0\mu m$、$3.0\mu m$、$2.0\mu m$、$1.0\mu m$、$0.5\mu m$ 和 $0.1\mu m$ 时的波长温度关系。对于不同纤芯半径的 MNFBG，其反射波长均随着温度的升高而减小，其减小的幅度随纤芯半径和环境温度呈现一定规律。当纤芯半径分别为 $4.0\mu m$、$2.0\mu m$、$1.0\mu m$、$0.5\mu m$ 和 $0.1\mu m$ 时，反射波长在 $10 \sim 70℃$ 范围内分别变化了 0.991nm、5.817nm、19.253nm、25.076nm 和 25.413nm，平均波长灵敏度由 $4.0\mu m$ 时的 0.0165nm/℃ 变到了 $0.1\mu m$ 时的 0.4236nm/℃。可见，纤芯半径越小，相同温度变化所引起的波长减小幅度越大，即波长随温度变化的灵敏度越高，通过图 10-49 所示的不同纤芯半径时的温度灵敏度 K_T 与温度 T 变化的关系曲线即可说明这一规律。同时由图 10-49 可知，不同芯径时的波长灵敏度随着温度的升高而减小，减小的幅度随着芯径的减小而减小，纤芯半径越小温度越低则波长灵敏度变化越小并趋于恒定，特别是当纤芯半径减小到 $0.5\mu m$ 以下时，不同芯径的波长灵敏度

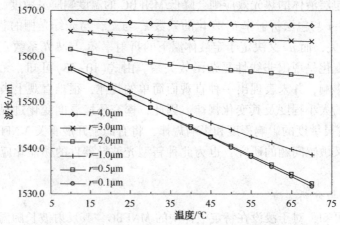

图 10-48　液体环境 MNFBG 的波长随温度变化曲线图

趋于相同，波长温度关系曲线明显趋于重合，例如当纤芯半径达到 0.1μm 时，MNFBG 的波长灵敏度在 10~70℃ 范围内的减小量为 0.0002nm/℃，仅仅是 4.0μm 芯径减小量的 1/370。所以，小芯径 MNFBG 的波长在低温段对温度的响应关系更加趋于线性。

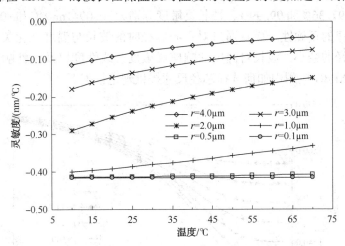

图 10-49　不同芯径尺寸的 MNFBG 温度灵敏度变化模拟曲线

　　上述规律的产生，主要是因为液体包层折射率的减小导致导模有效折射率的减小，特别是当环境液体的折射率接近纤芯折射率时，有效折射率对环境折射率变化的灵敏度是非常高的，并且灵敏度随着纤芯半径的减小而增大，其理论值极限值可以达到光纤光栅周期的 2 倍。当环境温度升高，虽然纤芯产生的热膨胀效应和热光效应会使光栅周期和有效折射率增加，使得 MNFBG 的反射波长红移，但这不足以抵消包层液体热光效应所带来的纤芯导模有效折射率减小致使反射波长的蓝移，再加上热膨胀产生的弹光效应(虽然对波长紫移影响较小)的综合作用，使得 MNFBG 反射波长随温度升高而减小。而且当纤芯半径减小时，进入到环境物质中的倏逝波的比例会增大，进而影响导模有效折射率的减小，致使有效折射率的变化幅度先增加后减小，当纤芯半径减少到约 0.5μm 以下时，绝大部分传输光以倏逝波的形式进入环境包层中，芯径的变化对传输功率的影响已经非常小了，倏逝波功率趋于恒定，所以有效折射率的变化非常小，即使环境温度升高导致液体包层的折射率减小，由于此时有效折射率随环境折射率变化的灵敏度已经比较低了，所以看到图 10-49 中的波长灵敏度变化曲线和图 10-48 中的波长变化曲线，在 0.5μm 芯径以下均逐渐趋于重合，可见 MNFBG 波长对温度的响应特性本质上是由与环境物质发生作用的倏逝波强弱所决定的。

　　通过分析波长随温度变化特性，可见纤芯半径是影响变化特性的重要因素。如果要将这种 MNFBG 应用于折射率传感或基于热光效应光开关的研究时，就必须考虑如何合理选择纤芯半径以达到应用目的，因此有必要探讨芯径尺寸对于 MNFBG 波长及其波长灵敏度的影响规律。图 10-50 是不同环境温度下反射波长随纤芯半径的变化关系曲线，当环境温度不变即包层液体折射率保持恒定，反射波长随着纤芯半径减小而小幅减小，但当纤芯半径减小到约 2.0μm 以下时，波长减小幅度开始增大，但在纤芯半径达到约 0.5μm 以下时，波长减小幅度逐渐趋于零，即波长不再随纤芯半径而改变，不同环境温度对应的波长变化规律是相同的，不同的只是环境温度越高，反射波长趋于恒定所对应波长越小，而且由

图 10-50 有关数据分析，在纤芯半径减小到 0.5μm 以下时，不同温度对应的波长随温度均匀变化，即波长此时对温度变化具有较高的线性响应关系。图 10-51 是对纤芯半径分别为 2.0μm 和 0.2μm 时的波长随温度变化关系的线性拟合，在 10~70℃ 温度范围内，其线性拟合度分别达到了 97.36% 和 99.99%，波长灵敏度分别为 -0.0941nm/℃ 和 -0.4273nm/℃，说明了上述分析规律的正确性。而且通过对不同芯径时的波长与温度变化关系拟合，不难发现：随着纤芯半径的减小，波长对温度的响应灵敏度、线性度以及线性响应范围均呈递增规律，这将为 MNFBG 应用中如何选择芯径尺寸提供理论依据。

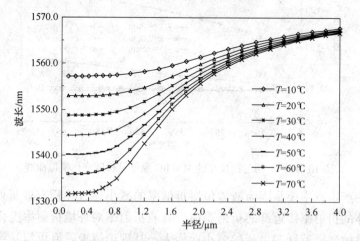

图 10-50　不同温度下 MNFBG 的布拉格波长随芯径的变化曲线

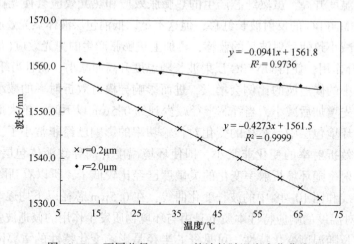

图 10-51　不同芯径 MNFBG 的波长随温度变化曲线

对于不同性质的液体，其热光系数和同一温度下的折射率往往是不同的，在纤芯半径保持恒定情况下，波长随温度的变化就决定于液体的热光系数和初始温度对应折射率。图 10-52(a) 是模拟纤芯半径为 1.0μm 时，两种不同液体(其热光系数分别取 $-1.0 \times 10^{-4}/℃$ 和 $-4.0 \times 10^{-4}/℃$，20℃ 时的折射率分别取 1.39 和 1.43)的波长随温度变化关系。由于温度升高液体折射率减小，正如前面分析，折射率对波长的影响大于光栅周期增加的影响，对于 20℃ 时折射率分别为 1.39 和 1.43 的两种液体，MNFBG 波长均随温度的升高而减小而且具有较好的线性关系，其线性拟合度均在 0.996 以上。不同液体时的波长温度关系拟合曲线的斜率随着液体热光系数的增大而增加，热光系数越大则波长响应灵敏度会越高。对于折射不同的两种液体，折射率越小则波长变化越趋向于短波长，这主要因为环境折射率的变化比温度效应导致的有效折射变化要占优势，进而使导模所对应波长减小。当温度升高波长也会变化，由于一般液体热光系数在 $-0.0001 \sim -0.0004$，在 $10 \sim 70℃$ 的温度范围内，折射率的变化最大为 0.024，相对于上述液体从 $1.39 \sim 1.43$ 的 0.04 的变化，小了近 20 倍，所以在图 10-52(a) 中看到折射率为 1.39，热光系数分别为 -0.0001 和 -0.0004 时的关系曲线位置比折射率为 1.43 时的要低，此时波长的这一变化远远大于 60℃ 的温度变化所引起的波长变化。而且由于环境折射率越小时，一定芯径的 MNFBG 波长随环境折射率变化的灵敏度越低，所以看到当温度变化时负热光系数越小则曲线斜率即波长灵敏度变小，但是这种变化将会随着芯径的减小趋于恒定，与图 10-50 具有相同的变化规律。当芯径小于 $0.5\mu m$ 以后芯径变化对波长波长影响非常小，此时的波长飘移将完全决定于液体的热光效应，所以波长随温度变化曲线的斜率对于相同的热光系数几乎是相同的。正如图 10-52(b) 所示关系曲线，在纤芯半径为 $0.2\mu m$ 时，曲线 1 和曲线 2 对应的波长灵敏度均近似为 $-0.106nm/℃$，曲线 3 和曲线 4 对应的波长灵敏度近似为 $-0.426nm/℃$，灵敏度相差 4 倍，充分说明了上述分析的正确性，同时也将为 MNFBG 的应用提供理论基础。

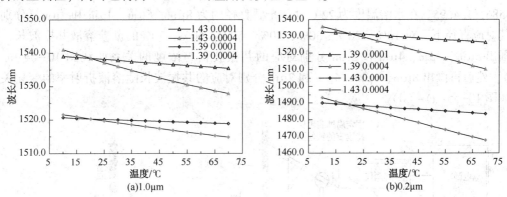

图 10-52　不同液体环境包层的 MNFBG 波长随温度变化曲线

3. 结论

本部分对液体包层微纳光纤光栅的温度特性进行了详细的研究。首先，在考虑温度变化所引起的纤芯热膨胀效应、弹光效应、纤芯和包层液体的热光效应以及光纤芯径变化产生的波导效应基础上，利用弱导近似条件下的 MNFBG 导模有效折射率与纤芯半径、折射率、热光系数、热膨胀系数、弹光系数、包层液体折射率和热光系数的函数关系，通过光纤光栅布拉格方程，建立了 MNFBG 反射波长移量随温度变化的理论模型，推导出了波长随温度变化的灵敏的数学表达式。其次，数值模拟研究了纤芯半径尺寸、包层液体折射率及其热光系数对 MNFBG 反射波长随温度变化特性的影响规律。研究结果表明：受导模有效折射率随纤芯半径和环境折射率减小而递减变化规律影响，对于同种液体，不同纤芯半径的 MNFBG 反射波长均随温度的增加而减小，并呈现出一定的规律，纤芯半径越小波长随温度变化的灵敏度和线性度越高，对应的线性响应温度范围也越大。对于纤芯半径确定的 MNFBG，其反射波长随温度变化规律仅取决于包层液体的折射率及其热光系数，折射率和热光系数越小，反射波长及其随温度变化的灵敏度也越小，特别是当纤芯半径减小到 0.5μm 以后，不仅波长对温度响的线性度到了理论极限，而且不同液体时的波长灵敏度与其热光系数几乎呈正比关系。与普通光纤布拉格光栅随温度升高反射波长红移特性相比，MNFBG 反射波长随温度升高红移或蓝移特性与其芯径尺寸和环境液体的种类有关，该研究结果可为 MNFBG 液体折射率传感器、温度传感器、热光功能开关器件以及温度补偿型光纤光栅滤波器的芯径尺寸和封装液体选择、结构设计与优化以及更多功能化应用提供理论依据。

10.5 MNFBG 溶液折射率与温度交叉敏感实验研究

10.5.1 MNFBG 溶液浓度传感实验

将制作好的微纳光纤光栅传感器接入到如图 10-53 所示的仪器连接示意图中。提前配置好不同浓度的蔗糖溶液作为折射率匹配液，使用阿贝折光仪测量其折射率，蔗糖溶液的折射率与浓度呈良好的线性关系。用阿贝折光仪测得 10%，20%，30%，40%，50%，60%，70%的蔗糖溶液在室温下的折射率分别为 1.3476，1.3665，1.3968，1.422，1.4402，1.4586，1.4695。在水浴温度为 22℃时，光栅直径约为 8μm、6μm、4μm 和 2μm，分别测量其对应直径下，对 10%，20%，30%，40%，50%，60%，70%的蔗糖溶液共振波长，随后画出 8μm、6μm、4μm 和 2μm 分别对应的共振波长与浓度的关系曲线图 10-54(a) ~ (d)，然后再画出 8μm、6μm、4μm 和 2μm 分别对应的共振波长随溶液折射率的变化关系曲线图 10-55(a) ~ (d)。

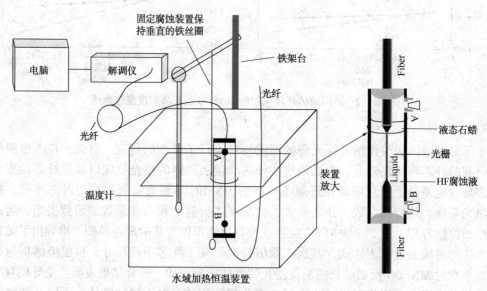

图 10-53　实验装置连接示意图

由图 10-54(a) ~ (d)可知，当水浴温度为 22℃时，微纳光纤光栅直径约为 8μm、6μm、4μm 和 2μm 时，对应的共振波长与溶液浓度的函数关系和线性度分别为：$y = 2.7108x +$

1529.9，线性度为 0.985；$y=6.7593x+1528.7$，线性度为 0.992；$y=15.993x+1544.6$ 线性度为 0.993；$y=24.44x+1542.8$，线性度为 0.981。因此，蔗糖溶液的浓度变化灵敏度分别为 2.711nm/%、6.759nm/%、15.993nm/% 和 24.440nm/%。当光纤光栅直径一定时，共振波长随蔗糖浓度的增大而增大，其函数关系基本呈线性变化。如果知道某浓度蔗糖溶液的共振波长，那么就可以通过此关系式反推出蔗糖溶液的浓度，反之亦然。由图 10-54(a)～(d)可知，随着蔗糖溶液浓度的升高，微纳光纤光栅共振波长会一直往长波方向飘移，微纳光纤光栅的直径越小加入同一蔗糖溶液时，波长的漂移量越大。

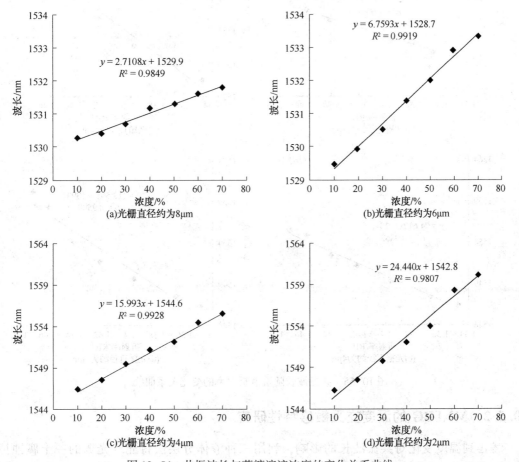

图 10-54 共振波长与蔗糖溶液浓度的变化关系曲线

从图 10-55(a)～(d)可知，当水浴温度为 22℃，微纳光纤光栅直径约为 8μm、6μm、4μm 和 2μm 时，对应的共振波长与折射率的函数关系和线性度分别为：$y=13.104x+1512.5$，线性度为 0.985；$y=31.393x+1487.0$，线性度为 0.976；$y=74.612x+1445.4$ 线性度为 0.986；$y=112.59x+1339.3$，线性度为 0.950；所以其对应的折射率灵敏度分别为 13.104nm/RIU、31.393nm/RIU、74.612nm/RIU 和 112.590nm/RIU。当知道某一未知折射率的蔗糖溶液的共振波长时，就可以通过共振波长与折射率的函数关系来求出溶液折射率。通过研究微纳光纤光栅的直径和折射率灵敏度的关系可知，微纳光纤光栅折射率灵敏度会随着光纤直径的减小而增大。由图 10-55(a)～(d)可知当微纳光纤光栅的直径一定时，共振波长随折射率的增大而增大，其函数关系基本呈线性变化。光栅直径减小，其折射率灵敏度不是光纤光栅直径的线性函数关系，从实验角度验证了布拉格光栅的谐振波长随环境折射率变化的灵敏度 S 与光纤光栅直径并不是线性关系。

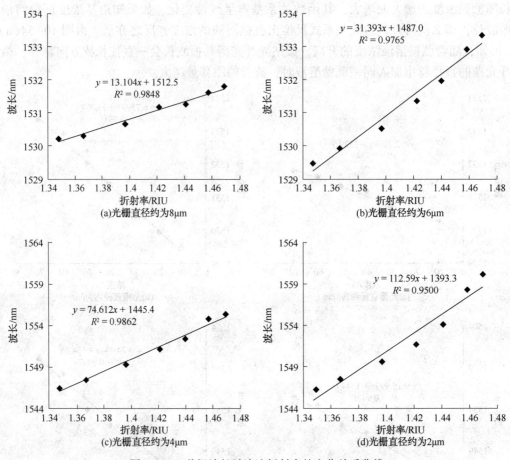

图 10-55　共振波长随溶液折射率的变化关系曲线

10.5.2　MNFBG 的温度交叉敏感特性研究

考虑到温度变化对共振波长的影响，利用三种液体分层法将光纤光栅的一半腐蚀掉，一半是普通的 FBG，另一半是 MNFBG。对于 FBG 和 MNFBG 而言，温度变化是同样的，而 FBG 对折射率的变化不敏感，所以 FBG 对温度的测量就是对 MNFBG 的温度参考，解决了温度对折射率的交叉敏感性。在 22℃ 左右时，微纳光纤光栅的半径为 4.5μm，用此传感器对 10%，20%，30%，40%，50%，60%，70% 的蔗糖溶液的折射率经行测量。图 10-56 为实验过程中温度对测量带来的波长飘移，其灵敏度为 0.005nm/℃。图 10-57 光栅直径约为 4.5μm 时，共振波长随溶液折射率的变化关系曲线，得到共振波长与折射率的函数关系和线性度分别为：$y = 47.558x + 1483.2$，0.995；折射率灵敏度为 47.558nm/RIU，经过温度修正后为 47.553nm/RIU。此实验表明：MNFBG 对温度并不敏感，但是为获得更为准确的折射率灵敏度，应用中有必要考虑温度的影响。

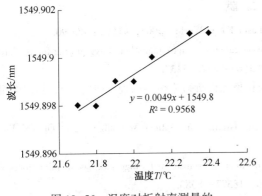

图 10-56 温度对折射率测量的
影响关系曲线

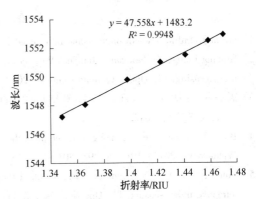

图 10-57 光栅直径约为 4.5μm 时，
共振波长随溶液折射率的变化关系曲线

10.6 本章小结

本部分介绍了 MNFBG 结构参数与折射率变化下的传输光谱反射波长的变化规律，也提出一套依据测量灵敏度和范围进行 MNFBG 设计的优化方法，实现能够根据提出的折射率测量灵敏度和测量范围要求，进行 MNFBG 的设计与理论特性分析。可根据使用要求，设计制作折射率传感器，如果再解决封装保护方面的关键问题，这种传感器必将在生化领域具有一定的应用，也必将凸显其在折射率传感方面的优势。同时，将微纳光纤光栅技术与新型纳米功能材料的热光、电光和磁光等效应相结合，也可研制基于纳米功能材料物理效应调谐的光纤光栅器件，提高光纤通信系统波长调谐、信号解复用能力问题，拓展光纤光栅更多功能化应用。

研究发现以下问题：随着 MNFBG 芯径尺寸的减小，反射波长随折射率变化的灵敏度、线性度和线性变化范围均增加，在较小的环境折射率变化范围内，反射波长随折射率变化具有良好的线性关系。但某种折射率液体环境下的波长漂移量，实验结果与理论计算结果是存在一定的差异的。

MNFBG 的直径是在低倍低分辨率显微镜下通过测量软件测得的，与实际的尺寸存在差异，特别是在几微米直径尺寸测量时，会存在较大的误差，为了试验的精确性，下一步将购置高精度细丝直径测量系统，解决误差问题。

折射率大小与测量光的波长密切相关，所用的待测液体的折射率是通过阿贝折射计在自然光下测得的，与光纤中传输的 1550nm 波段光测得的折射率存在差异，应进一步精确测量出所用液体在 1550nm 波段的折射率。

通过腐蚀法制作的 MNFBG，虽然表面光洁度已有改善，但还存在腐蚀局部不均匀、机械韧性较差问题，在折射率测量过程中非常容易断裂，一定程度上限制了 MNFBG 的应用，下一步工作将着力研究 MNFBG 的封装与保护问题，探究先拉制微纳光纤再写制 FBG 的 MNFBG 制作方法，提高机械任性。

参 考 文 献

[1] Hecht J. Subwavelength optics come into focus[J]. Laser Focus World, 2005, 41(9): 86-90.

[2] Ruibing Liang, Qizhen Sun, Jianghai Wo, et al. Investigation on micro/nanofiber Bragg grating for refractive index sensing[J]. Optics Communications, 2012, 285(6): 1128-1133.

[3] 梁瑞冰, 孙琪真, 沃江海, 等. 微纳尺度光纤布拉格光栅折射率传感的理论研究[J], 物理学报, 2011, 60(10): 1042211.

[4] Bai-Ou Guan, Jie Li, Long Jin, et al. Fiber Bragg Gratings in Optical Microfibers[J]. Optical Fiber Technology, 2013, 19(6): 793-801.

[5] Ran Y, Tan Y. -N., Sun L. -P., et al. 193nm excimer laser inscribed Bragg gratings in microfibers for refractive index sensing[J]. Opt. Express, 2011, 19: 18577-18583.

[6] Ran Y., Tan Y. -N., Jin L., et al. High-efficiency ultraviolet inscription of Bragg gratings in microfibers [J]. IEEE Photon. J. 2012, 4, 181-186.

[7] Limin Tong, Michael Sumetsky. Subwavelength and Nanometer Diameter Otical Fibers [D]. ZhiJiang University Press, 2009. 09.

[8] 郑之伟. 微纳光纤的导波及远场特性研究[D]. 湖南: 湖南大学, 2010.

[9] Hill K. O., Fujii, Johnson DCetal. Photosensitivity in optical fiber waveguide: application to refrection fiber fabrication[J]. Appl. Phys. Lett. 1978, 32(10): 647-649.

[10] Hill K O. Bragg gratings fiber eted in monomode photo sensitive optical fiber by UV expose through a phase mask[J]. Applied Phycises Letters. 1993, 62: 1035-103.

[11] A. Asseh, S. Sandgren, H. Ahlfeldt, B. Sahlgren, R. Stubbe, and G. Edwall, Fiber optical Bragg grating refractometer[J], Fiber Integr. Opt., 1998, 17(1): 51-62.

[12] Dionisio A. Pereira, Orlando Frazao. Fiber Bragg grating sensing system for simultaneous measurement of salinity and temperature[J]. Optical Instrumentation Engineers, 2004, 43(2): 299-304.

[13] A. Iadicicco, A. Cusano. Thinned Fiber Bragg Gratings as High Sensitivity Refractive Index Sensor[J]. IEEE Photonics Technology Letters, 2004, 16(4): 1149-1151.

[14] Athanasios N. Chryssis, Sang M. Lee, Sang B. Lee. High Sensitivity Evanescent Field Fiber Bragg Grating Sensor[J]. IEEE Photonics Technology Letters, 2005, 17(6): 1253-1255.

[15] Agostino Iadicicco, Stefania Campopiano. Refractive Index Sensor Based on Microstructured Fiber Bragg Grating[J]. IEEE Photonics Technology Letters, 2005, 17(6): 1250-1252.

[16] Liang Wei, Huang Yanyi. Highly sensitive fiber Bragg grating refractive index sensors[J]. Applied Physics Letters, 2005, 86(15): 115-122.

[17] K. Zhou, X. Chen, L. Zhang. High-sensitivity optical chemsensor based on etched D-fibre Bragg gratings [J]. Electronics Letters, 2004, 40(4).

[18] Shivananju B. N., Yamdagni S., Fazuldeen R., et al. CO_2 sensing at room temperature using carbon nanotubes coated core fiber Bragg grating[J]. Review of Scientific Instruments, 2013, 84(6): 0650021.

[19] Kerstin Schroeder, Wolfgang Ecke, Rudolf Mueller. A fibre Bragg grating refractometer[J]. Measurement Science And Technology, 2001, 12: 757-764.

[20] 沈乐, 郑史烈, 章献民. 侧面研磨光纤 Bragg 光栅的外部折射率敏感特性研究[J]. 光子学报, 2005, 34(7): 1036-1038.

[21] 刘林和, 陈哲, 白春河, 等. 侧边抛磨区材料折射率对光纤光栅波长的影响[J]. 光子学报, 2007, 36(5): 865-868.

［22］范若岩，陈哲．刘林和，等．基于侧边抛磨光纤光栅双反射峰的折射率传感器［J］．中国激光，2009，36（5）：1134－1139.

［23］白春河，罗云瀚，陈哲，等．基于侧边抛磨光纤折倏逝场的射率传感特性［J］．光子学报，2013，10，42（10）：1183－1187.

［24］陈小龙，罗云瀚，徐梦云，等．基于侧边抛磨光纤表面等离子体共振的折射率和温度传感研究［J］．光学学报，2014，32（2）：0206005.

［25］N. D. Rees, James S W, Tatam R P, et al. Optical fiber long－period gratings with Langmuir－Blodgett Thin－film Overlays［J］. Optics Letters（S1539－4794），2002，27（9）：686－688.

［26］I. D. Villar, Matias I R, Arregui F J, et al. ESA based in－fiber nanocavity for hydrogen peroxide detection ［J］. IEEE Trans. Nanotechnology（S1536－125X），2005，4（2）：187－193.

［27］李秋顺，苗飞，郑晖，等．涂覆 PDDA/PSS 膜的长周期光栅对湿度的响应性能［J］．山东科学，2011，12，24（6）：44－48.

［28］顾铮先，张江涛．基于双峰谐振效应的镀金属长周期光纤光栅液体浓度传感器［J］．光学学报，2011，3，31（3）：0305003.

［29］韦树贡，杨秀增，欧启标，等．应用镀膜长周期光纤光栅对煤矿用乳化液浓度检测的研究［J］．煤矿机械，2013，2，34（2）：52－53.

［30］欧启标，曾庆科，秦子雄，等．应用镀膜长周期光纤光栅实现微折射率变化的测量［J］．光电子·激光，2013，24（2）：323－328.

［31］石胜辉．力学微弯长周期光纤光栅的制备及其折射［D］．成都：电子科技大学，2013.

［32］胡爱姿．新型长周期光纤光栅部分特性及应用研究［D］．重庆：重庆大学，2004.

［33］关寿华，郑建洲，于清旭．腐蚀包层法调谐长周期光纤光栅及增强折射率敏感特性的研究［J］．大连民族学院学报，2009，11（5）：430－443.

［34］K. W. Chung, S. Yin. Analysis of a widely tunable long－period grating by use of an ultrathin Cladding layer and highe－rorder cladding mode coupling［J］. Opt Lett., 2004，29（8）：812－814.

［35］金清理，黄晓虹，颜利芬，等．长周期光纤光栅折射率传感器的结构优化［J］．光子学报，2009，22（8）：1201－1204.

［36］T. Allsop, R. Reeves, D. J. Webb, et al. A high sensitivity erfractometer based upon a long period grating Mach－Zehnder inteerfrometer［J］. Rev. Sei. Insturm., 2002，73（4）：1702－1705.

［37］T. Allsop, E. Roernai, K. Jedzrejewski, et al. Refrective index sensnig with long－eriod grating fabrieated in biocnical tapered fiber［J］. Eleetorn. Lett., 2005，41（8）：471－472.

［38］丁金妃，付宏燕．包层腐蚀长周期光纤光栅对的光谱特性研究［J］．浙江大学学报，2007，43（2）：537－540.

［39］严金华，姜萌．一种基于 LPG 的高灵敏度折射率传感器［J］．光电子·激光，2008，19（2）：178－179.

［40］康娟，董新永，赵春柳，等．基于长周期光纤光栅嵌入型 Sagnac 环光谱的折射率测量［J］．光谱学与光谱分析，2011，31（4）：902－905.

［41］王洁玉，童峥嵘，杨秀峰，等．基于多模干涉和长周期光纤光栅的温度及折射率同时测量［J］．中国激光，2012，39（9）：0905003。

［42］B. J. Eggleton, P. S. Westbrook, et al., Cladding－mode－resonances in air－silica microstructure optical fibers［J］. Journal of Lightwave Technology, 2000，18（8）：1084－1100.

［43］A. Diez, T. A. Birks, W. H. Reeves, et al., Excitation of cladding modes in photonic crystal acoustic waves［J］. Optics Letters, 2001，25（20）：1499－1501.

［44］ G. Kakarantzas, T. A. Birks. Structural long-period gratings in photonic crystal fibers［J］. Optics Letters, 2002, 27(12): 1013-1015.

［45］ G. Kakarantzas, T. A. Birks, et al., Structural long-period gratings in photonic crystal fibers［J］. Optics Letters, 2002, 27(12): 1013-1015.

［46］ X. Fang, C. R. Liao, and D. N. Wang. Femtosecond laser fabricatedfiber Bragg grating in microfiber for refractive index sensing［J］. OPTICS LETTERS, 2010, 35(7): 1007-1009.

［47］ Jewart, C. M, Qingqing Wang, and Canning, J, et al. Ultrafast femtosecond-laser-induced fiber Bragg gratings in air-hole microstructured fibers for high-temperature pressure sensing［J］. Optics Letters, 2010, 35(9): 1443-1445.

［48］ X. Chen, K. Zhou. Simultaneous measurement of temperature and external refractive index by use of a hybrid grating in D fiber with enhanced sensitivity by HF etching［J］. Appl. Opt. 2005, 44(2): 178-182.

［49］ C. L. Zhao, X. Yang, M. S. Demokan, et al. Simultaneous temperature and refractive index measurements using a 3° slanted multimode fiber Bragg grating［J］. J. Lightwave Technol. 2006, 24(2): 879-883.

［50］ G. Laffont and P. Ferdinand. Tilted short-period fibre-Bragg-grating-induced coupling to cladding modes for accurate refractometry［J］. Meas. Sci. Technol. 2001, 12(7): 765-770.

［51］ X. W. Shu, B. A. L. Gwandu, and Y. Liu. Sampled fiber Bragg grating for simultaneous refractive-index and temperature measurement［J］. Opt. Lett. 2001, 26(11): 774-776.

［52］ H. J. Patrick, A. D. Kersey. Analysis of the response of long period fiber gratings to external index of refraction［J］. J. Lightwave Technol. 1998: 16(9): 1606-1612.

［53］ K. S. Chiang, Y. Liu. Analysis of etched long-period fibre grating and its response to external refractive index［J］. Electron. Lett. 2000, 36(11): 966-967.

［54］ 赵攀, 隋成华, 叶必卿, 等. 微纳光纤构建 M-Z 干涉光路进行液体折射率变化测量［J］. 浙江工业大学学报, 2009, 37(3): 332-335.

［55］ Tong Li min. Single-mode guiding properties of subwavelength-diameter silica and silicon wire waveguides［J］. Optics Express, 2004, 12(6): 1025-1035.

［56］ 邓立新, 冯莹, 魏立安, 等. 基于倏逝波的光纤生物传感器研究［J］. 光子学报, 2005, 34(11): 1688-1691.

［57］ 张自嘉, 许安涛. 薄包层长周期光纤光栅的折射率传感特性［J］. 传感技术学, 2009, 22(8): 1105-1108.

［58］ 孔梅, 石邦任. 长周期光纤光栅对外界折射率的敏感性［J］. 半导体光电, 2003, 24(6): 386-388.

［59］ 丁金妃, 付宏燕. 包层腐蚀长周期光纤光栅对的光谱特性研究［J］. 浙江大学学报(工学版), 2007, 41(3): 537-540.

［60］ 梁辉, 曾庆科, 秦子雄, 等. 长周期光纤光栅的折射率敏感特性［J］. 应用光学, 2011, 32(1): 111-114.

［61］ 武刚. 提高长周期光纤光栅折射率传感灵敏度方法的研究［D］. 长春: 吉林大学, 2009.

［62］ 恽斌峰, 陈娜, 崔一平. 基于包层模的光纤布拉格光栅折射率传感特［J］. 光学学报, 2006, 26(7): 1013-1015.

［63］ 徐俊娇, 李杰, 戎华北等, 少模光纤布拉格光栅折射率传感的分析与测量［J］, 光学学报, 2008, 8(3): 565-568.

［64］ 童利民, 潘欣云. 亚波长直径光纤的光学传输特性及其应用［J］. 物理, 2007, 26(8): 6262630.

［65］ Tong L, Gattass RR, Ashcom JB, et al. Sub-wavelength-diameter silica wires for low-loss optical wave guiding[J]. Nature, 2003, 426(6): 816-819.

[66] Yu Zhang, Bo Lin, Swee Chuan Tjin, et al. Refractive index sensing based on higher-order mode reflection of a microfiber Bragg grating[J]. Optics Express, 2010, 18(25): 26345-50.

[67] 张羽. 微纳光纤器件及其在全光信号处理中的应用[D]. 湖北：华中科技大学, 2010.

[68] 吴平辉. 基于倏逝场的微纳光纤传感器的研究[J]. 杭州：浙江工业大学, 2010.

[69] 余小草, 姜文宁, 张英, 等. 基于紫外光刻的微纳光纤布喇格光栅研究[J]. 光器件, 2011, 2: 25-27.

[70] 梁瑞冰, 孙琪真, 沃江海, 等. 微纳尺度光纤布拉格光栅折射率传感的理论研究[J]. 2011, 物理学报, 60104221.

[71] Bai-Ou Guan, Jie Li, Long Jin, et al. Fiber Bragg gratings in optical microfibers[J]. Optical Fiber Technology, 2013, 19(6) partB: 793-801.

[72] Zhengtong Wei, Nuan Jiang, Zhangqi Song, etal. KrF excimer laser-fabricated Bragg grating in optical microfiber made from pre-etched conventional photosensitive fiber[J]. Chinese Optics Letters, 2013, 11(4): 040603.

[73] Zhang Wei, Liu Yinggang, Zhou Hong. Theoretical investigation on the temperature characteristics of liquid-cladding micro/nanofiber Bragg grating[J]. Journal of Modern Optics, 2014, 61(13): 1097-1102.

[74] Yu Wu, Baicheng Yao, Anqi Zhang, et al. Graphene-coated microfiber Bragg grating for high-sensitivity gas sensing[J]. Optics Letters, 2014, 39(5): 1235-1237.

[75] X. Fang, C. R. Liao, D. N. Wang. Femtoseeond laser fabricated fiber Bragg grating in micro-fiber for refraetive index sensing[J]. OPt. Lett., 2010, 35, 1007-1009.

[76] 秦颖. 光纤 Bragg 光栅化学敏感性研究[D]. 吉林：吉林大学, 2004.

[77] Agostino Iadicicco, Andrea Cusano, Stefania Campopiano, et al. Thinned Fiber Bragg Gratings as Refractive Index Sensors[J]. IEEE Sensor Journal, 2005, 12, 5(6): 1288-1295.

[78] Na Chen, Binfeng Yun, and Yiping Cui. Cladding mode resonances of etch-eroded fiber Bragg grating for ambient refractive index sensing[J]. American Institute of Physics, 2006, 133902.

[79] Ye Cao, Yinfei Yang, Xiufeng Yang, et al. Simultaneous temperature and refractive index mea-surement of liquid using a local micro-structured fiber Bragg grating[J]. Chinese Optics Letter, 2010, 5, 10(3): 030605.

[80] Yu Zhang, Bo Lin, Swee Chuan Tjin, et al. Refractive index sensing based on higher-order mode reflection of a microfiber Bragg grating[J]. Optic Epress, 2010, 18(25): 2645-2650.

[81] Guanghui Wang, Perry Ping Shum, Ho-pui Ho. Modeling and analysis of localized biosensing and index sensing by introducing effective phase shift in microfiber Bragg grating(μFBG)[J]. Optic Epress, 2010, 19(9): 8930-8938.

[82] 赵明富, 黄德翼, 罗彬彬, 等. 光纤 Bragg 光栅倏逝波传感器[J]. 重庆理工大学学报, 2010, 24(10): 46-50.

[83] Hong S. Haddock, P. M. Shankar, R. Mutharasan. Fabrication of biconical tapered optical fiber using hydrofluoric acid Materials Science and Engineering[J]. 2003, B97: 87-93.

[84] T. Erdogan. Fiber grating spectra[J]. Lightwave Technol, 1997, 15(8): 1277-1294.

[85] 廖延彪. 光纤光学[M]. 北京：清华大学出版社, 2000.

[86] Tong L M, Lou J Y, Mazur E 2004 Opt. Express 12 1025.

[87] 周寒青, 隋成华. 浙江工业大学学报, 2001, 39: 228.

[88] Zhang Yu, Lin Bo, Swee C T, et al. Refractive index sensing based on higher-order mode reflection of a

rofiber Bragg grating[J]. Optics Express, 2010, 18(25): 26345-50.

[ ] an Yang, Jin Long, Sun Li Peng, et al. Bragg gratings in rectangular microfiber for temperature independent refractive index sensing[J]. Optics Letters, 2012, 37(13): 1649-1651.

[90] Ran Yang, Tan YanNan, Sun LiPeng, et al. 193nm excimer laser inscribed Bragg gratings in microfibers for refractive index sensing[J]. Optics Express, 2011, 19(19): 18577-18583.

[91] Iadicicco A, Cusano A, Campopiano S, et al. Thinned fiber Bragg gratings as refractive index sensors[J]. IEEE Sensors Journal, 2005, 5(6): 1288-1295.

[92] Lee S M, Jeong M Y, Saini S S. Etched-core fiber Bragg grating sensors integrated with microfluidic channels[J]. Journal of Lightwave Technology, 2012, 30(8): 1025-1031.

[93] Liao C, Xu L, Wang C, et al. Tunable phase-shifted fiber Bragg grating based on femtosecond laser fabricated in-grating bubble[J]. Optical Letters, 2013, 38(21): 4473-4476.

[94] Zhang W, Liu Y G, Zhou H. Theoretical investigation on the temperature characteristics of liquid-cladding micro/nanofiber Bragg grating[J]. Journal of Modern Optics, 2014, 61(13): 1097-1102.

[95] 刘颖刚, 车伏龙, 贾振安, 等. 微纳光纤布拉格光栅折射率传感特性研究[J]. 物理学报, 2013, 62(10): 104218.

[96] Ruibing Liang, Qizhen Sun, Jianghai Wo, et al. Investigation on micro/nanofiber Bragg grating for refractive index sensing[J]. Optics Communications, 2012, 285(6): 1128-1133.

[97] Guanghui Wang, Perry Ping Shum, Ho-pui Ho, et al. Modeling and analysis of localized biosensing and index sensing by introducing effective phase shift in microfiber Bragg grating(μFBG)[J]. Optics Express, 2011, 19(9): 8930-8938.

[98] Liang RuiBing, Sun QiZhen, Wo JiangHai, et al. Theoretical investigation on refractive index sensor based on Bragg grating in micro/nanofiber[J]. Acta Phys. Sin. 2011, 60(10): 1042211.

[99] L. Tong, R. R. Gattass, J. B. Ashcom, et al. Subwavelength-diameter silica wires for low-loss optical wave guiding[J]. Nature, 2003, 426(6): 816-819.

[100] Jun-Long Kou, Ming Ding, Jing Feng, et al. Microfiber-Based Bragg Gratings for Sensing Applications: A Review[J]. Sensors, 2012, 12(7): 8861-8876.

[101] Ye Cao, Yinfei Yang, Xiufeng Yang, et al. Simultaneous temperature and refractive index measurement of liquid using a local micro-structured fiber Bragg grating[J]. Chinese optics letters March 10, 2012 COL 10 (3), (2012)030605-1-4.

[102] S. M. Lee, S. S. Saini, M. Y. Jeong. Simultaneous measurement of refractive index, temperature, and strain using etched-core fiber Bragg grating sensors[J]. IEEE Photon. Technol. Lett. 2010, 22(19), 1431-1433.

[103] Y. Ran, Y. N. Tan, L. P. Sun, et al. 193nm excimer laser inscribed Bragg gratings in microfibers for refractive index sensing[J]. Opt. Express, 2011, 19, 18577-18583.

[104] Ricardo O, Lúcia B, Rogério N. Bragg gratings in a few mode microstructured polymer optical fiber in less than 30 seconds[J]. Optics Express, 2015, 23(8): 10181-1017.

[105] Oliveira R, Marques C A F, Nogueira R N, et al. Production and characterization of Bragg gratings in polymer optical fibers for sensors and optical communications[C]. SPIE, 2014, 9157: 915794.

[106] 赵斌, 仲志成, 林君, 等. 基于光纤光栅传感地层应力的监测方法与实验[J]. 光学精密工程, 2016, 24(10s): 346-352.

[107] Gao SH, Jin L, Ran Y, et al. Temperature compensated microfiber Bragg gratings[J]. Optics Express, 2012, 20(16): 18281-18286.

［108］董兴法，杜方迅，黄勇林，等. 光纤光栅传感器阵列化与温度补偿研究［J］. 光电子·激光，2006，17(7)：824-827.

［109］Zhang Y，Lin B，Tjin S C，et al. Refractive index sensing based on higher-order mode reflection of a microfiber Bragg grating［J］. Optics Express，2010，18(25)：26345-50.

［110］赛耀樟，姜明顺，隋青美，等. 基于光纤光栅阵列和 MVDR 算法的声发射定位［J］. 光学精密工程，2015，23(11)：3012-3017.

［111］Liu H，OR S W，Tam H Y. Magnetostrictive composite-fiber Bragg grating(MC-FBG) magnetic field sensor［J］. Sensors & Actuators A Physical，2012，173(1)：122-126.

［112］Garcia Miquel H，Barrera D，Amat R，et al. Magnetic actuator based on giant magnetostrictive material Terfenol-D with strain and temperature monitoring using FBG optical sensor［J］. Measurement，2016，80(2)：201-206.